Prahalad/Ramaswamy

•

Die Zukunft des Wettbewerbs

C. K. PRAHALAD
VENKAT RAMASWAMY

Die Zukunft des Wettbewerbs

Einzigartige Werte mit dem Kunden gemeinsam schaffen

Aus dem Amerikanischen von Sabine Schilasky

LINDE
international

Bibliografische Information Der Deutschen Bibliothek

Die Deutsche Bibliothek verzeichnet diese Publikation in der Deutschen Nationalbibliografie; detaillierte bibliografische Daten sind im Internet über http://dnb.ddb.de abrufbar.

Titel der Originalausgabe: „The Future of Competition. Co-Creating Unique Value with Customers." Original work copyright © 2003 C.K. Prahalad and Venkat Ramaswamy. Published by arrangement with Harvard Business School Press.

ISBN 3-7093-0039-8

Umschlag: AG MEDIA GmbH
© der deutschsprachigen Ausgabe
LINDE VERLAG WIEN Ges.m.b.H., Wien 2004
1210 Wien, Scheydgasse 24, Tel.: 01 / 24 630
www.lindeverlag.at

Druck: Hans Jentzsch & Co. GmbH., 1210 Wien, Scheydgasse 31

Unseren Eltern in Dankbarkeit,
unseren Ehefrauen in Liebe
und
unseren Kindern
– die die Zukunft mitgestalten –
in Hoffnung und Zuversicht

Inhalt

Vorwort

Dieses Buch ist das Ergebnis einer ungewöhnlichen sechsjährigen Zusammenarbeit zwischen einem Strategieforscher, der die Traditionen seines Fachs gern mal infrage stellt, und einem eklektischen Marketingwissenschaftler. Wir beide haben versucht, die Bedeutung der Veränderungen zu ergründen, die sich in den späten Neunzigerjahren des vergangenen Jahrhunderts in der Wirtschaftswelt einstellten. Der Zufall hatte uns zusammengeführt und bei unseren ersten Begegnungen war das gemeinsame Gespräch von besorgten Überlegungen geprägt, welche Ursachen diese Veränderungen haben könnten. Ziemlich bald schon waren wir uns einig, dass sowohl die konstante Angst vor der Diskontinuität als auch der wilde Übermut dieser Zeit unberechtigt waren.

In den Jahren 1999 und 2000 gab einer von uns einen MBA-Kurs zum Thema „Die Entstehung neuer Strategieprobleme". Der Kurs befasste sich mit einem offensichtlichen Phänomen: Die alten, etablierten Unternehmen (nennen wir sie „Firmen des Typs A") würden nicht verschwinden. Die neuen, vor Energie nur so sprudelnden Dot.coms („Firmen des Typs B") würden nicht unbedingt überleben. Ein neuer Firmentyp („Typ C") würde auftauchen, der für ein Morphing und Sich-Entwickeln der bestehenden A-Firmen sowie der B-Start-ups bezeichnend wäre. Die Veränderungen, die damit bevorstanden, schienen subtil und fundamental zugleich. Die Dot.coms entmachteten nicht einfach die etablierten Firmen oder umgekehrt. Wir waren beide der Ansicht, diesem Phänomen gebührte eine aktivere und umsichtige Erforschung. Und damit begann unsere gemeinsame Reise, die zu einer Periode intensiver Zusammenarbeit und Forschung wurde.

Wir hatten schon früh einige Schlüsse gezogen, wie beispielsweise, dass es sich bei diesem Phänomen keineswegs um ein kosmetisches handelte. Es befiel Reiche wie Arme, Industrie- wie Entwicklungsländer und private wie öffentliche Bereiche. Es brachte eine Verwischung der Grenzen zwischen Unternehmen und Privathaushalten mit sich. Das Phänomen schien universell und verlangte nach Veränderungen sowohl in der Politik als auch in der Wirtschaft. In fast allen Fällen stellten wir eine deutliche Gewichtverschiebung zwischen dem Individuum und den Institutionen fest – seien es die Legislative, die Krankenhäuser, die Universitäten oder die Unternehmen. Vor allem konnten die Individuen aktiver an den Prozessen teilnehmen, durch die all diese Institutionen Werte generierten, beinahe so als hätte man die Leistungsfähigkeit der modernen Zeit mit dem kombiniert, was die Engländer nostalgisch die „maßgeschneiderte Welt" nennen. Der Verbraucher und die Firma taten sich zusammen, um gemeinsam einen Wert zu schaffen, der einzigartig für den individuellen Konsumenten und nachhaltig für die Firma ist.

In diesem Buch gehen wir den Zusammenhängen nach, die hinter der sich neu bildenden Realität stecken. Wir sehen unsere Aufgabe darin, „schwache Signale zu verstärken", angefangen bei der Diversifizierung von Institutionen, von Branchen und Ländern, um dem Leser am Ende ein neues Bezugssystem für die Wertschöpfung zu präsentieren. Die Frage ist: Wie können wir von A-Typ-Firmen und B-Typ-Firmen zu C-Typ-Firmen gelangen, ohne den Menschen dabei unvertretbare Kosten zuzumuten? Falls Sie eine Checkliste sehen wollen und Gesetze, die auf gegenwärtige Wirtschaftsmoden gründen, sollten Sie dieses Buch nicht lesen. Wollen Sie aber begreifen, wie sich das uns vertraute Wirtschaftssystem übergangslos in ein neues verwandelt (Morphing), und wünschen Sie sich einen konsistenten Standpunkt, welche Veränderungen sich daraus für den Wettbewerb der Zukunft ergeben, dann finden Sie in dem Buch alles, was Sie wissen müssen.

Wir schlagen keinesfalls eine Revolution vor, doch wir sehen, wie weit wir uns von den traditionellen Formen des Fühlens, Denkens und Handelns entfernen. Zum Beispiel konzentrierte sich im konventionellen Reich der A-Typ- und B-Typ-Firmen praktisch alle Arbeit auf die Firma. Es entspricht der Tradition, Geschäfte als Business-to-Business (B-to-B) oder Business-to-Consumer (B-to-C) zu bezeichnen, also das „Business" klar an erster Stelle zu führen und die Wirtschaft entsprechend aus einer firmenzentrierten Perspektive zu sehen. Gegen solche Konventionen verstößt das Buch absichtlich. Was wäre, wenn der individuelle Verbraucher (ob in einem Unternehmen oder in einem Haushalt) im Zentrum stünde und nicht die Firma? Was wäre, wenn wir vom Muster wirtschaftlicher Aktivitäten als „Consumer-to-Business-to-Consumer" (C-to-B-to-C) sprächen?

Und natürlich stellen wir auch die traditionellen Vorstellungen über Werte und deren Schaffung infrage, denen gemäß Firmen Werte schaffen und mit dem Verbraucher austauschen. Wir glauben, dass die wachsenden gemeinsamen Bemühungen von Verbraucher und Firma – die erweiterten Netzwerke von Firmen und Verbrauchergemeinschaften – im Begriff sind, gemeinsam neue Werte durch personalisierte Erfahrungen zu schaffen, die für jeden einzelnen Verbraucher einzigartig sind. Diese These erschüttert das fundamentale Verständnis unseres Wirtschaftssystems – das Verständnis von Wert an sich, vom Wertschaffungsprozess und von der Art der Interaktion zwischen Firma und Verbraucher. In dem neuen Paradigma schaffen Firma und Verbraucher an Interaktionspunkten gemeinsam Werte. Firmen können nicht unilateral denken und handeln.

Dieses Buch enthüllt ungeahnte Möglichkeiten der Wertschaffung und Innovation. Doch um diese Chancen zu erkennen, müssen wir uns die Welt durch eine neue Linse und mit einem klaren Verständnis unserer bestehenden Rahmenstrukturen für die Wertschaffung ansehen. Welche Ideen aus der Vergangenheit müssen wir verwerfen? Welche neuen Perspektiven müssen wir einnehmen, um das neu entstehende Wirtschaftssystem zu verstehen? Im Verlauf dieses Buchs werden wir neue Linsen vorstellen und sie den alten gegenüberstellen – um uns endgültig von Letzteren zu verabschieden.

Das Ziel dieses Buchs ist klar: Unternehmensführern auf ihrer Suche nach neuem strategischem Kapital den Weg zu weisen, ihnen zu helfen, aus den alten Bahnen auszubrechen, die ausgetretenen Pfade zu verlassen und neue zu entdecken. Wollen wir in die neue „Möglichkeitenzone" vordringen, müssen wir zunächst einmal die Grenzen des Bekannten und Vertrauten überschreiten, uns also aus unserer „gemütlichen Ecke" hinauswagen.

Im Buch werden wir eine Menge Beispiele anführen, die als Denkanregungen dienen, um unsere Sichtweise und unsere Schlüsselideen zu vermitteln, nicht aber um die besten Vorgehensweisen zu illustrieren. Wir streben vielmehr danach, die nächsten Vorgehensweisen zu entdecken, also könnte gar kein einzelnes Beispiel exemplarisch für die gesamte Rahmenstruktur gelten. Wir werden weder den „einen besten Weg" vorschreiben noch eines der beschriebenen Unternehmen als Modell für die Zukunft glorifizieren. Denn wir sehen eine ganze Bandbreite von Optionen, die Institutionen wie Individuen erforschen und „gemeinsam gestalten" können, um die Chancen zu erkennen und zu ergreifen, die jedermann zugänglich sind, der dieses Buch liest.

Dieses Buch ist mehr als eine Einladung an die Leser, anders zu denken. Es ist ein Aufruf zum Handeln – dabei zu sein, wenn eine neue Welt von Möglichkeiten erschlossen wird. Obwohl wir uns in erster Linie auf die Bedeutung der Veränderungen für Manager konzentrieren, sind wir überzeugt, dass wir alle uns anders verhalten müssen – nicht nur als Führungskräfte, sondern auch als Verbraucher, Angestellte, Investoren und globale Bürger –, um wieder eine Balance zwischen dem Einfluss des Individuums und dem der großen Institution herzustellen. Wir versprechen uns davon eine lange, aber aufregende Reise ins Unbekannte, die uns alle weit über das hinausführen wird, womit wir uns behaglich eingerichtet haben.

Und von Ihnen, liebe Leser, erwarten wir, dass Sie Ihre spezifischen Fragen stellen, während Sie die einzelnen Kapitel durchgehen. Wir stellen uns vor, dass es schon bald ein Buch wie unseres geben wird, das mit einer intellektuellen Interaktionsfähigkeit ausgestattet ist –

gewissermaßen also ein „lebendiges Buch" ist –, das seinen Inhalt gemeinsam mit seinem Leser und dessen Ideen entwickelt und ihm so die Möglichkeit gibt, die Lektüre zu einer personalisierten Erfahrung zu machen – wenn er möchte. Doch solange wir dort noch nicht angekommen sind, können Sie den Wert dieses Buch dadurch mitgestalten und heben, dass Sie Ihre Fragen an den Rand oder die Kapitelenden schreiben und sie im weiteren Verlauf gelegentlich nachschlagen.

Kein Buch dieser Art kann ohne die Hilfe von und die bereichernden Dialoge mit zahlreichen Kollegen und Managern entstehen. Wir stehen tief in der Schuld jener, die die ersten Versionen des Manuskripts lasen und ihre Verbesserungsvorschläge einbrachten. Unsere Kollegen Gordon Hewitt, M. S. Krishnan, Gautum Ahuja, Richard Bagozzi, Vikram Nanda und Anuradha Nagarajan haben unsere Arbeit mit ihrem detaillierten Feedback und ihrer Unterstützung begleitet.

Desgleichen konnten wir uns auf die Mithilfe mehrerer kluger Manager stützen, die uns Einblick in ihre Gedanken und ihre Perspektiven gaben: Larry Keeley (Doblin Group), Jan Oosterveld (Philips), C. V. Nataraj (Unilever), Roy Dunbar (Eli Lilly), Vince Barabba (General Motors), Herbert Schmitz (ehemals P&G Europe), Ron Bendersky (UMBS Executive Training), Debra Dunn (Hewlett Packard), Neerja Raman (HP Imaging Labs), Scott Fingerhut und Stefano Malnati (ehemals PRAJA), S. Ramachander (ACME), V. Sriram (Indian Railways) sowie Jorge Lopez, Tim Enwall, Lauren Shu und Steve Bell (alle bei GartnerG2).

Eine Bereicherung war auch die Zusammenarbeit mit Diane Coutu und David Champion (Harvard Business Review), mit Bob Evans und Stephanie Stahl (Information Week), mit Brian Gillooly (Optimize) und mit Ann Graham (Strategy and Business).

Unsere Arbeit profitierte besonders von den Beiträgen Kerimcan Ozcans, einem Promotionsstudenten, der eng mit uns zusammenarbeitete und uns wiederholt in wissenschaftliche Debatten verstrickte.

Über 400 Studenten lasen und kommentierten die Frühfassung des Manuskripts in unseren MBA-Kursen. Dafür möchten wir ihnen allen danken. Unser besonderer Dank gilt Kunal Mehra und Venkatesh Rajah für ihre Ausdauer und ihre unermüdliche Bereitschaft, uns immer wieder Feedback zu geben. Ihre zahlreichen klugen Anregungen haben uns sehr geholfen.

Selbstverständlich bauen wir auch auf die Arbeit zahlreicher anderer Wissenschaftler und Autoren auf. Die Fähigkeit Peter Druckers, Entwicklungen in ihrem historischen Kontext zu sehen, hat einiges zu diesem Buch beigetragen, ebenso wie die Arbeiten von Wroe Alderson, John Seely Brown, Frances Cairncross, Manuel Castells, Clayton Christensen, Jim Collins, Thomas Davenport, Stan Davis und Chris Meyer, Michael Dertouzos, Yves Doz, Kathleen Eisenhardt, Philip Evans und Thomas Wurster, Richard Foster, Sumantra Goshal, Andrew Grove, Stephan Haeckel, John Hagel III, Gary Hamel, Charles Handy, F. A. von Hayek, Tom Kelley, Kevin Kelly, Chan Kim und Renée Mauborgne, Philip Kotler, Dorothy Leonard-Barton, Regis McKenna, Henry Mintzberg, John Naisbitt, Nicholas Negroponte, Ikujiro Nonaka und Hirotaka Takeuchi, Richard Normann und Rafael Ramirez, Don Peppers und Martha Rogers, Tom Peters, B. Joseph Pine II und James Gilmore, Michael E. Porter, Howard Rheingold, Mohanbir Sawhney, Bernd Schmitt, Michael Schrage, Joseph Schumpeter, Peter Senge, Patricia Seybold, Carl Shapiro und Hal Varian, Michael J. Silverstein und George Stalk Jr., Adrian Slywotzky, Thomas Stewart, Don Tapscott, Stefan Thomke, Noel Tichy, Alvin Toffer, David Ulrich, Sandra Vandermerwe, Eric von Hippel, Gerald Zaltman, Shoshana Zuboff und James Maxmin sowie vielen anderen mehr. Die Arbeit all dieser Menschen war für uns von großem Wert und wir stehen in ihrer intellektuellen Schuld. Gleichwohl ist dieses Buch unsere Synthese und stellt unseren Standpunkt dar.

Ein guter Verleger ist naturgemäß am kreativen Prozess beteiligt und so spornte auch unsere Verlegerin Kirsten Sandberg uns unablässig an, unsere Argumentation zu verbessern. Karl Weber half uns, das Dickicht des Unterholzes zu beseitigen und unsere Argumente einfacher darzulegen, ohne sie zu vereinfachen. Sie beide haben mit ihrer Beharrlichkeit und ihrer Hingabe maßgeblich dazu beigetragen, Klarheit in ein komplexes Thema zu bringen.

Und zu guter Letzt möchten wir festhalten, dass wir diese Arbeit ohne die Unterstützung unserer Ehefrauen – Gayatri und Bindu – niemals bewältigt hätten. Ihr Glaube an die Bedeutung dessen, wonach wir suchten, war allzeit ungebrochen. Indem sie einen überproportional hohen Teil der elterlichen Aufgaben übernahmen, ermöglichten sie uns die Zeit und die Ruhe, die wir zum Forschen und Schreiben brauchten.

Wir möchten allen Menschen danken, die uns bei diesem Buch geholfen haben – die Unzulänglichkeiten des Inhalts gehen allerdings ganz allein auf unser Konto.

C. K. Prahalad
Venkat Ramaswamy

Kapitel 1

Das gemeinsame Schaffen von Werten

In unserer Gesellschaft vollzieht sich eine grundlegende, wenn auch stille Veränderung. Unser industrielles System produziert mehr Waren und Dienstleistungen als jemals zuvor in der Geschichte, die über eine stetig wachsende Zahl von Kanälen vertrieben werden. Megastores, Boutiquen, Online-Händler und Discounter bieten erfolgreich Tausende unterschiedliche Produkte und Serviceleistungen an. Die Produktauswahl überwältigt die Verbraucher. Kaufe ich die richtige Digitalkamera? Bekomme ich die beste Therapie gegen mein Magengeschwür? Schließe ich den richtigen Servicevertrag ab? Zugleich haben Verbraucher – dank Handys, Websites und Medien – besseren, schnelleren und billigeren Zugang zu mehr Informationen denn je. Wer aber hat die Muße und die Kenntnisse, die es braucht, all die Produkte und Dienstleistungen zu prüfen? Je komplexer das Angebot und die damit verbundenen Risiken und Vorteile werden, umso verwirrender und frustrierender wird es für die meisten Verbraucher, deren Zeit knapp bemessen ist. *Die größere Produktauswahl hat nicht unbedingt zu einem besseren Verbrauchererlebnis geführt.*

Im gehobenen Management stellt sich die Situation keineswegs angenehmer dar. Zunehmende Digitalisierung, Fortschritte in der Biotechnologie und laufend verbesserte Materialien eröffnen ständig neue Möglichkeiten, vollkommen neue Produkte und Dienstleistungen anzubieten, was wiederum einen steten Wandel in der Unternehmenslandschaft nach sich zieht. Der Wettbewerb ist von Diskontinuität bestimmt – allgegenwärtige Interkommunikation, Globalisierung, Deregulation sowie technologisches Ineinanderfließen der

Branchen verwischen industrielle Grenzen und Produktdefinitionen. Diese Diskontinuitäten münden in einem weltweiten Fluss von Informationen, Kapital, Produkten und Ideen, welche es den nicht traditionellen Wettbewerbern erlauben, den Status quo aufzuheben. Gleichzeitig intensiviert sich der Wettbewerb und die Profitmargen schrumpfen. Manager können sich nicht länger auf Kosten, Produkte und Qualität, Geschwindigkeit sowie Effizienz von Abläufen konzentrieren. Wollen sie ein profitables Wachstum erreichen, müssen sie *auch* nach neuen Quellen für Innovation und Kreativität suchen.

Entsprechend lautet das paradoxe Motto, unter dem die Wirtschaft im 21. Jahrhundert steht: Die Verbraucher haben eine größere Auswahl, die ihnen weniger Zufriedenheit beschert; das Topmanagement hat mehr strategische Optionen, die weniger Wertschöpfung versprechen. Stehen wir also am Beginn eines industriellen Systems, dessen charakteristische Merkmale sich grundlegend von jenen unterscheiden, die wir heute für selbstverständlich halten? Das ist die Frage, mit der sich dieses Buch auseinander setzt.

Der aufkommende Realitätswandel zwingt uns, das tradierte System der unternehmenszentrierten Wertschöpfung, das uns während der vergangenen 100 Jahre doch so nützlich war, neu zu überprüfen. Wir brauchen ein neues Bezugssystem für die Schaffung von Werten. Die Antwort liegt unseres Erachtens darin, dass die Schaffung von Werten mit einer anderen Prämisse angegangen wird, nämlich als *ko-kreativer* Prozess. Und dieser Prozess beginnt mit der sich ändernden Rolle des Verbrauchers im Wirtschaftssystem.

Die sich ändernde Rolle des Verbrauchers

Die grundlegendste Veränderung dürfte die neue Rolle der Verbraucher sein. Sie sind nicht mehr isoliert, sondern jederzeit mit allem und jedem verbunden, nicht mehr passiv, sondern aktiv. Statt ahnungslos und mithin beeinflussbar zu sein, sind sie heute bestens informiert. Der Einfluss des vernetzten, informierten und aktiven Konsumenten lässt sich anhand zahlreicher Beispiele belegen, von denen wir hier nur einige aufgreifen wollen.[1]

Zugang zu Informationen

Mit dem Zugang zu einer ungeahnten Fülle von Informationen sind interessierte Verbraucher heute in der Lage, reflektiertere Entscheidungen zu treffen. Für Unternehmen, die bislang darauf setzten, den Informationsfluss gezielt einzugrenzen, haben sich die Bedingungen damit radikal verändert. Millionen von vernetzten Verbrauchern stellen kollektiv die Branchentraditionen infrage, und zwar im Bezug auf so unterschiedliche Branchen wie Unterhaltungsindustrie, Finanzdienstleistungen und Gesundheitsfürsorge.

So nutzt beispielsweise ein Konsument im Bereich Gesundheitsfürsorge (der nicht mehr passiver Empfänger von Behandlungen, sprich: Patient, ist) das Internet, um sich über Krankheiten und Therapien zu informieren. Er zieht Erkundigungen über Ärzte, Kliniken und Krankenhäuser ein, über die neuesten Medikamentenforschungen und klinischen Versuche, um sich anschließend mit anderen darüber auszutauschen. Verbraucher können ihre behandelnden Ärzte heute gezielter befragen und besser auf die eigenen Behandlungsmodalitäten einwirken.

Globale Sicht

Die Verbraucher haben Zugang zu Informationen über Firmen, Produkte, Technologien, Leistungen, Preise und Verbraucherverhalten sowie -reaktionen rund um den Globus. Vor 20 Jahren noch konnten zwei Autohändler (General Motors und Ford) in nordamerikanischen Kleinstädten die Markenwünsche der Teenager maßgeblich beeinflussen. Heute kann sich jeder Teenager über 700 Automodelle im Internet ansehen, was wiederum zur Folge hat, dass sich zwischen regional Verfügbarem und Wünschenswertem eine gewaltige Kluft auftut.

Zwar existieren immer noch geographische Grenzen im Informationsfluss, aber sie weichen zusehends auf und verändern die Regeln des Wettbewerbs. So engt zum Beispiel die Tatsache, dass Verbraucher die Produktpaletten, Preise und Leistungen multinationaler Firmen über die Grenzen hinweg vergleichen können, diese in der Freiheit ein, Preise oder Qualität ihrer Produkte von einem Ort zum andern zu variieren.

Netzwerke

Menschen haben ein natürliches Bedürfnis, ihre Interessen, Wünsche und Erfahrungen mit anderen zu teilen. Mit der Explosion des Internets sowie den Fortschritten in der Übermittlung von Botschaften und der Telekommunikation – die Zahl der Handy-Benutzer hat die Milliardengrenze bereits überschritten – wird genau dieses Bedürfnis bedient. Dadurch ergibt sich eine Interkommunikation zwischen Verbrauchern, deren Offenheit und Unbefangenheit unvergleichlich ist. Es entstehen „thematische Verbrauchergemeinschaften", in denen sich Individuen ungeachtet geographischer oder sozialer Barrieren über ihre Ideen und Gefühle austauschen und dadurch sowohl neue Märkte revolutionieren als auch etablierte verändern.

Die Macht der Verbrauchergemeinschaften wurzelt in ihrer Unabhängigkeit von den Unternehmen. In der Pharmaindustrie beispielsweise verlassen sich die Patienten mehr und mehr auf die Erfahrungsberichte anderer statt auf die behaupteten Vorzüge von Medikamenten. Entsprechend stellen die Verbrauchernetzwerke die traditionellen Von-oben-nach-unten-Muster der Marketingkommunikation auf den Kopf.

Experimentieren

Verbraucher können das Internet auch nutzen, um neue Produkte zu entwickeln und mit ihnen zu experimentieren, insbesondere digitale. Denken wir nur an MP3, den Kompressionsstandard zum Kodieren digitaler Audiodateien, der von dem Studenten Karlheinz Brandenburg entwickelt und vom Fraunhofer Institut der Öffentlichkeit zugänglich gemacht wurde. Sobald die technisch versierten Verbraucher begannen, mit MP3 zu experimentieren, setzte eine regelrechte Audiodateien-Tauschbewegung ein, die die Musikbranche in ihren Grundfesten erschütterte. Gleichzeitig beförderte der kollektive Genius der Softwarebenutzer auf der ganzen Welt die Entwicklung beliebter Produkte wie der Apache-Web-Server-Software und des Linux-Betriebssystems.

Nun ermöglicht das Internet natürlich auch den Verbraucheraustausch im Bezug auf nicht digitale Bereiche: Köche stellen ihre Rezepte ins Netz, Hobbygärtner ihre Tipps zum Gemüseanbau und Hausbesitzer ihre Bau- und Renovierungsideen. Vor allem aber bieten die Verbrauchernetzwerke vollkommen neue Möglichkeiten hinsichtlich des indirekten Experimentierens, sprich: des Lernens aus Erfahrungen anderer. Die Vielfalt informierter Verbraucher rund um den Globus schafft eine gewaltige Wissens- und Interessenbasis, auf die jeder Einzelne aufbauen kann.

Engagement

Je mehr die Menschen lernen, umso differenzierter werden sie in der Entscheidungsfindung. Innerhalb der Netzwerke motivieren sie sich gegenseitig, offen ihre Meinung zu sagen und entsprechend zu handeln. Unternehmen erhalten zunehmend mehr Rückmeldungen von den Verbrauchern, erbetene wie auch unerbetene. Schon heute gibt es Hunderte von Websites, auf denen die Verbraucher sich Gehör verschaffen. Viele von ihnen richten sich gezielt an bestimmte Unternehmen und Marken. Da gibt es zum Beispiel AOL Watch, die sich ausschließlich mit den Beschwerden früherer und gegenwärtiger AOL-Kunden befassen. Oder die so genannten Blogs (Netz-Logbücher), die die Weltsicht der einzelnen Verbraucher in Texten, Bildern und Weblinks vermitteln und Foren für Meinungsäußerung und Debatten liefern.

Hinzu kommt, dass das Web zu einem bedeutsamen Instrument für Gruppen wurde, die sich mit Themen wie Kinderarbeit oder Umweltschutz auseinander setzen und sich über das Internet Gehör bei Unternehmen wie staatlichen Stellen verschaffen. Die Verbraucherstimmen, die im World Wide Web laut werden, haben wahrscheinlich einen größeren Einfluss als alle Marketingbemühungen von Unternehmen. Als etwa die Novartis AG mit den klinischen Versuchen für ein viel versprechendes Medikament gegen Leukämie, Gleevec, begann, verbreitete sich die Nachricht im Internet so schnell, dass Novartis praktisch überflutet wurde mit Anfragen von Patienten, die sich freiwillig zu den Tests melden wollten. Das Engagement der Leukämie-Patienten, die an den frühen Versuchsreihen teilnahmen, sorgte dafür, dass sich übers Internet eine starke Lobby bildete, die nicht nur eine Beschleunigung der Produktion bewirkte, sondern auch eine schnellere Genehmigung des Medikaments durch die Food & Drug Administration (FDA).[2]

Wie genau wirkt sich die veränderte Rolle der Verbraucher aus? Unternehmen können nicht mehr autonom handeln, Produkte entwerfen, Produktionsabläufe entwickeln, Marketingbotschaften vermitteln und Umsatzkanäle kontrollieren, ohne dass die Verbraucher darauf Einfluss nehmen. Und diese nutzen ihren Einfluss in sämtlichen Bereichen. Gerüstet mit neuen Mitteln und unzufrieden mit dem verfügbaren Angebot, wollen die Verbraucher mit den Firmen kommunizieren und so eine gemeinsame Wertschöpfung erreichen. *Kommunikation* als Basis für die gemeinsame Wertschöpfung wird zum zentralen Aspekt der zukünftigen Realität, wie sie sich derzeit abzuzeichnen beginnt.

Austausch zwischen Verbrauchern und Unternehmen: Die neue Realität der gemeinsamen Wertschöpfung

Denken wir einmal an die Evolution der Gesundheitsfürsorge. Innovationen in der Pharmazeutik, Biotechnologie, Ernährung, Kosmetik und alternativen Therapien haben für eine unüberschaubare Vielfalt von Behandlungsmöglichkeiten gesorgt, mit der sich unsere Vorstellung von Gesundheitsfürsorge grundlegend verändert hat. Verbraucher wie Technologien haben sich weiterentwickelt. Infolgedessen fließen die traditionelle Medizin („das Heilen von Krankheiten"), die Präventivmedizin und die Verbesserung der Lebensqualität zum „Wellness"-Begriff zusammen. Daher lohnt es sich, zu prüfen, wie sich die veränderte Kommunikation auf den Austausch zwischen Verbraucher und Unternehmen im Wellness-Bereich auswirkt.

Fühlte ich mich vor 20 Jahren krank, ging ich zum Arzt. Dort wurde eine Reihe Tests gemacht, an deren Ergebnissen sich die Diagnose orientierte. Eine Erklärung der Tests wie der daraus gezogenen Diagnose bekam ich nur, wenn ich sie ausdrücklich verlangte. Der Arzt bestimmte die Behandlungsmodalitäten, verschrieb Medikamente und setzte einen Termin für die Nachuntersuchung fest. Die Gesundheitsfürsorge war damals vornehmlich arztzentriert, wie der Handel unternehmenszentriert war. Die Ärzte dachten, sie wüssten, wie sie mich zu behandeln hätten, und da ich selbst kein Mediziner war, stimmte ich ihnen wahrscheinlich zu. Ebenso meinten auch die Unternehmen, sie wüssten, wie man Werte für die Verbraucher schafft – und die meisten Verbraucher stimmten ihnen zu.

Heute sind die Abläufe im Gesundheitswesen weit komplexer. Sobald ich mich krank fühle, kann ich online die Fachliteratur einsehen sowie die Erfahrungsberichte anderer Patienten und Mediziner lesen. Ich habe Zugang zu einer Fülle von Informationen, von denen einige zuverlässiger sind als andere. Über Brustkrebs, hohe Cholesterinwerte oder Fettabsaugung kann ich alles lernen, was ich will. Ich kann mich über alternative Behandlungsmöglichkeiten informieren und mir eine eigene Meinung darüber bilden, was für mich infrage käme und was nicht.

Und schließlich kann ich mir meinen eigenen Pfad durch den Wellness-Bereich suchen und gewissermaßen mein eigenes Wellness-

Portfolio anlegen. Kämpfe ich mit zu hohen Cholesterinwerten, steht mir die Wahl frei zwischen blutdrucksenkenden Mitteln, von der FDA genehmigten Cholesterolen und alternativen Behandlungsmethoden, einem strikten Fitnessprogramm unter Anleitung sowie einem genetischen Test auf die erblich bedingte Veranlagung zu Herzkrankheiten.

Zu beachten ist hierbei vor allem, dass mein Wellness-Portfolio sich nicht nahtlos in traditionelle Industrieklassifikationen einfügt. Ich gehe zwar zum Arzt, lasse die Tests machen, mir Medikamente verschreiben und reiche die Rechnungen bei meiner Versicherung ein. Aber in meinem Wellness-Portfolio gibt es außerdem noch Dienstleistungen, die außerhalb dessen liegen, was ärztliche Versorgung, Pharmazeutika oder Versicherungsleistungen vorgeben. *Meine* Vorstellung von Wellness entspringt *meiner* Sicht von Wohlbefinden, meinen Vorurteilen, Werten, Fachkenntnissen, Vorlieben, Erwartungen, Erfahrungen und finanziellen Möglichkeiten. Mein Ehepartner kann unterdes ein gänzlich anderes Wellness-Portfolio unterhalten.

Statt mich einzig auf das Fachwissen meines Arztes zu verlassen, kann ich die Experten innerhalb meiner Peergroup ausfindig machen – andere Verbraucher im Gesundheitswesen – und mich einer Themengemeinschaft anschließen, wie beispielsweise einer Gruppe von Leuten, die Probleme mit dem Cholesterinspiegel haben. Innerhalb dieser Wissensnetzwerke werden nicht nur die medizinischen Aspekte angesprochen, sondern gleichermaßen die soziologischen, psychologischen und die möglichen Auswirkungen meiner Krankheit auf mich, meine Familie und die Gemeinschaft insgesamt.

Entsprechend wird sich mein nächster Arztbesuch gänzlich anders darstellen als ein konventioneller Check-up. Ich würde beispielsweise fragen: Warum haben Sie diese Behandlung gewählt? Was spricht für sie gegen die alternative Behandlungsmethode, von der ich im Internet erfuhr und mit der andere Patienten gute Erfahrungen gemacht haben? Mein Arzt wird wahrscheinlich nicht begeistert sein, wenn ich sein Wissen und seine Autorität infrage stelle. Schließlich verlange ich damit von ihm, sein Vorgehen zu erklären und zu verteidigen, was Zeit und Kraft kostet. Vor allem aber hinterfrage ich seinen Wissensstand. Wie reagiert er, wenn ich mit alternativen Behandlungsmethoden – Heilkräutern, Diäten und dergleichen – experimentiere, von denen er noch nichts weiß? Wird er wissen, wie sich diese Behandlung mit der von ihm verschriebenen verträgt? Sollte er es wissen?

Natürlich haben die Verbraucher im Gesundheitswesen zu einem gewissen Grad immer die eigene Behandlung mitbestimmt. Wer erinnert sich nicht daran, dass unsere Großmütter gegen Erkältungen Hühnersuppe verordneten? Mit dem heutigen Informationsangebot, den Geschichten anderer Verbraucher über ihre Feldzüge gegen Unternehmen und dem Rat erfahrener Peergroups sind die Verbraucher allerdings geneigter denn je, sich in Netzwerke und Experimente einzuklinken. Als Verbraucher im Gesundheitswesen kann ich aktiv über das „Wertbündel" mitentscheiden, das für *mich* angemessen ist, und zwar über die gewohnten Branchengrenzen hinaus.

Nehmen wir nun einmal die Perspektive eines Managers in einer Pharmafirma ein. Die Verquickung der traditionellen Branchen zu einem großen Komplex, wie sie die Entstehung des Wellness-Bereichs mit sich bringt, stellt die bisherigen Vorstellungen und die ihnen impliziten Grundannahmen der Manager infrage. Das fängt damit an, dass man neu überlegen muss, was ein Produkt oder eine Dienstleistung ausmacht. Ist eine Antifaltencreme mit Retinol ein Kosmetikprodukt, eine Modeerscheinung oder ein Pharmazeutikum? Wenn die Branchengrenzen immer mehr verschwimmen, wie erkennen wir dann, wo unser Wettbewerbsvorteil liegt?

Und, was noch wichtiger ist, welchen Wert bietet die Pharmaindustrie innerhalb der Wellness-Welt der aktiven und bewussten Verbraucher? Wie wirkt sich das zunehmende Bedürfnis der Verbraucher, sich mit den Anbietern auszutauschen, auf die unterschiedlichen

Parteien aus, die seinem Wellness-Bereich angehören? Wer trägt das Risiko – der Arzt, das Krankenhaus oder der Patient? Die Patienten werden aller Wahrscheinlichkeit nach die Ärzte als die Experten verantwortlich machen.

Doch verlassen wir den Bereich Arzt-Patient. Was geschieht, wenn die Verbraucher die Produkte unangemessen modifizieren oder verwenden und uns dann für die daraus resultierenden Schäden haftbar machen wollen? Die Entwicklung scheint immer mehr dahin zu gehen, dass die Verbraucher zwar größere Macht einfordern, aber keine Verantwortung übernehmen wollen. Sie wollen ihre Entscheidungen selbst treffen, allerdings nicht für die Folgen dieser Entscheidungen einstehen müssen. Sind Sie als Manager für die Funktionsfähigkeit von Produkten verantwortlich, deren richtigen Gebrauch Sie nicht kontrollieren können? Wie schützen Sie sich? Müssen Sie dieses Risiko als einen neuen Kostenfaktor einkalkulieren? Was immer die Zukunft im Hinblick auf Rollen, Rechte und Verantwortlichkeiten von Unternehmen und Verbrauchern bringen wird, den Unternehmen wird gar nichts anderes übrig bleiben als die Verbraucher aktiv in die Wertschöpfung einzubinden.

Daher müssen wir bei der Untersuchung der Kommunikation zwischen Verbrauchern und Unternehmen die schwachen Signale verstärken, die innerhalb des Wellness-Bereichs widerhallen, um eine Vorstellung davon zu gewinnen, wie die neue Realität der aktiven Verbraucherbeteiligung aussehen wird, ob als Themengemeinschaft oder als wohl informierte Individuen. Wir müssen also zwei tief verwurzelte Grundannahmen der Unternehmenswelt infrage stellen: (1) dass jedes Unternehmen oder jede Branche einseitig Werte schaffen kann; und (2) dass solche Werte ausschließlich den Produkten und Dienstleistungen des jeweiligen Unternehmens oder der Branche innewohnen. Welche neuen Konzepte brauchen wir, um die Implikationen der sich strukturierenden Interaktionsmuster zwischen Verbrauchern und Firmen zu begreifen?

Das gemeinsame Schaffen von Werten

Bleiben wir vorerst im Bereich Gesundheitswesen und sehen uns Herzschrittmacher an. In den Vereinigten Staaten leiden über 5 Millionen Erwachsene an verschiedenen Herzkrankheiten. Vielen von ihnen könnte mit einem Herzschrittmacher geholfen werden, der Rhythmus und Leistung des Herzens überwacht und regelt, also eine wertvolle Hilfe darstellt. Andererseits ist es für die Patienten ungleich beruhigender, wenn ihre Herzfunktionen zusätzlich von außen überwacht werden und sowohl sie selbst als auch ihre Ärzte irgendwelche Abweichungen sofort registrieren können. Dann können Arzt und Patient gemeinsam darüber entscheiden, welche Heilmaßnahmen ergriffen werden sollen.

Das Szenario wird noch komplizierter, wenn der Patient weit weg von zu Hause ist. Hier reicht ein Alarm allein nicht mehr aus, sondern der Patient benötigt darüber hinaus Informationen, wo er die beste Klinik in der Nähe findet, und der dortige Arzt braucht Zugang zur Krankengeschichte des Patienten. Wie koordinieren nun die beiden Ärzte – der behandelnde am Heimatort sowie der Arzt in der fremden Klinik – ihre Diagnose und Behandlungsmethode? Und wie beeinflusst der betroffene Patient die Koordination seiner Behandlung? Wie kann er das Risiko ermessen, das er dabei eingeht? Sind die Ärzte, die Einrichtungen und Leistungen und der Schrittmacher sämtlichst Teil eines Netzwerks, das sich auf den Patienten und sein Wohlbefinden konzentriert?

Viele Unternehmen haben bereits damit begonnen, Netzwerke aufzubauen. Medtronic Inc. etwa ist ein weltweit führendes Unternehmen im Bereich der Herzrhythmuskontrolle, das sich zum Ziel setzt, den Patienten mit chronischen Herzleiden Lösungen anzubieten, die ein Leben lang halten. Deshalb entwickelte man dort ein System „virtueller Arztbesucher", das die Ärzte in die Lage versetzt, via Internet die implantierten Herzschrittmacher ihrer Patienten zu kontrollieren. Mit dem „Medtronic CareLink Monitor" kann der Patient die Daten abrufen, indem er eine kleine Antenne direkt über den Brustbereich hält. Die Antenne empfängt die Daten und lädt sie auf den Monitor, von wo aus sie über Standard-Telefonleitungen ins Medtronic-CareLink-Netzwerk eingespeist werden. Über eine zugangsbeschränkte und gesicherte Website können die Ärzte dann die Patientendaten einsehen wie auch die Patienten selbst ihre Daten abrufen. Der Patient entscheidet, ob Familienmitglieder oder andere Pflegepersonen Zugang zu ihren Daten bekommen.[3]

Das Medtronic-CareLink-System geht weit über das Implantieren von technischen Hilfsgeräten hinaus und schafft damit die Voraussetzungen für ein breiteres Spektrum an Wertschöpfungsaktivitäten. So reagiert beispielsweise jedes Herz unterschiedlich auf Stimulation und diese Reaktionen können sich mit der Zeit verändern. In Zukunft werden die Ärzte in der Lage sein, auf solche Veränderungen zu reagieren, indem sie den Schrittmacher ihres Patienten per Fernsteuerung umprogrammieren. Außerdem hat Medtronic den Grundstein für eine Technologie gelegt, durch die sich eine ganze Bandbreite von Apparaten und Überwachungs- wie Diagnosesystemen fernlenken lassen, sei es zur Kontrolle des Blutzuckerspiegels, der Hirnaktivität oder anderer wichtiger physiologischer Messungen.

Wir sind davon überzeugt, dass die Schrittmachergeschichte, wie sie in Abbildung 1-1 zusammengefasst ist, einen Prototyp für die aufkommenden Prozesse der gemeinsamen Wertschöpfung darstellt.

Als Manager sollten Sie sich nun folgende Fragen stellen:

1. Wie binde ich den Verbraucher *aktiv* in den Wertschöpfungsprozess ein?

2. Wie wirkt sich die Qualität der *Kommunikation* zwischen dem Patienten und seinem Arzt, seiner Familie sowie dem Personal des auswärtigen Krankenhauses auf die Patientenerfahrung insgesamt aus?

3. Worin gründet hier die Wertschöpfung? Welche Rolle spielt das gesamte *Netzwerk* von verwandten Produkten, Dienstleistungen

und Pflegepersonal bei der Wertschöpfung? Wie kann jeder Einzelne von ihnen jederzeit gemeinsam mit dem Patienten zur Schaffung des *einzigartigen Werts* beitragen? Was geschieht, wenn für den Patienten der Wert in der Erfahrung liegt, die er mit dem Netzwerk macht, und nicht einfach nur in der Qualität des Schrittmachers?

4. Wie wirkt sich die Fähigkeit des Netzwerks, sich unterschiedlichen Situationen anzupassen, auf die Patientenerfahrung aus – also Zeit und Ort beispielsweise, an denen eine Unregelmäßigkeit in der Herztätigkeit auftritt? Kann ein einzelner Patient unterschiedlich positive oder negative Erfahrungen mit ein und demselben Netzwerk machen, je nachdem wie und wo ein Zwischenfall auftritt und welche zum fraglichen Zeitpunkt seine persönlichen Präferenzen sind?

5. Sind Erfahrungen deshalb *kontextgebunden*? Kann ein individueller Verbraucher mit einem Netzwerk unterschiedliche Erfahrungen machen, die nicht nur mit dem situativen *Kontext* (Zeit und Ort), sondern auch mit den soziologischen und kulturellen Gegebenheiten zusammenhängen? Inwieweit beeinflussen solche unbestimmbaren, dem jeweiligen Kontext unterworfenen Aspekte die Patientenerfahrung?

6. Reagieren einzelne Patienten unterschiedlich auf dieselben Probleme? Vorausgesetzt wir haben eine bestimmten Patientengruppe, in der alle dieselben medizinischen Probleme haben und vergleichbare Lebensbedingungen aufweisen, können die Einzelnen dann trotzdem noch unterschiedliche Erfahrungen mit dem Netzwerk machen? Inwieweit beeinflusst die Patienten-*Heterogenität* die Art und Qualität der Erfahrung?

7. Können Unternehmen ein Umfeld schaffen, in dem *Erfahrungsvielfalt* geboten wird, ohne dass der Verbraucher mit einem Wust von Produkten und Dienstleistungen belastet wird?

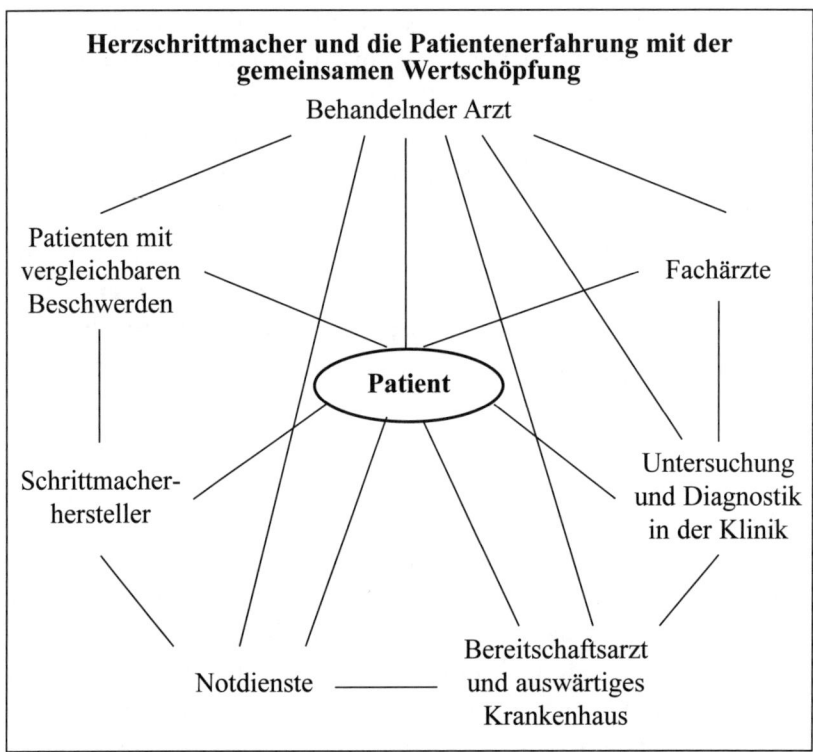

Herzschrittmacher und die Patientenerfahrung mit der gemeinsamen Wertschöpfung

Behandelnder Arzt

Patienten mit vergleichbaren Beschwerden

Fachärzte

Patient

Schrittmacher-hersteller

Untersuchung und Diagnostik in der Klinik

Notdienste

Bereitschaftsarzt und auswärtiges Krankenhaus

Abbildung 1-1

Die Schrittmachergeschichte illustriert, wie sich die neue Wertschöpfung gestalten wird, nämlich als ein Wettbewerbsmarkt, der sich auf die *personalisierte gemeinsame Wertschöpfungserfahrung* konzentrieren wird, die sich wiederum aus der zielgerichteten Kommunikation zwischen dem Verbraucher und einem Netzwerk aus Unternehmen und Verbrauchergemeinschaften ergibt.

Der Wert generiert sich nicht aus dem physischen Produkt, dem Schrittmacher, oder aus der Kommunikation und dem IT-Netzwerk, die das System stützen – ja, nicht einmal aus dem sozialen und fachbezogenen Netzwerk aus Ärzten, Kliniken, der Familie und der größeren Verbrauchergemeinde. *Der eigentliche Wert liegt vielmehr in der gemeinsamen Gestaltung der Erfahrung für einen bestimmten Patienten, an einem bestimmten Ort, zu einer bestimmten Zeit und in einem bestimmten Ereigniskontext.*

Das gemeinsame Gestalten von Erfahrungen basiert auf dem Austausch des Patienten mit dem Netzwerk. Ermöglicht wird es nur, indem sich ein Netzwerk von Unternehmen zusammentut, um ein Umfeld zu schaffen, innerhalb dessen der Patient diese einzigartige Erfahrung mitgestalten kann. Ein solches Netzwerk, das nicht einer einzelnen Firma gehört, vervielfacht den Wert des Schrittmachers für den Patienten, seine Familie und seine Ärzte. Der Patient, der dieses Netzwerk mitaufbaut, ist ein aktiver Teilhaber, wenn es darum geht, die Kommunikation und den Kontext der Ereignisse zu definieren. Die Erfahrung mit dem Netzwerk als Ganzes ergibt dann einen Wert, der für jedes Individuum einzigartig ist.

Im konventionellen Wertschöpfungsprozess gab es eine klare Rollenverteilung zwischen Unternehmen und Konsumenten in Produktion und Verbrauch. Produkte und Dienstleistungen enthielten Werte, und die Märkte bestanden in einem Tausch dieser Werte, vom Produzenten zum Verbraucher. Je näher wir aber der gemeinsamen Wertschöpfung kommen, wie etwa am Beispiel „Herzschrittmacher" zu sehen ist, umso mehr verschwinden die Rollenunterschiede. Die Verbraucher mischen sich zunehmend stärker in den Prozess der Wertdefinition wie auch der Wertschöpfung ein. Werte basieren mehr und mehr auf der Verbrauchererfahrung mit dem Wertschöpfungsprozess.

Das Schrittmacherbeispiel umreißt die Grundzüge der veränderten Beziehung von Firmen und Verbrauchern. Wie wir im Arzt-Patienten-Austausch sehen, arbeiten die Verbraucher eng mit dem Netzwerk zusammen, wobei alle Seiten *Zugang* zu Informationen haben, eine gewisse *Transparenz* gewährleistet ist und, vor allem, ein menschlicher *Dialog* und eine fortlaufend aktualisierte *Risikoeinschätzung* stattfinden.

Dennoch muss die Schrittmacherfirma mit einer großen Zahl von Verbrauchern umgehen können, die sich ihr zunächst einmal als eine heterogene Masse mit einer Vielzahl unterschiedlicher Kommunikationsansprüche präsentiert. Zudem kann sich jeder Einzelne von ihnen wiederum mit unterschiedlichen Themengemeinschaften austauschen, während sich das Unternehmen ebenfalls im Austausch mit unterschiedlichen Gemeinschaften im Netzwerk befinden kann, angefangen bei den Fachleuten im Gesundheitswesen bis hin zu den Serviceanbietern, die für den Betrieb und die Instandhaltung der IT und Internetinfrastruktur zuständig sind. Die Schrittmacherfirma hat eventuell wenig Einfluss auf diese Gruppen. Und schließlich wird ein und derselbe Verbraucher zu unterschiedlichen Zeiten unterschiedliche Wertschöpfungserfahrungen machen. Der Raum-Zeit-Kontext eines Ereignisses beeinflusst die Verbrauchererfahrung im gleichen Maß wie seine individuelle Bereitschaft, aktiv an der Gestaltung der Erfahrung teilzunehmen.

Diese zunehmend komplexeren Interaktionsmuster von Verbrauchern und Firmen lassen sich begrifflich am ehesten so zusammenfassen, wie Abbildung 1-2 darstellt. In der Realität, wie sie sich derzeit herausbildet, sind diese Interaktionsmuster bestimmend für den Wertschöpfungsprozess und erschüttern damit die bisherigen Formen des geschäftlichen Interagierens und Werteschaffens in ihren Grundfesten. Zugleich aber bieten sie auch großartige neue Möglichkeiten.

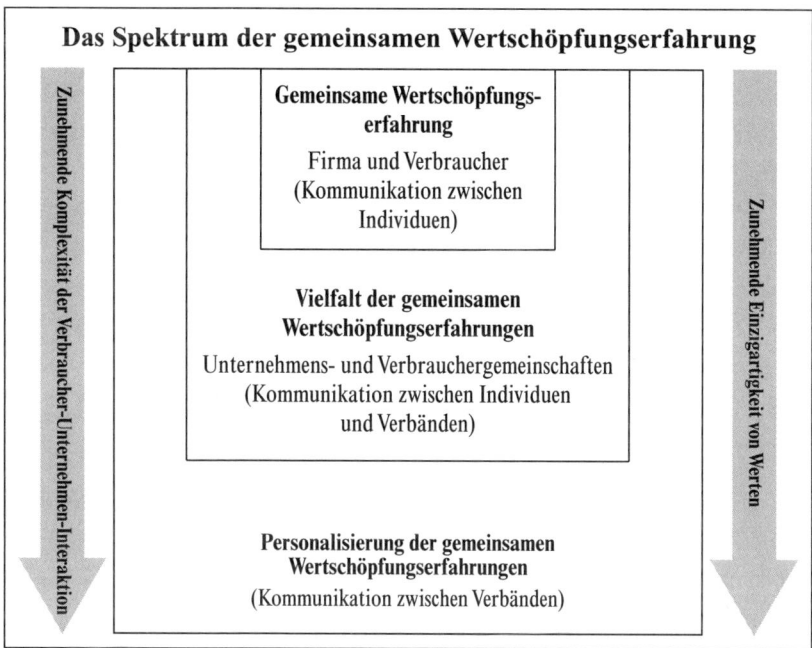

Abbildung 1-2

Um diese Möglichkeiten erkennen zu können, müssen wir die traditionelle Unterscheidung zwischen B-to-B- und B-to-C-Kunden aufgeben. In einer Welt der gemeinsamen Wertschöpfung müssen wir uns jedes Individuum, das mit einem Unternehmen interagiert, als „Verbraucher" vorstellen, ob es sich nun um einen Gabelstaplerfahrer, einen Piloten, einen Designer, eine Kosmetikerin, einen Forschungsmediziner, einen Anleiter, einen Handwerker, eine Rechtsanwältin oder eine Sozialarbeiterin handelt. Diese Perspektive zwingt uns, die künstliche Unterscheidung zwischen Unternehmen und Haushalten zu verwerfen. Hinzu kommt, dass wir ursprünglich vom „B" – also Business – ausgegangen sind und nicht vom einzelnen Verbraucher. Diese unternehmenszentrierte Sicht der Wertschöpfung ist in unserem Wirtschaftssystem tief verwurzelt und war stets die Grundlage für den Wettbewerb.

Die Zukunft des Wettbewerbs jedoch liegt in einer vollkommen neuen Herangehensweise, nämlich einer *individuenbezogenen gemeinsamen Wertschöpfung von Verbrauchern und Unternehmen.* Um diese Zukunft zu erkennen, müssen wir zunächst der Vergangenheit entfliehen. Und um der Vergangenheit entfliehen zu können, müssen wir sie begreifen – sprich: erkennen, welche Glaubensstrukturen unserem Handeln als Manager zugrunde liegen.

Der Vergangenheit entfliehen: Das traditionelle Wertschöpfungssystem

Die traditionelle Glaubensstruktur, wie sie Führungskräften über die letzten 100 Jahre so nützlich war, wird in Abbildung 1-3 dargestellt.

Die Beziehungen zwischen den Reihen und Spalten in der Abbildung zeigen die interne Konsistenz der traditionellen Denkweisen zur Wertschöpfung. Beginnen wir zunächst mit der oberen Reihe.

Traditionelles Geschäftsdenken geht von der Prämisse aus, dass Firmen Werte schaffen. Dabei bestimmen sie autonom den Wert, den sie durch ihre Auswahl an Produkten und Dienstleistungen anbieten. Die Verbraucher stehen für die Nachfrage nach dem Firmenangebot.

Dieser Prämisse folgend ergeben sich bestimmte Implikationen für die Unternehmen. Eine Firma braucht eine gemeinsame Schnittstelle mit den Verbrauchern – einen Austauschprozess –, um ihre Waren und Services bewegen zu können. Diese Firma-Verbraucher-Schnittstelle war lange Zeit der Ort, an dem der Produzierende ökonomischen Nutzen aus den Verbrauchern zog. Die Firmen haben mehrere Methoden entwickelt, diesen Nutzen zu gewinnen: indem sie ihre Angebotspalette erweiterten, die Lieferungs- und Servicemodalitäten verbesserten, das Warenangebot auf den individuellen Verbraucher abstimmten oder Verbraucher in einen Kontext einbanden, der dem Wertschöpfungsprozess dienlich war, wie es etwa Themenrestaurants tun.

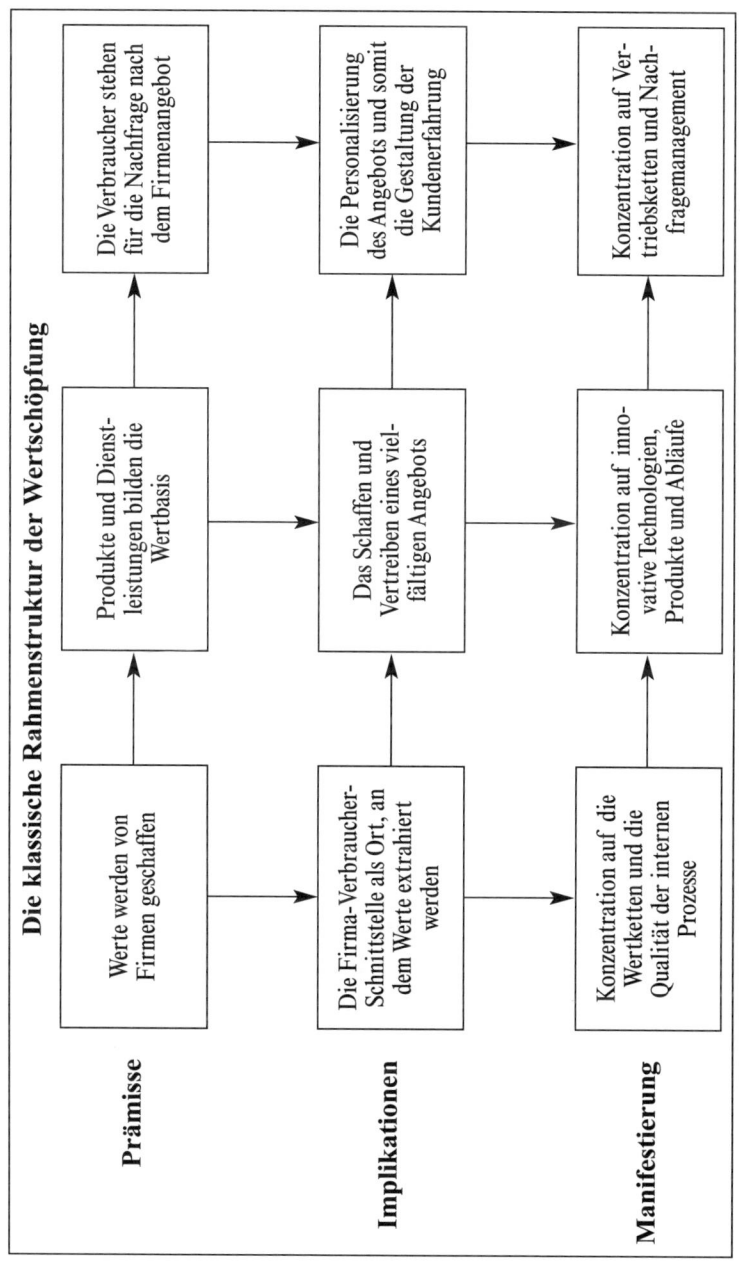

Die klassische Rahmenstruktur der Wertschöpfung

Prämisse

Werte werden von Firmen geschaffen → Produkte und Dienstleistungen bilden die Wertbasis → Die Verbraucher stehen für die Nachfrage nach dem Firmenangebot

Implikationen

Die Firma-Verbraucher-Schnittstelle als Ort, an dem Werte extrahiert werden → Das Schaffen und Vertreiben eines vielfältigen Angebots → Die Personalisierung des Angebots und somit die Gestaltung der Kundenerfahrung

Manifestierung

Konzentration auf die Wertketten und die Qualität der internen Prozesse → Konzentration auf innovative Technologien, Produkte und Abläufe → Konzentration auf Vertriebsketten und Nachfragemanagement

Abbildung 1-3

Diese Prämissen und Implikationen manifestieren sich in den Perspektiven und Praktiken der Firmen im Wirtschaftssystem. Manager konzentrieren sich auf eine „Wertkette", die sich auf den Umlauf von Waren und Dienstleistungen bezieht und somit auf Prozesse, die das Unternehmen kontrolliert und beeinflusst. Dieses Wertkettensystem steht im Wesentlichen für die „lineare Kostengestaltung" von Produkten und Dienstleistungen. Entscheidungen darüber, was zu tun ist, was von Lieferanten eingekauft wird, wo Produkte gelagert und gewartet werden und eine Vielzahl weiterer Vertriebs- und Logistikentscheidungen werden sämtlichst aus dieser Perspektive getroffen. Die Mitarbeiter haben sich um die Qualität der Produkte und Abläufe zu kümmern, was besonders durch interne Disziplinierungsmaßnahmen wie Six Sigma und Total Quality Management gefördert wird. Zur Innovation gehören Technologie, Produkte und Abläufe.

Wir haben hier also ein kohärentes System der Wertschöpfung. Die Spalten und Reihen sind in sich konsistent. Wenn die Firma Wert schafft, findet der Wertschöpfungsprozess separat vom Markt statt, in welchem diverse Parteien diese Werte einfach austauschen. Die Bedeutung des effizienten Anpassens der firmeninternen Wertkette an die Nachfrage vonseiten der Verbraucher ist offensichtlich. Daher galt das Anpassen des Angebots an die Nachfrage lange Zeit als Dreh- und Angelpunkt des Wertschöpfungsprozesses.

Doch der Herzschrittmacherfall signalisiert einen anderen Ansatz. Sehen wir uns einmal an, welche Veränderungen im Denken bislang ausgemacht wurden. Die Verbraucher sind von der heute verfügbaren Angebotsvielfalt überwältigt und zugleich unzufrieden damit. Sie sind mit neuen Kommunikationsmitteln gewappnet und wollen aktiv an der Wertschöpfung teilhaben, indem sie nicht nur mit einer Firma kommunizieren, sondern mit ganzen Verbänden von Fachleuten, Serviceanbietern und anderen Verbrauchern. Die Qualität der Wertschöpfungserfahrung hängt dabei sehr stark vom Individuum ab. Die Einzigartigkeit jedes Einzelnen wirkt sich sowohl auf den Wertschöpfungsprozess wie auch auf die in seinem Verlauf gesammelten Erfahrungen aus. Kein Unternehmen kann irgendetwas von Wert produzieren, ohne dass sich Einzelne dafür engagieren. An die Stelle des Tauschverfahrens tritt das gemeinsame Gestalten.

Die neue Rahmenstruktur der Wertschöpfung

Wie könnte ein neues, in sich konsistentes System aussehen, das auf gemeinsame Wertschöpfung baut? Wir stellen ein solches System in Abbildung 1-4 vor.

Die neue Prämisse wäre, dass der Verbraucher und die Firma gemeinsam einen Wert schaffen, der sich in erster Linie aus der Erfahrung des Ko-Kreierens generiert. Der Wertschöpfungsprozess steht und fällt also mit den Individuen und ihren Wertschöpfungserfahrungen.

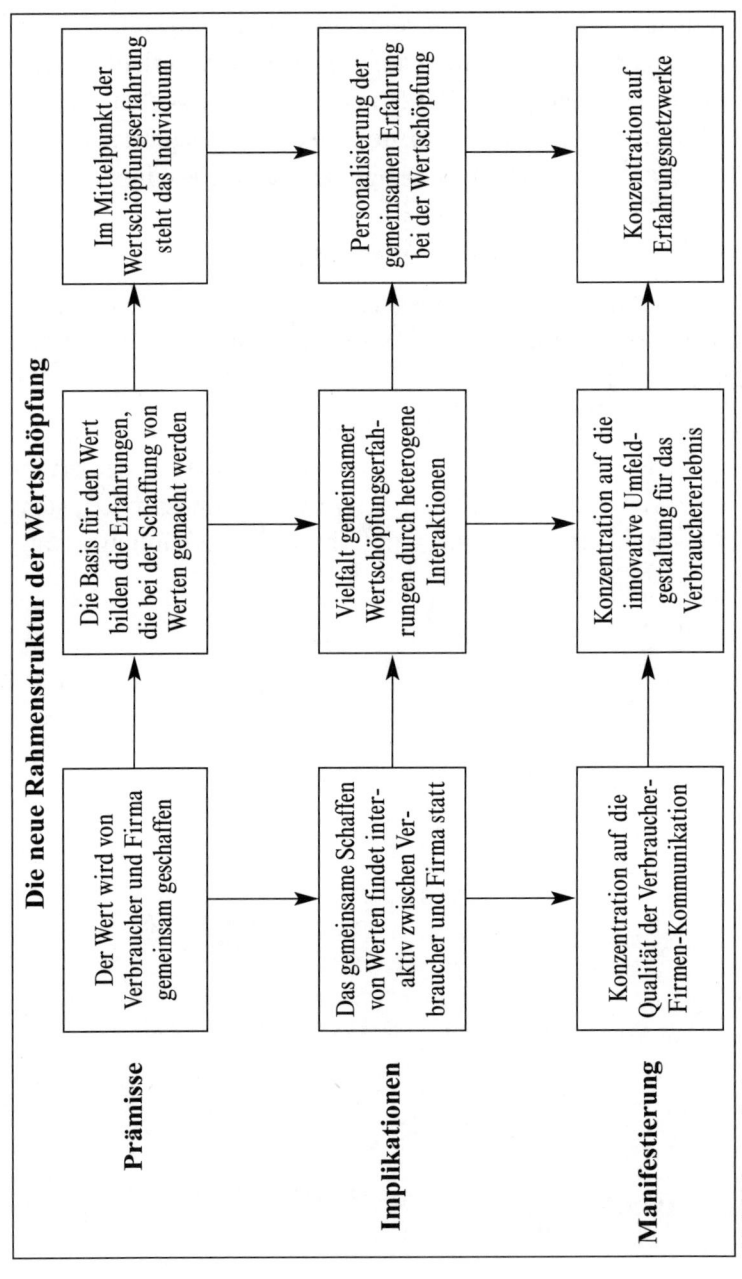

Die neue Rahmenstruktur der Wertschöpfung

Prämisse

Der Wert wird von Verbraucher und Firma gemeinsam geschaffen

Die Basis für den Wert bilden die Erfahrungen, die bei der Schaffung von Werten gemacht werden

Im Mittelpunkt der Wertschöpfungserfahrung steht das Individuum

Implikationen

Das gemeinsame Schaffen von Werten findet interaktiv zwischen Verbraucher und Firma statt

Vielfalt gemeinsamer Wertschöpfungserfahrungen durch heterogene Interaktionen

Personalisierung der gemeinsamen Erfahrung bei der Wertschöpfung

Manifestierung

Konzentration auf die Qualität der Verbraucher-Firmen-Kommunikation

Konzentration auf die innovative Umfeldgestaltung für das Verbrauchererlebnis

Konzentration auf Erfahrungsnetzwerke

Abbildung 1-4

Neue Prämissen bringen zwangsläufig neue wirtschaftliche Implikationen mit sich. Die Kommunikation zwischen Verbrauchern und Unternehmen wird zum Schauplatz der Wertschöpfung. Da Millionen von Verbrauchern zweifellos unterschiedliche Formen des Austauschs wollen, muss der Wertschöpfungsprozess ein breites Spektrum an möglichen gemeinsamen Erfahrungen bereithalten. Der jeweilige Kontext und das Ausmaß, in dem der Verbraucher involviert ist, tragen zur Bedeutung der einzelnen Erfahrungen für das Individuum bei und mithin auch zur Einzigartigkeit des gemeinsam geschaffenen Werts.

Die Prämissen und Implikationen scheinen den Firmen neue Fähigkeiten abzuverlangen. Die Manager müssen sich der Qualität der Ko-Kreationsprozesse zukünftig im selben Maß annehmen wie der Qualität der Produkte und Abläufe. Und erstere Qualität steht und fällt mit der Infrastruktur für die Interaktion zwischen Unternehmen und Verbrauchern, die sich wiederum danach richtet, welche Kapazitäten zur Schaffung eines vielseitigen Erfahrungsspektrums vorhanden sind. Ein Unternehmen muss daher neue „Erfahrungsumfelder" gestalten, die vielfältige Wertschöpfungserfahrungen zulassen. Dazu sollte es auf flexible „Erfahrungsnetzwerke" bauen, die es den Einzelnen ermöglichen, ihre Erfahrungen individuell mitzugestalten. Hierbei verschmelzen letztlich die Rollen von Unternehmen und Verbraucher zu einer einzigartigen gemeinsamen Wertschöpfungserfahrung oder einer „Einzelerfahrung".

Beachten müssen wir vor allem, was Ko-Kreation *nicht* ist. Sie steht weder für das Übertragen oder Outsourcing von Aktivitäten hin zum Verbraucher noch für eine oberflächliche Personalisierung von Produkten oder Dienstleistungen. Ebenso wenig besteht sie in der Gestaltung oder Ausrichtung von Kunden-Events rund um die Angebotspalette. Diese Form der Unternehmen-Verbraucher-Kommunikation kann die heutigen Verbraucher meist nicht mehr gewinnen.[4]

Der Wandel, den wir hier beschreiben, greift viel weiter. Er bezieht sich auf das gemeinsame Schaffen von Werten mittels personalisierter Kommunikation, die sowohl sinnhaltig ist als auch sensibel für die Bedürfnisse des einzelnen Verbrauchers. Die Wertschöpfungserfahrung (und nicht das Angebot) bildet die Grundlage für einzigartige Werte. Der Markt beginnt, einem *Forum* zu ähneln, das um den individuellen Kunden und dessen Erfahrungen herum organisiert ist, statt ihn als abstrakten Nachfragebehälter anzusehen, den das Unternehmen mit seinem Angebot füllt.

Neue Praktiken entdecken

Manager stehen unter einem enormen Druck, Werte zu schaffen. Die Wertschöpfung durch Verbesserung der Betriebsabläufe – etwa durch Initiativen wie Outsourcing, Restrukturierung des Betriebs und Personalabbau – hat jedoch ihre natürlichen Grenzen erreicht, was moralische Vertretbarkeit und Potenzial betrifft. Nun geht es in den Unternehmen darum, Effizienz mit Innovation und neuen Geschäftsentwicklungen zu koppeln. Intern generiertes, profitables Wachstum wird hoffnungslos überbewertet. Selbst die besten Unternehmen kämpften und kämpfen noch damit, neue Märkte zu erschließen oder ihren hohen Ansprüchen in puncto kommerziell erfolgreiche Innovationen gerecht zu werden.

Offenbar müssen die Manager ihre Herangehensweisen radikal verändern, um die Wachstums- und Innovationspotenziale ihrer Firmen nutzen zu können. Wir sehen heute, wie sich für die Wertschöpfung ein vollkommen unberührtes Terrain auftut, das ungeahnte Möglichkeiten bereithält. Wer sich allerdings erfolgreich dahin aufmachen möchte, muss sich zunächst Methoden der Wertschöpfung aneignen, die sich wesentlich von jenen der Vergangenheit unterscheiden.

Da viele Unternehmen mittlerweile erkannt haben, dass das traditionelle System im Begriff ist, obsolet zu werden, testen sie bereits neue methodische Konzepte. Wie wir später noch genauer ausführen werden, können diese Experimente für andere Manager erhellend und orientierungsgebend sein, sofern man sie vor dem Hintergrund der neuen Rahmenstrukturen betrachtet. Eine Innovation jedoch, die sich auf die Extrapolation von der Vergangenheit beschränkt und dabei wieder in die verstaubten eingleisigen Bahnen verfällt, wird gewiss bei dem Versuch scheitern, die wesentlichen Veränderungen zu bewirken, die der Wettbewerb in einer Welt gemeinsamer Wertschöpfung verlangt.

Die Wirtschaft, wie sie sich gegenwärtig abzuzeichnen beginnt, wird von einem Wettbewerb geprägt sein, der sich auf die personalisierte Wertschöpfung konzentriert. Dieses Buch soll eine Wegbeschreibung dahin sein, ein Routenplaner für die Reise, zu der sich unserer Ansicht nach alle Führungskräfte aufmachen müssen.

Kapitel 2

Bausteine für die Wertschaffung

Im vorangegangenen Kapitel haben wir die Tendenz hin zur aktiven Verbraucherrolle und die sich daraus ergebenden Veränderungen in der Beziehung zwischen Verbrauchern und Unternehmen beschrieben. Diese Veränderungen bringen vor allem neue Interaktionsmuster mit sich. Die Interaktion, wie sie sich derzeit abzuzeichnen beginnt, wird zum *Schauplatz* für die gemeinsame Wertschaffung.

Die Interaktion zwischen Verbrauchern und Unternehmen im Wertschöpfungsprozess: Das Sumerset-Beispiel

Um zu illustrieren, wie umfassend die Interaktion zwischen Verbrauchern und Unternehmen zu sein hat, sollen gemeinsam Werte geschaffen werden, brauchen wir uns bloß den Eigenheimbau anzusehen. Die Verbraucher erwarten, in jeden einzelnen Schritt – vom Entwurf bis hin zum Innenausbau – miteinbezogen zu werden, ja, sie fordern ihre aktive Beteiligung regelrecht ein. Sie wollen ein Haus, das nach ihren Bedürfnissen und Wünschen maßgeschneidert ist, und sie erwarten von der Baufirma, dass sie das Projekt so lange anpasst, umgestaltet und verändert, bis es ihren persönlichen Vorstellungen entspricht. Bei einem Architektenhaus ist die enge Einbindung des Verbrauchers nicht nur wünschenswert, sondern unumgänglich. Da bei maßgeschneiderten Häusern meist ortsansässige Handwerksbetriebe engagiert werden, stehen Bauherr und Handwerker in engerem Kontakt, und das Endprodukt – das maßgeschneiderte Haus – ist weit teurer als ein Fertigbau.

Ein Unternehmen hat einen Weg gefunden, die Idee des Architektenhauses in den Fertigbau zu integrieren. Sumerset ist eine Firma

mit Sitz in Kentucky und der weltweit größte Hersteller für Haus-
boote. Ihr Jahresumsatz beläuft sich auf über 30 Millionen Dollar.[1]

Was wäre, wenn ich Sumerset beauftragte, mit mir ein einzigartiges
Hausboot zu entwerfen und zu bauen, das ich nicht nur als Urlaubs-
domizil, sondern als Wohnhaus nutzen möchte? Ich würde Sumersets
Entwicklungsabteilung anrufen und ihnen meine Ideen für das Boot
unterbreiten: Größe, Ausstattung, Komfort, besondere Wünsche und
natürlich auch mein Budget. Im Verlaufe mehrerer Unterhaltungen
würde ich mit den Ingenieuren gemeinsam die Spezifikationen für
ein Boot ausarbeiten, das meinen Bedürfnissen entspricht.

Sobald wir uns über die Einzelheiten einig wären, würde mit dem
Bau begonnen werden. Ich könnte die Werft im Internet besichtigen
und zusehen, wie mein Boot gebaut wird und die Arbeiten voranschreiten. Und ich hätte als Sumerset-Kunde die Möglichkeit, mich
einer Gemeinschaft von Hausbootbesitzern anzuschließen. Im Dialog
mit ihnen würde ich wahrscheinlich auf zusätzliche Tipps und Anregungen stoßen, die ich direkt in den Bau meines Hausboots einfließen lassen könnte, um es für mich noch schöner zu gestalten.

Weil der Produktentwicklungsprozess für die Verbraucher so transparent ist, können sie häufiger und stärker intervenieren als sonst.
Für die Ingenieure bei Sumerset bedeutet das, sie müssen besonders
offen, kreativ und klar in ihren Aussagen sein. Möchte ich beispielsweise extra große Fenster, klären mich die Sumerset-Ingenieure
über die Vor- und Nachteile auf, wobei sie auch auf die möglichen
Risiken hinweisen. Wir entscheiden gemeinsam, welche Fenster eingebaut werden, wobei wir die Entscheidungen auf Basis fundierter
Informationen treffen.

Natürlich kann es vorkommen, dass ich als Kunde Dinge verlange,
die gefährlich oder schlicht unpraktisch sind. Angesichts des hohen
Risikos für die Sicherheit des Hausboots wird Sumerset dann meine
Vorschläge entsprechend ablehnen, jedoch nicht ohne mir vorher die
genauen Gründe dafür dargelegt zu haben.

Der fortwährende Dialog zwischen Sumerset und anderen Kunden wie mir hilft der Firma, mögliche Probleme vor oder gleich zu Beginn der Bauphase auszumerzen, statt nur hinterher auf sie zu reagieren. Zum Beispiel sind die Abgase der Motoren, die meist am hinteren Ende des Boots austreten, hochgradig giftig. Bei Sumerset stellte man deshalb 1996 auf einen seitlichen Auspuff um. Nun liegen aber die Hausboote häufig in Reihen nebeneinander und auf den Decks spielen Kinder, denen der seitliche Auspuff die Abgase direkt ins Gesicht pustet. Als man bei Sumerset im Jahr 2000 erfuhr, dass in einer Familie zwei Söhne an Kohlenmonoxidvergiftung gestorben waren, hat man sich an den Entwurf eines neuen Auspuffsystems gemacht. 2002 wurde ein „Trockenschornstein"-System eingeführt, das die feuchte Abluft aus dem Generator und den harmlosen Wasserpumpanlagen von den giftigen Abgasen trennt. Während die ungefährlichen Abgase weiterhin zur Seite abgeleitet werden, entweicht das giftige Kohlenmonoxid nun über einen erhöhten Schornstein auf dem Dach, ungefähr drei Meter oberhalb des Decks. Sumerset bot an, die älteren Hausboote kostenfrei mit dem neuen System auszurüsten, sogar solche, die von anderen Herstellern stammten, und hat sich in der Branche dafür stark gemacht, dass das verbesserte System als Standard vorgegeben werden sollte.[2] Die Einbeziehung der Kunden in die gemeinsame Wertschaffung hat es Sumerset ermöglicht, das mit den Abgasen verbundene Risiko öffentlichkeitswirksam zu reduzieren und somit zweifellos Leben zu retten. Natürlich profitiert das Unternehmen auch finanziell davon, eine einzigartige neue Technologie entwickelt zu haben.

Sehen wir uns genauer an, welche Dynamik zwischen Unternehmen und Kunden dem Ganzen zugrunde liegt. Wie in der traditionellen Manufaktur geht es auch hier um ein Produkt – ein Hausboot. Aber der Prozess des Produkterwerbs unterscheidet sich deutlich vom herkömmlichen Erwerb eines Autos oder eines Fernsehers. Noch bevor der Kunde einen Kaufvertrag unterschreibt, kommuniziert er intensiv mit Sumerset. Wie sich diese Kommunikation gestaltet, hängt vom jeweiligen Kunden ab – den individuellen Bedürfnissen, der Fachkenntnis und dem gewünschten Engagement. Meist ändern sich mit der Zeit auch die Kommunikationsstrukturen, da sich Ingenieure und Kunde besser kennen lernen. Um den Dialog zu fördern, sorgt Sumerset nicht nur für den direkten Austausch zwischen Kunden und Mitarbeitern, sondern erläutert auch während der gesamten Bauphase immer wieder ganz klar die Risiken und möglichen Einbußen, die bestimmte Kundenwünsche nach sich ziehen könnten. Die Firma-Verbraucher-Beziehung ist von Transparenz gekennzeichnet: Der Kunde muss wissen, was wann und warum geschieht, während die Firma wissen muss, was der Kunde sich wünscht, was er braucht und was ihm besonders am Herzen liegt.

Längst nicht jeder Verbraucher genießt einen solch interaktiven Schaffensprozess. Manche Kunden – einschließlich Käufer von Hausbooten – ziehen es vor, beim Erwerb eines Produkts auf den ausführlichen Dialog zu verzichten. Ebenso sind auch längst nicht alle gemeinsamen Schaffensprozesse durchweg positive Erfahrungen. Hat ein Kunde den Eindruck, sein Dialog mit dem Unternehmen wäre einseitig, unfair oder undurchsichtig gewesen oder es wären bestimmte Risiken sogar absichtlich nicht angesprochen worden, dann wird diese gemeinsame Wertschaffungserfahrung eher negativ ausfallen.

Dennoch genießen Kunden, die ihre Hausboote ausschließlich bei Sumerset kaufen, klare Vorteile:

- Der gemeinsame Schaffensprozess gibt dem Kunden die Möglichkeit, sich umfangreicheres Wissen über Hausboote anzueignen und dadurch eine größere Selbstsicherheit auf diesem Gebiet zu entwickeln.

- Der ununterbrochene Dialog mit den Sumerset-Mitarbeitern sowie die Verfolgung der Werftarbeiten via Internet vermittelt ein Gefühl der Verbundenheit sowohl mit dem Produkt als auch mit dem Unternehmen.

- Sumersets Transparenz und Bereitschaft zum Dialog weckt bei dem Kunden Vertrauen in die Firma wie auch in die Qualität ihres Produkts.
- Der Zugang zur Gemeinschaft der Sumerset-Kunden kann die Freude am eigenen Hausboot mehren.

Wie wir sehen, unterscheidet sich die Erfahrung des gemeinsamen Schaffens maßgeblich vom traditionellen Produkterwerb. Der Wert für den Kunden basiert nicht mehr auf dem Produkt als solchem (ob mit oder ohne Service), sondern auf der Gesamtheit der *Ko-Kreationserfahrung*, zu der sowohl das Mitentwerfen gehört als auch der Austausch mit dem Unternehmen und der großen Gemeinschaft der Hausbootbesitzer. Entsprechend hängt die Qualität der Kundenerfahrung von der Art und dem Umfang des Kontakts – also dem Zugang zu den Mitarbeitern wie dem erweiterten Kreis der anderen Hausbooteigner – und der Transparenz ab.

Betrachten wir die Sache nun aus der Sumerset-Perspektive. Die Firma und ihre Zulieferer erfahren mehr über die Verbraucher und gewinnen so neue Ideen für das Design, die Planung und die Herstellung. Sumersets Mitarbeiter – vom Designer bis hin zum Tischler – können besser verstehen, welche Wünsche, Motive und Ansprüche die Verbraucher bewegen, wenn diese bestimmte Sonderausstattungen wollen. Im kontinuierlichen Gespräch können die Mitarbeiter auf die einzelnen Kunden eingehen. Das Unternehmen kann Unsicherheiten hinsichtlich der finanziellen Verpflichtungen auf ein Minimum reduzieren und sogar mögliche Umweltrisiken von vornherein erkennen und somit vermeiden.

Der gemeinsame Schaffensprozess ist anspruchsvoll und wirft wichtige Fragen für Manager auf:

- Der enge Dialog mit den Kunden ist ein sehr zeitintensives Unterfangen. Was ist, wenn meine Firma 1 Million Kunden hat – oder 10 Millionen? Meine Leute können im Moment schon kaum dem gerecht werden, was wir ihnen an Interaktion mit Kunden, Lieferanten und Kollegen abverlangen. Wie können wir uns da noch jedem Verbraucher einzeln zuwenden *und* effiziente Abläufe gewährleisten?

- Ko-Kreation beinhaltet eine ungewöhnlich starke Einbindung der Kunden in das Produktdesign. Wie kann ich einen hohen Qualitätsstandard halten *und* zugleich die Kontrolle über das Design teilweise aus der Hand geben?

- Transparenz ermöglicht den Kunden Einblicke in meine Firma, die möglicherweise zu weit ins Innere dringen. Wie viel Einblick darf ich den Kunden gewähren, was zum Beispiel Zulieferer betrifft?

- Individuelle Verbraucher stehen im Zentrum der gemeinsamen Schaffenserfahrung. Wie gehe ich mit den heterogenen Forderungen meines Kundenstamms um?

- Optionen zu diskutieren gibt den Kunden einen gewissen Grad an Kontrolle über die Risiken, die sie eingehen, für die sie aber nicht notwendig verantwortlich gemacht werden können. Wo ziehe ich die Grenze zwischen akzeptablen und inakzeptablen Risiken und wo beginnt und endet meine Haftung für die Folgen?

- Ko-Kreation bedeutet für die Firma einen Schritt hin zur individuellen Nachfrageeinschätzung. Wie sollen Nachfrageprognosen erstellt werden, wenn die Umstände doch so viel unvorhersehbarer werden?

Diese schwierigen Fragen brechen mit der eigentlichen Bedeutung von Wert und dem Prozess, mittels dessen Firmen Werte schaffen. In den nachfolgenden Kapiteln werden wir näher darauf eingehen, wie sich Bedeutung und Prozess verändern, und wir werden mögliche Antworten auf die wichtigen Fragen erörtern, mit denen Manager konfrontiert sind.

Die Bausteine für die Wertschaffung

Die Sumerset-Geschichte ist ein gutes Beispiel für die Realität, wie sie sich derzeit abzuzeichnen beginnt. Sie illustriert, was wir bereits festgestellt haben, nämlich dass die Interaktion zwischen Verbraucher und Unternehmen zum Schauplatz der Wertschöpfung wird. Darüber hinaus schildert sie anschaulich, wie notwendig es ist, sich auf die Gesamtheit der Wertschöpfungserfahrung mit all ihren Einzelaspekten zu konzentrieren: Dialog, Zugang, Risikoeinschätzung und Transparenz. Im weiteren Verlauf werden wir dafür häufig das Akronym „DART" – „Dialogue, Access, Risk assessment, Transparency" – benutzen. Doch zunächst wollen wir uns jeden der einzelnen Aspekte genauer ansehen.

Dialog

Dialog heißt Interaktion, Engagement und Handlungsbereitschaft – auf beiden Seiten. Einen Dialog zu führen beschränkt sich nicht darauf, dem Kunden zuzuhören: Er setzt ein empathisches Verständnis dafür voraus, was der Kunde erlebt, wie auch ein sensibles Einschätzen des emotionellen, sozialen und kulturellen Kontexts. Dialog impliziert gemeinsames Lernen und Kommunizieren zwischen zwei *gleichberechtigten* Problemlösern. Mittels des Dialogs schafft und erhält man eine loyale Gemeinschaft.

Den Dialog im gemeinsamen Wertschöpfungsprozess zeichnen noch einige besondere Merkmale aus:

- Er konzentriert sich auf einen Themenkomplex, der sowohl für den Verbraucher als auch für das Unternehmen von Interesse ist.
- Er verlangt ein Forum, auf dem er stattfinden kann.
- Er verlangt außerdem nach klaren Regeln (expliziten wie impliziten), die einen angemessenen und produktiven Austausch gewährleisten.

Um zu veranschaulichen, warum ein effektiver Ko-Kreations-Dialog diese Faktoren voraussetzt, brauchen wir nur die ehrwürdige

Golfbranche in den USA zu betrachten, die in drei Interessengruppen unterteilt ist. Da ist einmal der Royal and Ancient Golf Club of St. Andrews (R&A), dann die United States Golf Association (USGA) und zuletzt sind da die Hersteller von Golfschlägern. Diese drei streiten sich seit Jahren über die Auswirkungen der Schlägerformen auf die Schlagweite. Die diesbezüglichen Regeln stellt in Nordamerika die USGA auf, überall sonst die R&A.[3]

Seit 1976 testet die USGA Schläger auf „federähnliche Effekte", die einen klaren Verstoß gegen ihre Regeln darstellen („Der Schlägerkopf darf nicht so geformt sein, dass er eine federnde Wirkung hat").[4] Dennoch haben die Hersteller von Golfschlägern Schläger entwickelt, deren Flexibilität jenen verbotenen „federähnlichen" Effekt aufweist, und einige Amateurgolfer außerhalb der Vereinigten Staaten haben diese Schläger auch gern gekauft, weil sie damit ihre Schlagweite verbesserten. Im Frühherbst 2000 dann verkündete R&A, sie würden die Flexibilität der verwendeten Golfschläger weder testen noch per Turnierregeln legitimieren wollen.

Inzwischen ließ Callaway verlautbaren, sie würden zum ersten führenden Hersteller eines „nicht konformen" Golfschlägers in den USA avancieren (des ERC II Forged Titanium Driver). Um Ely Callaway, den Gründer und Vorstandsvorsitzenden von Callaway, zu zitieren: „Wir möchten den amerikanischen Golfern eine bislang ungekannte Entscheidungsfreiheit bieten. Es sollte nicht als Vergehen betrachtet werden, zum Spaß mit einem nicht regelkonformen Schläger zu spielen."[5]

Während die Golfverbände und Hersteller das Thema hitzig diskutieren, weiß niemand, wo die Interessen des durchschnittlichen Golfers liegen. Wochenendgolfer haben kein wirkliches Forum, auf dem sie sich untereinander austauschen können. Die Branche ist genau genommen ein geschlossener Zirkel, in welchem die etablierten Unternehmen durchaus miteinander reden, der Verbraucher aber außen vor bleibt.

Ähnliche Muster von Verbraucherausschluss sehen wir in der Musikbranche, die von Debatten über Dateientausch, Copyright-Verletzungen und die widersprüchlichen Rechte von Künstlern, Plattenfirmen und Verbrauchern in Aufruhr versetzt wurde. Die Recording Association of America (RIAA) hat in dieser Debatte ebenso ein Wort mitzureden wie auch die Songwriter (über die ASCAP, die American Society of Composers, Authors and Publishers), die Medienkonglomerate und die Internetfirmen. Aber die Musikkonsumenten haben keine Möglichkeit, am Dialog teilzunehmen, außer über die Unterstützung der (vermeintlich illegalen) Peer-to-Peer-Software und Internettauschbörsen wie Kazaa und andere Nachfolger der mittlerweile deaktivierten Napster-Site.

Vergleichen wir die beiden geschilderten Situationen mit der „Open Source"-Bewegung der Softwarewelt. Der freie Dialog übte wesentlichen Einfluss auf die Festlegung neuer Standards sowie die Entwicklung eines eigenständigen Prozesses zur Vorgabe von Qualitätsrichtlinien aus. Auch traditionelle Wirtschaftsgrößen haben erkannt, welche Vorteile der Dialog bietet. So vergab IBM 2001 circa 20 Prozent (1 Milliarde Dollar) seines Forschungs- und Entwicklungsbudgets an Linux- und Apache-Webserver.[6]

Ähnliche Initiativen tauchen an Stellen auf, wo man als Letztes mit ihnen gerechnet hätte. Eli Lilly and Company beispielsweise startete im Juni 2001 sein Forschungsprojekt InnoCentive LLC. Über eine eigene Website bringt das Projekt Forscher und Unternehmen aus aller Welt zusammen, damit alle gemeinsam an Problemlösungen arbeiten können.[7] Forschern, die die besten Lösungsvorschläge für ein von einem Unternehmen vorgetragenes Problem anbieten, winken beachtliche finanzielle Vergütungen, was natürlich den Reiz erhöht. InnoCentive steht für einen kühnen Versuch, Innovationsbemühungen öffentlich zugänglich zu machen, die ansonsten nur unter striktester Geheimhaltung stattfinden. Und zugleich bekommen Wissenschaftler Einblick in komplexe Problemstrukturen.

Dialog bedeutet außerdem, Themengemeinschaften aufzubauen. Denken wir allein an America Online (AOL), die schon früh erkannten, wie wichtig ein Dialogforum für ihre Kunden ist. Während die Telefongesellschaften sich noch eifrig bemühten, ebenfalls zu Internetprovidern zu werden, machte AOL es seinen Kunden möglich, mit anderen via Live-Chats, Message Boards und Newsgroups zu kommunizieren. Später folgten dann die Buddy-Listen, das AOL Instant Messaging und die ICQ-Software („I seek you" – „Ich suche dich"). AOL begriff, dass Individuen den Austausch mit anderen suchen und gern Teil eines sozialen Netzwerks sein möchten. Mit der Buddy-Liste kann man andere selektiv zum Chat einladen, was der Gruppe ein Gefühl von Privatsphäre gibt. Damit wird der weit verbreitete Wunsch nach einzigartigen sozialen Bindungen bedient.

Zugang („Access")

Traditionell sind Firmen und ihre Wertschöpfungsketten darauf ausgerichtet, Produkte herzustellen und sie den Kunden zu verkaufen. Mittlerweile geht der Trend allerdings vermehrt dahin, den Zugang zu wünschenswerten Erlebnissen zu ermöglichen, die nicht mehr notwendig an den Besitz von Produkten gebunden sind. Man muss ein Produkt nicht besitzen, um Zugang dazu zu erlangen, lautet die Devise. Entsprechend müssen wir die Idee der Zugänglichkeit vom Eigentum entkoppeln.

Zugang beginnt mit Informationen und Instrumenten. Denken wir an Taiwan Semiconductor Manufacturing Company (TSMC), eines der weltweit größten und kreativsten Halbleiterunternehmen. TSMC hat seinen Kunden Zugang zu Daten über die Herstellungsprozesse, zu den Design- und Fabrikationsbibliotheken und den Qualitätsprüfungsprozessen ermöglicht.[8] Das Halbleitergeschäft wird zusehends softwareorientierter und auf diese Weise gewährt TSMC sogar kleinen Softwareunternehmen den Zugriff auf die Wissensgrundlagen großer Hersteller. Für die kleinen Firmen reduzieren sich damit die

Investitionskosten, die ihnen andernfalls entstünden, wollten sie im Halbleitermarkt mithalten.

Zugang kann sich auch auf das Bereitstellen von Ressourcen beziehen, wie etwa Computerkapazitäten. Gateways experimentelles Processing on Demand wurde eingeführt, um Zugang zu umfassenden Computerservices anzubieten, die den Supercomputern Konkurrenz machen, indem das System die Datenübermittlungskapazitäten von 8.000 PCs in 272 Gateway-Niederlassungen zur Verfügung stellt – zu einem Preis von ungefähr 15 Cents pro Prozessorenstunden.[9] IBMs 10-Milliarden-Dollar-Initiative für On-Demand-Computing huldigt der Vision einer zukünftigen Welt, in der Unternehmen der Zugang zu Computerkapazitäten ebenso leicht gemacht wird wie der zu elektrischem Strom und in der sie je nach Bedarf Informationen über technologische Services erhalten.[10]

Nun wollen Verbraucher eventuell auch Zugang zu einem bestimmten Lebensstil haben. Autoleasing zum Beispiel erlaubt es ihnen, den Stil eines Wagenbesitzers zu leben, ohne die Verantwortlichkeiten des tatsächlichen Besitzes übernehmen zu müssen. Und die Mobilitätsansprüche werden noch steigen. Warum kann ich keinen Vertrag mit General Motors oder Ford abschließen, der mir erlaubt, vier unterschiedliche Wagentypen zu fahren, je nachdem wie mein Bedarf gerade ist? Freitagabends möchte ich vielleicht mit einem Luxuswagen ins Restaurant fahren; am Sonntagmorgen muss ich die Fußballmannschaft meiner Tochter zu einem Spiel kutschieren und brauche dazu einen Van; am Dienstag wäre ein Pick-up praktisch, weil ich da Feuerholz holen will, und ins Einkaufszentrum führe ich am Donnerstag gern in einem kleinen Kompaktwagen, der problemlos einzuparken ist. Für diesen Service wäre ich bereit, sagen wir, 5.000 Dollar jährlich zu zahlen. Immerhin ermöglicht er mir, mittels unterschiedlicher Autotypen unterschiedliche Lebensstile zu übernehmen, ohne dass ich dafür große Investitionen tätigen oder mich mit Instandhaltungskosten belasten muss.

In den letzten zehn Jahren begannen zahlreiche Unternehmen in europäischen und U.S.-amerikanischen Großstädten damit, analoge Serviceleistungen für Leute anzubieten, die es vorziehen, kurzfristig über Dinge zu verfügen statt sie zu besitzen. So kann man sich etwa in der Schweiz im Mobility CarSharing eintragen und erhält dadurch Zugang zu einem Wagenpool. Die einzelnen Fahrzeuge mietet und zahlt man je nach Bedarf, weshalb sich dieses System besonders gut für Kurzausflüge eignet, zum Beispiel für eine Fahrt zu Freunden außerhalb der Stadt oder Ähnlichem.[11] Einrichtungen wie diese erleichtern das Leben in den Großstädten, reduzieren die Abgasbelastung und mindern die Parkplatzprobleme. Vergleichbare Modelle hält die Reise- und Freizeitindustrie schon seit längerem in Form von Time-Share-Ferienhäusern und Leasingangeboten für Privatflugzeuge bereit.

Die steigende Nachfrage nach Zugangsangeboten ohne Besitzverpflichtung eröffnet neue Möglichkeiten für die aufkommenden Marktsegmente.[12] Die Debatte um die „digitale Kluft" zwischen den Wohlhabenden (die Computer besitzen) und den Armen (die keine besitzen) geht davon aus, Besitz wäre unabdingbare Voraussetzung für Zugang. Doch in jedem großen neuen Markt machen Cyber- und Internet-Cafés Online-Zugänge verfügbar. In Indien beispielsweise kann man für 30 Cents eine Stunde lang im Internet sein. Dieser Preis steht in keinem Verhältnis zur Anschaffung eines eigenen PCs für 1.000 Dollar, was dem Jahreseinkommen der meisten indischen Familien entspricht. Ein einziger Internetanschluss in einem indischen Dorf versorgt sämtliche dort ansässigen Fischer mit Wetterberichten, Satellitenbildern von Fischschwarmwanderungen und den aktuellen Marktpreisen für Fische. Und damit nicht genug. Die behandelnden Ärzte selbiger Fischer können sich ohne größeren Kostenaufwand via Websites wie Healthnet.org über die jüngsten medizinischen Erkenntnisse auf dem Laufenden halten. In Bangladesch können sich Mediziner mittels des lokalen Medinet-Systems für weniger als 1,50 Dollar im Monat den Zugriff auf Hunderte von teuren Fachzeitschriften sichern.

Nicht zuletzt ergeben sich aus den wachsenden Zugangsangeboten auch neue oder verbesserte Formen des Selbstausdrucks. Dank der rapiden technischen Fortschritte haben die Verbraucher heute Zugang zu den Wertschöpfungsketten ganzer Industriezweige, die ehedem den Unternehmen vorbehalten waren. Zum Beispiel bietet die Print-on-Demand-Technologie (POD) jedermann die Möglichkeit, ein Buch für weniger als 400 Dollar zu veröffentlichen. Der Verbraucher geht einfach auf einen POD-Verleger zu, der den Umschlag entwirft und das Buch an einen Vertreiber weiterleitet, wo es digital gelagert wird. Sobald sich interessierte Leser melden, kann der Vertreiber das Buch mit einer Geschwindigkeit von über 1.000 Seiten die Minute drucken. Die meisten Bücher sind also in weniger als 30 Sekunden fertig. Das POD-System läutet also einen radikalen Wandel im Verlagswesen ein, da es Minimumauflagen, Lagerungskapazitäten und das kostspielige Einstampfen von nicht verkauften Exemplaren überflüssig macht. Letztere machen teilweise 30 bis 40 Prozent einer Auflage aus.[13] Der Verbraucher kann Autor, Verleger und Manager innerhalb des Wertschöpfungsprozesses sein und der lesenden Öffentlichkeit werden Bücher von bisher unbekannten Autoren zugänglich gemacht. Wie man die besten Titel aus dem Angebot herauspickt, ist natürlich eine andere Frage.

Risikoeinschätzung

Risiko bezieht sich hier auf die Wahrscheinlichkeit, dass dem Verbraucher ein Schaden entsteht. Das klassische Verständnis der Manager gründet in der Annahme, Unternehmen wüssten Risiken besser einzuschätzen und zu kontrollieren als die Verbraucher es jemals könnten. Entsprechend haben sie sich in der Kommunikation mit den Verbrauchern fast ausschließlich auf die Vorteile konzentriert und die Risiken weitestgehend außen vor gelassen.

Heute jedoch mehren sich die Diskussionen über Risiken und über die Ausgewogenheit von Nutzen und Risiken – eine Debatte, die umso heftiger geführt werden wird, je stärker der Trend hin zur Ko-

Kreation wird. Können Firmen in einem ko-kreativen Umfeld noch unilateral Risiken managen? Andererseits stellt sich die Frage, inwieweit die ko-kreativen Verbraucher die Verantwortung für gewisse Risiken mitzutragen haben.

Nehmen wir das Beispiel der Hormonersatztherapie, einem 60 Jahre alten Geschäft, das im Jahr 2000 einen Gesamtumsatz von 2,75 Milliarden Dollar verzeichnete. Millionen von Frauen bot diese Therapie Linderung bei Wechseljahrbeschwerden wie Schlaflosigkeit und Hitzewallungen. Nun haben neuere Studien ergeben, dass die Hormonbehandlung Risiken birgt, von denen man bisher nichts wusste. Eine Untersuchung der Women's Health Initiative stellte eine erhöhte Anfälligkeit für Herzinfarkt, Brustkrebs, Schlaganfall und Blutgerinnsel unter Frauen fest, die Hormonersatzpräparate einnahmen. Zum Teil infolge dieser Enthüllung ging der Umsatz von Prempro, dem führenden Produkt im Marktsegment der Menopausemedikamente, die von annähernd 6 Millionen Amerikanerinnen eingenommen werden, um 25 bis 30 Prozent zurück.[14]

Risikoenthüllungen häufen sich und tragen wesentlich zum Misstrauen der Verbraucher gegenüber Unternehmen bei. Denken wir allein an die Diskussionen über genetisch modifizierte Nahrungsmittel (GM). Menschen verändern seit Jahrtausenden das Erbgut von Pflanzen und Tieren mittels Züchtungstechniken. Während der letzten 20 Jahre aber haben Wissenschaftler Methoden entwickelt, durch die sie die Gene, die für bestimmte Merkmale zuständig sind, identifizieren, verändern und lebenden Organismen implantieren können. Diese neuen maßgeschneiderten Pflanzen – von Sojabohnen mit spezifischen Eiweißsättigungen bis hin zu schädlingsresistenter Baumwolle – können für die armen Länder der Welt von großer Bedeutung sein. Und 6 Milliarden Menschen mit Nahrung zu versorgen zu wollen ist per se gewiss ein hehres Ziel. Doch Vorreiterfirmen auf dem Sektor Genmanipulation wie Monsanto haben unterschätzt, auf welche Bedenken sie damit bei Wissenschaftlern und Verbrauchern stoßen. Innerhalb weniger Jahre wurde Monsanto zum Feindbild in einer Schlacht, bei der es um vermeintliche Umweltschäden und Gesundheitsbedrohungen durch „Frankenstein-Essen" ging.[15]

Monsanto hatte nicht bedacht, dass die Verbraucher von heute mehr über die Risiken wissen und sie mit den Unternehmen gemeinsam diskutieren wollen. Hätte Monsanto der vorangegangenen Generation erklärt: „Wir haben die Risiken geprüft und die FDA hat unsere Produkte untersucht und sie für den Verkauf freigegeben", wären die meisten Verbraucher damit vollauf zufrieden gewesen. Diese Zeiten sind vorbei. Heute wollen die Leute erfahren, wo die Grenzen unseres Wissens über genmanipulierte Nahrungsmittel liegen und welche potenziellen Risiken wir eingehen, wenn wir uns kopfüber in die Produktion stürzen.

Wie groß aber ist die Skepsis gegenüber GM-Nahrungsmitteln? Eine Umfrage ergab, dass die Leser des *Scientific American* die Vorteile gleich hoch einschätzten wie die Risiken.[16] Wenn diese Gruppe von relativ gut informierten und wissenschaftlich belesenen Leuten Vorbehalte hat, liegt die Vermutung nahe, dass die allgemeine Öffentlichkeit noch weit skeptischer ist. Rückblickend betrachtet hätte Monsanto gut daran getan, andere Landwirtschafts- und Ernährungsverbände, staatliche wie private Forschungslabors und Laiengruppen in die Debatte über Risiken und Nutzen miteinzubeziehen, um so zu vermeiden, dass es in der Öffentlichkeit zu Misstrauen und Polarisierungen kommt.

Als Vergleich dazu bietet sich die Geschichte von DeCode an, einem kommerziellen Unternehmen, das anbot, eine detaillierte genetische Studie über die gesamte Bevölkerung von Island anzulegen. Bei dieser Idee drängten sich sogleich hochsensible Themen wie Privatsphäre und individuelle Freiheit auf – die nicht minder potenziell kontrovers sind als genetisch manipulierte Nahrungsmittel. Allerdings führte DeCode die Diskussion der Risiken und Nutzen öffentlich. Drei große isländische Zeitungen publizierten über 700 Artikel; über 100 Fernseh- und Radiosendungen befassten sich mit dem Projekt und die Bevölkerung hatte eine Chance, jede Menge darüber zu lernen, zu diskutieren und zu einem Konsens zu finden. Am Ende stimmte das isländische Parlament dem Projekt zu und erließ ein Gesetz, das die Sammlung genetischer Daten sowie den Zugang anderer Wissenschaftler und Pharmafirmen mit entsprechenden Klauseln bezüglich Anonymität und Schweigepflicht regelte.[17]

Die U.S. Food and Drug Administration (FDA) hat die Diskussion über Risikoeinschätzung und Informationsfreigabe bestätigt, als sie die Wiedereinführung des Medikaments Lotronex genehmigte, eines Mittels gegen nervöse Darmstörungen. Nachdem es erstmals 2000 von GlaxoSmithKline eingeführt wurde, wurden 275.000 Patienten damit behandelt. Dann stellte man starke Nebenwirkungen fest, die mehrere Todesfälle verursachten, und Glaxo nahm das Medikament nur zehn Monate nach der Einführung wieder vom Markt.[18]

Hier hätte die Geschichte enden können, schrieben wir nicht das Zeitalter der engagierten Verbraucher. Tausende von Menschen mit nervösen Darmstörungen protestierten und forderten die FDA auf, das Mittel unter strengeren Kontrollen wieder einzuführen. 2002 stimmte die FDA dann zu: Das Medikament durfte wieder auf den Markt, allerdings wurde die Dosierung um die Hälfte reduziert. Ärzte müssen bei der Verschreibung nach strengen Kriterien vorgehen, zuvor ein Schulungsprogramm von GlaxoSmithKline absolvieren und sich selbst „attestieren", dass sie sich über die Symptome und Risiken im Klaren sind. Des Weiteren sind sie verpflichtet, die Patienten über die Risiken aufzuklären, welche ihrerseits eine Erklärung unterzeichnen müssen, dass sie um die Gefahren wissen.

Die Lotronex-Kontroverse wurde durch den Dialog zwischen Glaxo, den Verbrauchern, den Ärzten, der FDA, den Apothekern und den Patienteninitiativen gelöst. Wer aber ist letztlich für die Risiken verantwortlich, auf die die Lotronex-Patienten sich einlassen? Die Antwort auf diese Frage ist alles andere als klar. Die Verbraucher sagen: „Gebt uns alle Informationen und Entscheidungsfreiheit", jedoch meinen sie damit längst nicht immer: „Wir werden die Verantwortung für unsere Entscheidungen übernehmen."

Der Streit darum, wie viel Verantwortung die Unternehmen und wie viel die informierten Verbraucher übernehmen, wird gewiss noch Jahre dauern. Dennoch können wir heute schon sicher davon ausgehen, dass die Verbraucher unabhängig vom Ausgang mehr und mehr in die Wertschöpfungsprozesse eingebunden werden wollen. Sie werden ihr Recht auf freie Entscheidung keinesfalls der Scheu vor Verantwortung opfern. Und sie werden auch zukünftig darauf bestehen, vollständige Informationen von den Unternehmen zu erhalten, wobei sie sich nicht bloß mit Daten abspeisen lassen werden, sondern auch Zugang zu den entsprechenden Methoden verlangen, um die persönlichen wie gesellschaftlich relevanten Risiken einschätzen zu können, die mit den Produkten oder Dienstleistungen verbunden sind.

Führungskräfte wiederum müssen sicherstellen, dass die Risikoeinschätzung und die Schadensbegrenzung innerhalb der Unternehmen keine defensive Mentalität provozieren, sondern dass Risikomanagement vielmehr als etwas angesehen wird, das neue Möglichkeiten öffnet, sich von anderen zu unterscheiden. Ein aktiver Dialog über Risiken und Nutzen beim Einsatz von bestimmten Produkten und Dienstleistungen kann eine neue Vertrauensebene zwischen Verbrauchern und Unternehmen schaffen. Beispielsweise kommen jüngste Untersuchungen zu zwiespältigen Ergebnissen, was den Nutzen (wie auch die Risiken) von Brustkrebsvorsorge durch Mammographie angeht. Eine Studie mit mehr als 9.000 Kanadierinnen ergab, dass Frauen in den Vierzigern keinen echten Nutzen aus der Mammographie ziehen, sondern weit häufiger dabei das Risiko unnötiger Mammaamputationen und sonstiger Operationen laufen. Solche Berichte bestätigen nur die Dringlichkeit einer konstruktiven Diskussion von Vorteilen und Nutzen für die Verbraucher, selbst wenn die Ergebnisse widersprüchlich oder komplex ausfallen. Auf jeden Fall versetzen sie die einzelnen Verbraucher in die Lage, reflektierte Entscheidungen zu treffen.

Transparenz

Traditionell haben Firmen von der Informationsasymmetrie zwischen Unternehmen und Verbrauchern profitiert. Diese Asymmetrie schwindet rapide. Firmen dürfen nicht länger auf die Verschleierung von Preis-, Kosten- und Profitmargen setzen. Und je zugänglicher die Informationen über Produkte, Technologien und Wirtschaftssysteme werden, umso wünschenswerter wird größere Transparenz.

Denken wir zum Beispiel an die gegenwärtige Revolution auf dem Wertpapiermarkt. Instinet, ein global operierender Agenturmakler, nutzt neueste Technologien, um den Managern von Einzelhandelsinvestmentfonds, 401 (k)s, IRAs und anderen Investmentplänen die Möglichkeit zu geben, direkt in Kontakt zu Käufern und Verkäufern zu treten und die Preise untereinander auszuhandeln und das 24 Stunden am Tag, auf mehr als 40 Märkten weltweit.[19] Die neue Ebene der Transparenz, die von Anfang an den Handelszyklus bestimmt und bis zur anschließenden Kosteneinschätzung beibehalten wird, versetzt die Instinet-Kunden in die Lage, einen Überblick über die Echtzeitkosten ihrer Abschlüsse zu gewinnen. Mittlerweile lockt die Methode immer mehr Einzelinvestoren an, von denen viele nun neben den großen Institutionen mitmischen.

Oder denken wir an Celera Genomics und das Human Genome Project, die geschichtsträchtige Entschlüsselung des „Buchs des Lebens". Obwohl die Grundstruktur des menschlichen Genoms inzwischen decodiert wurde, hat der Prozess, bestimmte Gene zu finden, zu verstehen, was sie tun, und die Verbindung zwischen ihnen und bestimmten Krankheitsdispositionen herzustellen, gerade erst begonnen. Diese Arbeit wäre ohne die Gewährleistung einer alles durchdringenden Transparenz überhaupt nicht möglich. Dank ihr können die Wissenschaftler heute auf elektronische Forschungshilfen zurückgreifen, um hochkomplexe Proteinanalysen der Gene durchführen zu lassen, während sie sich parallel mit anderen Forschungslabors auf der ganzen Welt austauschen und so potenzielle neue Angriffspunkte für medikamentöse Behandlungen ausmachen. Vermehrte Transparenz in den wissenschaftlichen Forschungsprozessen hat also neue und verbesserte Voraussetzungen für die Entdeckung und Entwicklung geschaffen.[20]

Kehren wir noch einmal zur Taiwan Semiconductor Manufacturing Company (TSMC) zurück. Indem man dort das allerneueste Virtual Fab mit größtmöglicher Transparenz versah, bot TSMC seinen „Fablosen" Kunden größere Kontrolle über den Design- und Herstellungsprozess. Das Onlinesystem gibt den Kunden einen kompletten Einblick in die Manufakturierungsprozesse für ihre Produkte und versorgt sie zugleich mit sämtlichen aktuellen Informationen, die für ihre Design-Ansprüche relevant sein können. Sie erhalten Zugang zu Informationen über die TSMC-Konstruktions- und Zulieferketten, die Technologien und Abläufe, die technische wie die Produktionsplanung, die Zwischenanalysen, die Daten zu den Produkttests während der Herstellungsphase und noch vieles mehr.

Indem Unternehmen die Bausteine Transparenz, Risikoeinschätzung, Zugang und Dialog kombinieren, können sie die Kunden als Mitarbeiter in die Abläufe einbinden. Transparenz ermöglicht einen gemeinschaftlichen Dialog mit den Kunden. Fortlaufendes Experimentieren, vereint mit dem Zugang zu Informationen und der Risikoeinschätzung von beiden Seiten, kann zu gänzlich neuen Unternehmensmodellen und Funktionsgestaltungen führen, die dazu dienen, die bestmögliche ko-kreative Erfahrung zu bewirken. Selbst traditionsbehaftete Unternehmen wie etwa Sony suchen inzwischen den Dialog mit den Verbrauchern, dem sie die Entwicklung der PlayStation 2 verdanken. Von Intel über Microsoft bis Nokia sind die Verbraucher an der Gestaltung neuer Technologien beteiligt, seien es web-fähige Geräte, Software oder Handys. Sie tragen ihren Teil bei, ob nun in technischer Hinsicht oder im Hinblick auf ihre Erwartungen und Wertvorstellungen. Und während sie das tun, gestalten sie die Zukunft aktiv mit.

Alle Bausteine kombiniert

Rekapitulieren wir einmal. Die vier Bausteine der gemeinsamen Wertschöpfung sind Dialog, Zugang, Risikoeinschätzung und Transparenz – oder DART. Der *Dialog* ermutigt nicht nur zum Austausch von Wissen, sondern, was weit ausschlaggebender ist, zum Anstreben qualitativ höherer Verständigungsebenen zwischen Unternehmen und Verbrauchern. Zudem erlaubt er es den Verbrauchern, ihre Vorstellungen von Wert in den Wertschöpfungsprozess einfließen zu lassen. Der *Zugang* stellt die althergebrachte Auffassung infrage, Verbraucher könnten ausschließlich aus Eigentum Werte schöpfen. Haben Unternehmen erst einmal erfasst, dass der Zugang zu Erfahrungen an zahlreichen Interaktionspunkten wertvoller für die Verbraucher sein kann als der Besitz von Produkten, können sie ihre Geschäftsmöglichkeiten ganz anders ausschöpfen. Die *Risikoeinschätzung* bezieht sich darauf, dass in dem Moment, in dem Unternehmen die Verbraucher als die Mitschöpfenden von Werten betrachten, diese selbstverständlich auch mehr Informationen über potenzielle Risiken einfordern, aber zugleich eben auch eigene Verantwortung für die Risiken übernehmen, die sie als informierte Nutzer von Waren oder Dienstleistungen eingehen. *Transparenz* von Informationen ist notwendig, um Vertrauen zwischen Institutionen und Individuen herzustellen.

Nun können Unternehmen die vier Bausteine auf unterschiedliche Weise kombinieren und dadurch die folgenden neuen und wichtigen Kompetenzen erlangen.

Zugang und Transparenz

Zugang mit Transparenz zu verbinden fördert die Fähigkeit der Verbraucher, fundierte Entscheidungen zu treffen. So haben amerikanische Verbraucher heute direkten Zugang zu den Ertragsdaten von Investmentangeboten der meisten Finanzdienstleister. Im Bereich Investment und Finanzdienstleistung ist insgesamt eine vernünftige

Transparenzebene erreicht worden, insbesondere was den Erfahrungsaustausch unter den Kunden betrifft. Entsprechend können sich die Verbraucher umfassend über Geldanlagemöglichkeiten informieren, bevor sie sich für bestimmte Investitionsformen entscheiden.

Dialog und Risikoermittlung

Die Kombination von Dialog und Risikoermittlung schafft eine Diskussionsgrundlage, die es den Verbrauchern ermöglicht, aktiv an der Entscheidungsfindung sowohl in öffentlichen wie auch in privaten Belangen teilzunehmen. Beispielsweise wirft der öffentliche Dialog und Informationsaustausch über die Risiken des Rauchens und die Politik der Zigarettenindustrie eine Menge wichtiger Fragen hinsichtlich der Gesetzgebung auf. Dürfen wir den Tabakfirmen erlauben, ihre Produkte in einer Weise zu bewerben, die Kinder und Jugendliche anspricht? Sollten Zigaretten in Automaten oder übers Internet erhältlich sein? Brauchen wir für Zigaretten ähnlich strenge Gesetze und Kontrollen wie für Alkohol oder verschreibungspflichtige Medikamente? Die Bürger üben einen wesentlichen Einfluss auf politische Entscheidung aus, indem sie als individuelle Verbraucher fundiertere Entscheidungen treffen.

Zugang und Dialog

In der Kombination von Zugang und Dialog findet sich die Grundlage für den Aufbau und Erhalt von Themengemeinschaften. Die Fans der NASCAR-Autorennen zum Beispiel können das Internet nutzen, um alles über bevorstehende Veranstaltungen und die Favoriten der einzelnen Rennen zu erfahren oder die Statistiken ihrer Lieblingsfahrer einzusehen. Sie können sich einer ganzen Reihe von Online-Gemeinschaften Renninteressierter anschließen, Geschichten austauschen und Memorabilien kaufen oder verkaufen. Vergleichbare Interessengemeinschaften gibt es in vielen anderen Bereichen, vom Fliegenfischen bis hin zum Studium der Musikinstrumente im China des 12. Jahrhunderts.

Transparenz und Risikoeinschätzung

Diese Kombination ist unabdingbar für den gemeinsamen Aufbau einer Vertrauensbasis. So kreiste die Diskussion der Haftung im Fall Firestone-Ford-Reifen vornehmlich um die Frage, wie viel Informationen Ford und/oder Firestone über die Risiken hatten, die sich aus der Verbindung von Wagentyp, Reifentyp und Fahrbedingungen ergaben. Hätte Firestone nur sämtliche Informationen über die nachgewiesenen Risiken weitergeben müssen oder auch solche über nicht nachgewiesene, die jedoch sehr wohl zu berücksichtigen waren? Die wenigsten Branchen und Unternehmen weisen freiwillig auf Risiken hin und diskutieren sie mit Verbraucherverbänden. Brauchen Finanzdienstleister ein „Verbrauchergrundgesetz"? Sollten Investoren über Risiken in verständlicher Sprache informiert werden statt im Juristenjargon? Verbraucher müssen den Firmen vertrauen, mit denen sie sich auf gemeinsame Wertschöpfung einlassen.[21] In versierten Unternehmen lautet das Motto immer häufiger: „Im Zweifelsfall legt man alles offen."

Die neue Dynamik der gemeinsamen Wertschöpfung

Wie wir gesehen haben, sind die DART-Elemente Dialog, Zugang, Risikoeinschätzung und Transparenz die Bausteine der gemeinsamen Wertschöpfung, die Manager auf unterschiedliche Weise kombinieren können. Obwohl viele Firmen und Branchen mit diesen Elementen experimentieren und sich die Anzeichen für eine neue Form der Wertschöpfung bereits mehren, fällt es zahlreichen Unternehmen nach wie vor schwer, sich mit dem Wandel der Rahmenstrukturen anzufreunden. Warum?

Der augenfälligste Grund dafür mag darin liegen, dass gemeinsame Wertschöpfung die traditionellen Rollen von Firmen und Verbrauchern infrage stellt. Welche Spannungen dadurch hervorgerufen werden, zeichnet sich vor allem an der *Interaktion* zwischen Firmen und Verbrauchern ab, eben an jenen Schnittstellen, an denen das Erleben gemeinsamer Wertschöpfung stattfindet, Individuen Entscheidungen treffen und Werte geschaffen werden. Doch gerade die Interaktion ermöglicht Zusammenarbeit und Austausch zwischen Verbraucher und Unternehmen, ob implizit oder explizit, im selben Maß, wie sie diese Prozesse auch lähmen kann.

Im nächsten Kapitel werden wir die sich herauskristallisierende Dynamik in der Verbraucher-Unternehmen-Interaktion und die ihr inhärenten Spannungen untersuchen.

Kapitel 3

Die gemeinsame Erfahrung

Wie wir bereits feststellten, haben viele Unternehmen bereits mit dem Experiment der gemeinsamen Wertschöpfung begonnen. Trotzdem sträuben sich viele Manager immer noch, von vertrauten Praktiken und Instrumenten zu lassen – schließlich stehen diese für ihre Wohlfühlzone. Entsprechend kommt es zu Spannungen zwischen dem traditionellen „Unternehmerdenken" und dem derzeit entstehenden „Verbraucherdenken" bezüglich der Frage, ob Firmen einseitig die Wahl der Erfahrungen kontrollieren dürfen, die aus dem gemeinsamen Wertschöpfungsprozess gezogen werden. Wir denken, dass die Antwort *Nein* ist.

Die ko-kreative Erfahrung als Grundlage für Wert: Das Napster-Beispiel

Shawn Fanning kreierte im Mai 1999 Napster, ein Programm, das es Einzelnen erlaubte, digitalisierte Musikdateien im Internet auszutauschen. Napster hielt spannende neue Erfahrungen für die Verbraucher bereit, bei denen der Schwerpunkt auf Zugang, Auswahl und individueller Wertbestimmung lag anstatt auf dem konventionellen unternehmenskontrollierten Tausch, der durch Verpackung und Vertrieb vorbestimmt wird.

Napster lockte über 40 Millionen Verbraucher an, ehe die Musikindustrie rechtliche Schritte einleitete und die Schließung erwirkte.[1] Nun kann man über die Rechtmäßigkeit und moralische Vertretbarkeit der Herangehensweise Napsters an den Musikvertrieb diskutieren, unstrittig bleibt deren Popularität. Seit der Schließung haben sich diverse Nachfolger im Internet eingerichtet und gedeihen dort prächtig. Was Millionen von Musikfans damit zum Ausdruck bringen, ist: „Ich, der Verbraucher, will Musik auswählen und nutzen, wie es mir gefällt."

In den Augen des Entertainment-Establishments sind Napster und Konsorten Piraten und Diebe, die eine gewaltige finanzielle Bedrohung darstellen. Die Napster-Geschichte lässt allerdings auch eine andere Interpretation zu, nämlich die, dass Napster für die großen Zukunftshoffnungen der Musikbranche steht. Napster hat gezeigt, dass die Verbraucher die Produkte der Musikindustrie wollen und sie noch stärker konsumieren möchten, aber eben auf ihre Weise. Sie wünschen freien Zugang zu den weltweiten Musikverzeichnissen, um dort die Musik auszuwählen und zu genießen, die ihren gegenwärtigen Vorlieben und ihrem Kontext entspricht.

Hätte irgendein Napster-Nutzer freiwillig für das Download von Musiktiteln bezahlt? Wahrscheinlich schon, nur bot die Musikindustrie keine Mechanismen an, die das möglich machten. Ebenso wenig erlaubten es die Einzelhändler ihren Kunden, sich ihre Lieblingssongs auszuwählen, auf eine CD zu brennen und schließlich für ihre Auswahl zu bezahlen. Stattdessen beharrten die Musikfirmen auf ihrem traditionellen „Wir stellen die Musik zusammen, ihr kauft sie", das sie um jeden Preis zu verteidigen suchten. Sie waren überzeugt, dass die neue Technologie die CD-Verkäufe reduzieren würde und die Branche letztlich sogar ruinieren könnte. Und die Filmindustrie, die zehn Jahre zuvor mit demselben Bangen auf die Einführung von Videorecordern reagiert hatte, fürchtet sich nun vor digitalen Videorecordern und Datentauschtechnologien.[2]

Napster förderte die Spannungen zutage, die sich zwischen dem „unternehmens- und produktzentrierten" Wirtschaftssystem und dem entstehenden „verbraucher- und erfahrungszentrierten" System auftun:

– indem es die vielfältigen Vertriebsebenen der Musikindustrie abschaffte und damit die Bruchlinien im Verhältnis zwischen Unternehmen und Verbrauchern offen legte;

– indem es die Optionen infrage stellte, die die Musikindustrie den Verbrauchern anbietet, und aufzeigte, dass die Musikliebhaber die Auswahl der Musik für sich beanspruchen – sprich: sich von den Unternehmensleitungen und Markenmanagern nicht länger diktieren lassen wollen, was sie hören;

– indem es demonstrierte, dass es sich bei den Musikliebhabern um eine heterogene Gemeinschaft handelt, und so die Musikindustrie zwang, sich erstmals mit verbraucherzentrierten Erfahrungen auseinander zu setzen.

Die Napster-Geschichte legt den Schluss nahe, dass die Spannungen zwischen Verbrauchern und Unternehmen in der Musikindustrie vor allem in der Qualität und Art der Interaktion zwischen beiden gründen. Die Verbraucher wollen nicht mehr für eine vorbestimmte Musikauswahl bezahlen. Sie wollen selbst eine Wahl treffen und die Musik kennen lernen, bevor sie sie kaufen.

Napster mag tot sein, aber Kazaa (mit über 200 Millionen Downloads) und andere Peer-to-Peer-Softwares und Dateientauschunternehmen treiben die Revolution der Musikindustrie weiter voran. Zudem treten etablierte Firmen, die normalerweise in keiner Verbindung zur Musikindustrie standen, auf den Plan. Da wäre zum Beispiel Steve Jobs' neue Applemusic-Initiative. In den ersten zwei Monaten nach Markteinführung von iTunes wurden über 5 Millionen Songs für 99 Cents pro Stück heruntergeladen.[3] Mit dem aufkommenden „Spaßraum", der sich in der Konvergenz von Elektronik, Computern, Kommunikation und Unterhaltung auftut, können Initiativen wie Applemusic zu potenziellen Netzwerken von Musikern, Musikverleihen und Musikbegeisterten werden, innerhalb derer die Verbraucher ihren Anspruch auf freie Auswahl ausleben und ihre Musikerfahrungen aktiv mitgestalten können. Viele neue Möglichkeiten der ko-kreativen Erfahrung werden in diesem Spaßraum bereits wahrgenommen, wie etwa Digital Club Network (DCN), in dem einige der namhaftesten Rockclubs der USA ihre Live-Konzerte übertragen. Mittlerweile hält DCN die Rechte an über 4.000 Konzerten von Hunderten von Bands, von denen die meisten noch relativ unbekannt sind und daher im Austausch gegen ein größeres Publikum und eventuelle Tantiemen nur zu gern die Rechte an das Netzwerk abtreten. Was geschieht, wenn eine Band, die bei einem Plattenlabel unter Vertrag ist, plötzlich Erfolg hat? Warum kann ich dann nicht direkt Zugang zu Aufzeichnungen ihrer bisherigen Konzerte bekommen und meine Erfahrungen aktiv mitgestalten, wofür ich zu zahlen bereit wäre?[4]

Unternehmerdenken kontra Verbraucherdenken

Wie alle Menschen sind auch Manager dahingehend sozialisiert, in *dominanten Strukturen zu denken* – die bestimmt sind von Einstellungen, Verhaltensweisen und Grundsätzen, die ihnen ihr Geschäftsumfeld vermittelt.[5] Leider vergessen die meisten Manager, dass sie auch Verbraucher sind. Ihr Denken wird von Managementroutine geleitet, von Systemen, Prozessen, Budgets und Anreizen, die sämtlichst an den Rahmenstrukturen traditioneller Wertschöpfung orientiert sind. Manager konzentrieren sich auf technologische Planungen, Produktionsabläufe, Produktqualität, Kostenreduzierung, Konjunkturperioden und Effizienz. Da nimmt es wenig wunder, wenn sie die Kommunikation mit den Verbrauchern ziemlich ähnlich angehen.

Das Callcenter eines Unternehmens beispielsweise stellt eine einzigartige Chance dar, mit dem Verbraucher zu interagieren. Ein gut geführtes Callcenter kann aus einer negativen Kundenerfahrung eine positive machen, und zwar nicht nur indem dort Probleme gelöst oder Fragen beantwortet werden, sondern indem es vollkommen neue Möglichkeiten eröffnet, wie der Verbraucher ein Produkt oder einen Service genießen kann. Trotzdem verspielen viele Unternehmen diese Chance durch die Einrichtung automatisierter Callcenter oder durch die Rekrutierung von unerfahrenem oder zu einseitig ausgerichtetem Personal, dessen Produktivität einzig daran gemessen wird, wie viele Anrufer sie stündlich abfertigen – nicht jedoch daran, wie es um die Qualität der Kundenerfahrung steht. Manager, die solche Systeme entwickeln, meinen es eigentlich gut. Sie wenden eben bloß die üblichen Managementtechniken an. Doch die meisten Kunden machen mit Callcentern unerfreuliche bis ärgerliche sowie potenziell ruinöse Erfahrungen.

Die Rahmenstrukturen der gemeinsamen Wertschöpfung zu verstehen reicht allein nicht aus. *Wir müssen genau erkennen, wie festgefahren wir in unserem Denken sind und wie sehr uns dieses Denken in der Umstellung auf gemeinsame Wertschöpfung hemmt.* Wir müssen die Unterschiede zwischen „Unternehmerdenken" und jenem „Verbraucherdenken" begreifen, das im 21. Jahrhundert maßgeblich über Erfolg oder Misserfolg entscheiden wird (siehe Abbildung 3-1).[6]

Der Bruch zwischen Unternehmer- und Verbraucherdenken ist keineswegs ein neues Phänomen. Doch je näher wir der gemeinsamen Wertschöpfung kommen, umso störender wirkt er auf die Interaktion zwischen Unternehmen und Verbrauchern ein, insbesondere dann, wenn der Verbraucher eine Wahl trifft und mit einer Firma kommuniziert, um mit ihr gemeinsam eine positive Kundenerfahrung zu gestalten.

Denken wir an die Digitalkamera. Sie steht für einen erstaunlichen technologischen Durchbruch, der den Verbrauchern zahlreiche Vorteile bietet. Die Digitalkamera kommt ohne Film aus und erspart den Verbrauchern den Gang zum Fotogeschäft sowie das Warten, bis die Bilder entwickelt sind. Sie können ihre Aufnahmen sofort ansehen, misslungene oder unerwünschte einfach löschen und die gelungenen zu Hause ausdrucken oder via Internet an Freunde verschicken.

Der eigentliche Wert für den Verbraucher jedoch liegt nicht in den Merkmalen des Produkts selbst, sondern vielmehr in der Unmittelbarkeit des Erlebnisses, das es ihm beschert. Stellen wir uns eine Mutter vor, die ihre Digitalkamera mit an den Strand nimmt. Wenn sie eine halbe Stunde darauf verschwenden muss, sich durch das komplexe Menü der Kamera zu arbeiten, um am selben Abend festzustellen, dass sie die Bilder ihrer Kinder nicht ohne weiteres auf ihren PC übertragen kann, oder gar entdeckt, dass sie versehentlich einige der Aufnahmen gelöscht hat, dann hat das Herstellerunternehmen letztlich an der Gestaltung einer negativen Erfahrung mitgewirkt. Diese Mutter wird sich bei der Geburtstagsparty für ihren Zweijährigen am darauf folgenden Wochenende wohl kaum auf ihre Digitalkamera verlassen wollen.

Sie ist eine Verbraucherin, für die einzig die Qualität der Erfahrung von Belang ist. Ihr geht es nicht um ein Produkt oder bestimmte Merkmale, sondern einzig um den einfachen Zugang zu positiven Erfahrungen. Sie will klare, befriedigende Antworten auf Fragen wie: Welcher ist der einfachste Weg, meine digitalen Fotos aufzurufen und in ein Verzeichnis einzusortieren? Wie kann ich sie auf meinem Fernsehbildschirm ansehen? Wie einfach ist es für mich, sie auf andere Medien zu übertragen, etwa Grußkarten, T-Shirts oder Websites? Kurz: Die Verbraucherin fragt: Wie gewinne ich mit meiner Digitalkamera eine ganze Reihe schöner Erlebnisse?

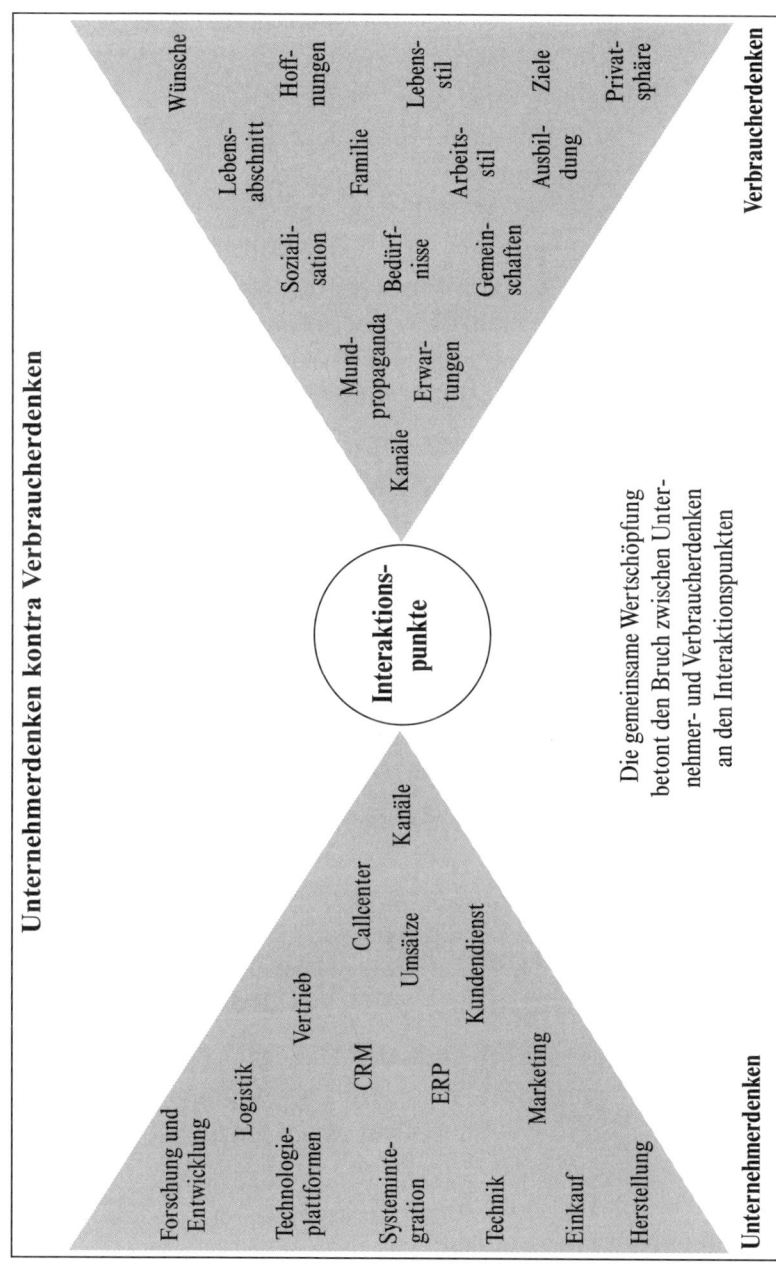

Unternehmerdenken kontra Verbraucherdenken

Verbraucherdenken

Wünsche
Hoffnungen
Lebensabschnitt
Lebensstil
Familie
Ziele
Sozialisation
Arbeitsstil
Privatsphäre
Bedürfnisse
Gemeinschaften
Ausbildung
Mundpropaganda
Erwartungen
Kanäle

Interaktionspunkte

Die gemeinsame Wertschöpfung
betont den Bruch zwischen Unter-
nehmer- und Verbraucherdenken
an den Interaktionspunkten

Kanäle
Callcenter
Vertrieb
Umsätze
Logistik
CRM
Kundendienst
Forschung und
Entwicklung
Technologie-
plattformen
ERP
Systeminte-
gration
Marketing
Technik
Einkauf
Herstellung

Unternehmerdenken

Abbildung 3-1

Dennoch gehen die meisten Manager davon aus, der Wert würde durch ihre physischen Produkte – in diesem Fall die Digitalkamera – transportiert. Sie denken selten über Dinge wie Ziele, Frustrationen oder Wünsche der heterogenen Verbrauchergruppe nach, die ihre Produkte oder Dienstleistungen nutzt. Stattdessen konzentrieren sie sich auf die Effizienz der Produktions- und Logistiksysteme oder auf moderne Technologien um ihrer selbst willen. Vom Unternehmerdenken in die Irre geführt, fluten sie den Markt mit Produkten, die *reich an Merkmalen* sind, dafür aber *arm*, was die Gewährleistung positiver Kundenerfahrungen betrifft. Aus Sicht der Verbraucher kann „technologische Konvergenz" durchaus „Erlebnisdivergenz" verursachen.

Die weitestgehend ungebrochene Dominanz des Unternehmerdenkens erklärt, warum der technologische Wandel eine größere Vielfalt an Ausstattungen, Merkmalen und Formaten hervorbringt denn je – und gleichzeitig mehr Unsicherheit, Zweifel und Ängste. Die Reaktionen der Verbraucher fallen, abhängig vom individuellen Wissensstand, enerviert bis zynisch und wütend aus.

Die Spannungen in der Kommunikation zwischen Unternehmen und Verbrauchern gründen in der Unvereinbarkeit von Unternehmer- und Verbraucherdenken. Wie aber können wir das eine mit dem anderen verbinden?

Der Aspekt der freien Wahl in der Interaktion zwischen Unternehmen und Verbrauchern

Wie wir bereits gesehen haben, bilden Dialog, Zugang, Risikoeinschätzung und Transparenz die Grundlage für die gemeinsame Wertschöpfung. Diese Faktoren allein geben allerdings noch keine Gewähr für ein spannendes Erleben von Ko-Kreativität. Zusätzlich brauchen wir den Aspekt der *freien Wahl*, der unseren Erkenntnissen zufolge auf vier Säulen aufbaut:

- Die Verbraucher wollen die freie Wahl, mit den Unternehmen über unterschiedliche Kanäle zu kommunizieren. Daher müssen sich Unternehmen auf die Ko-Kreation von Erfahrungen über *vielfältige Kanäle* konzentrieren.
- Die Verbraucher möchten ihre Entscheidungen so vermitteln, dass sie ihre Wertesicht reflektieren. Daher müssen Unternehmen erfahrungszentrierte *Optionen* anbieten, die die Verbraucherwünsche reflektieren.
- Die Verbraucher wollen Interaktion und Transaktion in ihrer bevorzugten Sprache und entsprechend ihrem bevorzugten Stil. Sie wünschen schnellen, einfachen, bequemen und sicheren Zugang zu neuen Erfahrungen. Daher müssen Unternehmen in der Erfüllung individueller Bedürfnisse auf die ko-kreative Erfahrung in der *Transaktion* setzen.
- Die Verbraucher wollen eine klare Vermittlung der Entscheidungen, die sie treffen, mit den Erfahrungen, für die sie zu zahlen bereit sind. Und sie wollen sie zu einem fairen Preis. Daher müssen die Unternehmen die Preis-Erfahrung-Relation in der gemeinsamen Wertschöpfung berücksichtigen.

Betrachten wir einige der Fragen, die diese vier Säulen aufwerfen, ebenso wie typische Probleme, auf die Firmen stoßen werden, die dem Unternehmerdenken verhaftet sind.

Ko-Kreation über vielfältige Kanäle

Obwohl die meisten Geschäftsleute inzwischen erkennen, wie sehr der technologische Wandel die Kanalstrukturen revolutioniert, ist ihnen häufig nicht klar, dass die Wahl der Kanäle durch Verbraucher wie Firmen die ko-kreative Erfahrung wesentlich mitbestimmt.

Amazon.com illustriert schon heute, welches ungeahnte Potenzial an direktem Dialog zwischen Verbrauchern und Unternehmen das Internet bietet. Zugleich eröffnet das World Wide Web eine vollkommen neue Kosten- und Betriebseffizienz. Nun kann Ko-Kreativität

sowohl in einem virtuellen als auch in einem reellen Umfeld stattfinden, wobei sich die traditionellen Kanäle mehr und mehr zu einer
sinnvollen Ergänzung der neuen elektronischen wandeln. Damit
werden Erfahrungen über unterschiedliche Kanäle zugänglich, was
wiederum bedeutet, dass sie eine kanäleübergreifende Konsistenz
brauchen.

Denken wir einmal daran, welche Erfahrungen an das Kaufen und
Verkaufen von Aktien gekoppelt sind. Für Einzelinvestoren sind die
Kosten des Aktienerwerbs deutlich gesunken und die Abläufe zugleich erheblich einfacher geworden. Die vorangegangene Generation musste beim Aktienkauf oder -verkauf einen zugelassenen Börsenmakler einschalten, der sich seine Dienste teuer bezahlen ließ
und nur zu bestimmten Zeiten erreichbar war. Heute hingegen können Verbraucher über Charles Schwab oder einen der zahlreichen
anderen Discountmakler Aktien kaufen und verkaufen und zahlen
lediglich die Dienste, die notwendig oder erwünscht sind. Sie können Schwabs Telefonservice nutzen, den Telebroker oder den On-
linehandel, wo ihnen außerdem die Instrumente zur Verfügung stehen,
die Entwicklung ihres Portfolios selbst zu prüfen. Unternehmen wie
E*TRADE bieten Einzelinvestoren leichten, sicheren und zuverläs-
sigen Online-Transaktionsservice mit einem Minimum an sonstigen
Dienstleistungen. Für welches Unternehmen oder welchen Kanal sich
die Verbraucher entscheiden, steht ihnen frei.

In der Welt des Börsenhandels sind die multiplen Kanäle also bereits Realität. Die Wahl der Kanäle ist entscheidend für die Qualität
der Verbrauchererfahrung. Doch für einen eher unbeleckten Verbraucher kann schon eine normale Firmen-Website eine enervierend
beschämende Erfahrung sein. Es sind also empathische Menschen
gefordert, die all jenen helfen, die sich nicht allein im Internet zu-
rechtfinden. Das heißt, die traditionellen Niederlassungen und Callcenter sollten mit gut ausgebildetem Personal besetzt sein.

Bleiben wir noch eine Weile im Bereich „Vermögensbildung und
Vermögensschutz". Zu den namhaftesten Unternehmen in dieser

Sparte gehört Intuit, ein 8-Milliarden-Dollar-Konzern, der vor allem durch seine Finanzsoftware für Privatinvestoren bekannt wurde. Zu den frühen Erfolgen von Intuit zählte Quicken, eine Software, mittels deren sich die Verbraucher Überblick über ihre persönlichen Finanzen verschaffen und Einnahmen-Ausgaben-Pläne erstellen konnten, indem sie eine einfache Schnittstelle nutzten, die dem klassischen Haushaltsbuch nachempfunden war. Später brachte Intuit Quick-Books auf den Markt, eine Software, die einen vergleichbaren Service für Selbstständige und Kleinunternehmen bot. Intuit integrierte immer mehr Funktionen in die Software, wie etwa Lohnbuchhaltung und elektronischen Bankverkehr, die es nahtlos in die Verbraucher-erfahrung einfließen ließ.

Heute sind Quicken und QuickBooks mit einem eigenen Browser ausgerüstet, der den Zugriff auf Dutzende von Finanzdienstleistungen im Internet ermöglicht. Dem Intuit-Angebot an Produkten und Services haben sich mittlerweile über 1.500 Institutionen angeschlossen. Die Verbraucher können nun via Internet Rechnungen bezahlen, Hypotheken beantragen, über ein Finanzserviceportal verfügen und sogar direkten Kontakt zu niedergelassenen Darlehensgebern aufnehmen. Mit QuickBooks haben Kleinunternehmen Zugang zu Online-Lohnbuchhaltungen, Online-Einkauf und Webdesign-Instrumenten. Zum Intuit-Netzwerk gehören auch CheckFree, ein Online-Scheckversand, InsWeb, eine Versicherungsgesellschaft, die teilweise im Intuit-Besitz ist, und Fidelity Investments, ein offener Investmentfondsgigant, der die Daten von Verbrauchern in Quicken übertragen kann.[7]

Intuits tiefe Einsicht in die Verbrauchererfahrungen ist auch in die Entwicklung der neuen TurboTax-Software eingeflossen. Steuern elektronisch zu melden erfordert von den Verbrauchern eine Menge Sachkenntnis und die Fähigkeit, in den komplexen Protokollen der staatlichen Steuerberechnungen zu navigieren. Also hat Intuit seine Steuererklärungssoftware mit Videotutorien und dem Zugang zu professionellen Hilfen versehen. TurboTax ist in Quicken integriert und lässt somit direkt Steuerzahlungen und -erstattungen über das Online-Bankkonto zu. Intuit hat darüber hinaus eine Direktverbindung zum Tax-Center von Fidelity.com eingerichtet.

Um gemeinsam Werte zu schaffen, werden Verbraucher wie die Intuit-Kunden vermehrt die Wahlfreiheit zwischen unterschiedlichen Kanälen einfordern, die sie je nach Kompetenz, Hintergrund, Interessen und Bedürfnissen wählen wollen. Unternehmen müssen deshalb diese Kanäle organisieren können und eine konsistente Erfahrungsqualität für die individuellen Kunden sicherstellen.

Optionen

Es gab Zeiten, in denen die Verbraucher in ihrer Wahl auf das Verfügbare und Bezahlbare beschränkt waren. Zu Beginn des 20. Jahrhunderts hat Henry Ford diesbezüglich eine Menge bewegt, indem er standardisierte. Sein Model T war auffallend erschwinglich und hat das Autofahren praktisch demokratisiert. Millionen von Amerikanern aus der Arbeiterschicht konnten sich dank ihm einen eigenen Wagen leisten – und sie hatten, glaubt man der Sage, die freie Farbwahl, solange sie Schwarz wollten.

Mittlerweile schwingt das Pendel von der Standardisierung von Produkten und Dienstleistungen für den Massenmarkt in die entgegengesetzte Richtung aus. Infolge der Quantensprünge in der Effizienz von Lieferketten, drastischer Zeiteinsparungen bei Produktions- und Serviceinnovationen und der Entwicklung gehobener Vertriebsstrukturen über diverse Kanäle haben die Verbraucher heute in beinahe jedem Bereich eine enorme Auswahl an Waren und Leistungen.

In jüngster Zeit bietet die Informationstechnologie mit den „Build to Order"-Techniken den Herstellern vollkommen neue Möglichkeiten, individuell aufgemachte Produkte schneller, billiger und kosteneffektiver zu offerieren. Dell Computer hat den Build-to-Order-PC auf den Markt gebracht, und prompt kopiert die Konkurrenz die Dell-Methoden. BMW bietet ein individuell gestaltetes Auto, das binnen zwölf Tagen geliefert werden kann; der Z3 Roadster zum Beispiel ist mit 26 unterschiedlichen Reifendesigns und 123 verschiedenen Armaturen zu haben.[8]

Die Vielfalt der Optionen, die sich aus der Massenindividualisierung ergibt, mag die Verbraucher beeindrucken, doch garantiert sie tatsächlich eine befriedigende ko-kreative Erfahrung? Sehen wir uns die maßgeschneiderten PCs an. Wenn ich technisch hinreichend versiert bin, kann ich die Website eines Unternehmens aufrufen und mir meinen Computer via Produktkonfigurationen und Wahltafeln zusammenstellen, statt mir nur eine Auswahl verfügbarer PCs anzusehen. Dennoch schränkt die unternehmensseitige Vorstellung dessen, was die Kunden wollen oder brauchen, meine Wahl nach wie vor ein. Ich bekomme lediglich die Optionen, die das Unternehmen mir anbietet und die eher dessen Wertkategorien entsprechen als meinen persönlichen Vorlieben.

Wie oft fragen mich Hersteller, wie ich ein Produkt benutzen möchte, bevor sie es bauen und an mich verkaufen? Welche Intuition bringen sie auf, um technische Spezifikationen auf meine Bedürfnisse abzustimmen? Sagen wir mal, ich möchte einen neuen Drucker für meinen neuen PC kaufen. Wenn ich Graphiker bin, muss mein Drucker ganz bestimmte Dinge können. Verfasse ich die Newsletter für eine lokale Bürgerinitiative, muss mein Drucker ganz andere Voraussetzungen erfüllen. Und falls ich zum Spaß Grußkarten aus Photos meiner Kinder fertige, sind meine Ansprüche wieder andere. Warum kann ich keine Testdrucke beim Einzelhändler abgeben, sondern muss meine Wahl anhand der Herstellermusterseiten treffen, die extra entworfen wurden, um gut auszusehen? Warum kann ich meinen Drucker nicht gebrauchsfertig bekommen, mit allen Komponenten und Softwareeinstellungen, die ich brauche?

Als Verbraucher will ich, dass sich die Unternehmen *meinem* Kontext anpassen, meinen Bedürfnissen, meinen Vorlieben, meinem Wissensstand und meinen Wünschen. Ich möchte meine Vorstellungen von Wert in den Optionen reflektiert sehen, nicht die der Hersteller.

Einige Unternehmen scheinen diese Wünsche erkannt zu haben. Denken wir beispielsweise an den Videoverleih, einen Geschäftszweig, der in den USA allein 2002 einen Jahresumsatz von 8 Milliarden Dollar verzeichnete. Wenn ich in die nächstgelegene Videothek gehe, bekomme ich eventuell nicht meinen Film erster Wahl, vielleicht nicht mal den meiner zweiten oder dritten Wahl. Und habe ich mir ein oder zwei Filme ausgesucht, muss ich sie in der vom Verleih vorgegebenen Zeit ansehen. Finde ich zwei gute neue Filme, muss ich sie auch beide gleichzeitig wieder zurückgeben. Will ich beide sehen, muss ich mein Leben rund um die Leihfristen organisieren oder einen Verspätungszuschlag zahlen.

Netflix hingegen hat ein Videoleihsystem entwickelt, das sich ganz am Verbraucherdenken ausrichtet. Als Netflix-Kunde zahle ich eine feste monatliche Gebühr (unter 20 Dollar) und kann frei aus dem Firmenangebot von über 15.000 DVD-Titeln wählen. Ich kann mir das Angebot auf der Website ansehen, wo es nach Genre, Regisseur, Schauspieler, beste Rezensionen und so fort geordnet ist, und mir eine Liste von interessanten Filmen zusammenstellen. Die ersten drei DVDs auf meiner Liste werden mir binnen weniger Tage per Post zugestellt. Ich kann sie so lange behalten, wie ich möchte, und sie sogar bei Freunden, in der Schule oder sonst wo vorführen. Die Rückgabe erfolgt über vorgefertigte und portofreie Umschläge, die ich in den nächsten Briefkasten stecken kann. Erhält Netflix einen Film zurück, schicken sie mir gleich den nächsten auf meiner Liste. Je nachdem, wie schnell ich mir die Filme ansehe, erhalte ich im Monat zwischen 3 und 15 Videos zum Fixpreis. Als Verbraucher möchte ich meine eigenen Erfahrungen mitgestalten und Netflix unternimmt einen ersten Schritt in die richtige Richtung.

Netflix hat gegenwärtig über 1 Million Kunden und verschickt täglich an die 300.000 DVDs. Der Jahresumsatz 2002 betrug ungefähr 150 Millionen Dollar.[9] Netflix bietet nicht nur eine Vielzahl von Optionen, die herkömmliche Videoverleihe nicht anbieten, sondern steht darüber hinaus für eine vollkommen neue Sicht der Transaktion mit Schwerpunkt auf der ko-kreativen Erfahrung.

Ko-Kreation durch Transaktion

Transaktionen zwischen Firmen und Verbrauchern sind die traditionelle Basis der Wertschöpfung. Zur Transaktion gehören Logistik, Information, Kanäle und die damit verbundenen Kosten und Mühen auf beiden Seiten.

Die Unternehmen haben sich schnell den neuen Technologien angepasst, die ihre Transaktionskosten reduzieren, indem sie die Verbraucher zwangen, Aufgaben zu übernehmen, die zuvor den Firmen zufielen – „Selbstbedienung" ist das Schlagwort. Der Wandel der Tankstellen von Fullservice- zu Selbstbedienungsunternehmen vollzog sich komplikationsfrei und stellte einen Zugewinn für beide Seiten dar. Die meisten Verbraucher haben den reduzierten Service gern in Kauf genommen, da sie durch die größere Anzahl an Selbstbedienungszapfsäulen Zeit sparten und das Benzin in manchen Fällen sogar günstiger wurde.

Die Umstellung auf Selbstbedienung verläuft allerdings längst nicht in allen Fällen so reibungslos. Manager sind gewöhnlich derart geblendet von den Kostenvorteilen, die ihnen die Selbstbedienung beschert, dass sie dabei nicht oder nur begrenzt überblicken, welche Konsequenzen die Umstellung für die Verbraucher hat. Wer schon einmal mit einem Servicecomputer telefoniert hat, der eine unübersichtliche Liste herunterbrabbelt, aus der man sich eine Nummer auswählen muss, um weitergeleitet zu werden, oder in der Warteschlange endlos lange grässlicher Musik lauschen musste, kennt die Schattenseiten der Callcenter. Und mit der Einführung von virtuellen Kundendienstbetreuern, die mit Stimmerkennung arbeiten, bin ich als Verbraucher sogar gezwungen, mir den Sprachstil des betreffenden Unternehmens anzueignen, um überhaupt verstanden zu werden – eine Zumutung, die aufs Grotekeste illustriert, wohin Unternehmerdenken führen kann.

Besonders im Bankgewerbe zeigt sich mit dem Übergang zum Internet-Banking, wie groß die Kluft zwischen Unternehmerdenken und Verbraucherdenken nach wie vor ist. Über die Computer in den Bankfilialen hat der Kunde schon lange mit der bankinternen Software gearbeitet und über sie die nötigen Informationen erhalten. Nun sollte man meinen, die Umstellung auf Internet-Banking wäre letztlich nichts anderes, als den Bildschirm um 180 Grad zu drehen und das Bild einfach via Internet direkt an den Kunden zu schicken. Doch wer jemals versucht hat, Finanzleistungen in Anspruch zu nehmen, ohne zuvor eine Motley-Fool-Fibel studiert zu haben, wird gewiss die Erfahrung gemacht haben, dass es ihm unmöglich ist, sich durch den abgehobenen Bankjargon zu arbeiten. Ohne einen „Übersetzer" versteht der durchschnittliche Verbraucher bei den Erläuterungen zu Produkten, Dienstleistungen und Abläufen meist nur Bahnhof, was verwirrend und ärgerlich ist.

Auch anderswo im Internet – dem ultimativen Selbstbedienungscenter – finden wir Beispiele für die Gleichgültigkeit der Unternehmen gegenüber den Kunden. Dazu brauchen wir uns nur den hohen Prozentsatz an verlassenen „Einkaufswagen" anzusehen, die Online-Kunden halb gepackt „stehen ließen", weil die Bestellformulare zu unübersichtlich waren oder sich bei ihnen Zweifel regten, wie sicher ihre Kreditkartenangaben auf der jeweiligen Website sind.

Die Verbraucher sind mit einer ganzen Reihe von wichtigen Fragen konfrontiert, wenn sie die neuen Transaktionswege ausprobieren. Im Gesundheitswesen beispielsweise ist der Widerstand der Patienten gegen Online-Krankengeschichten, -Diagnosen und -Rezepte, wie sie heute zahlreiche Krankenhäuser, Apotheken und Labore anbieten, ziemlich groß, weil sie sich gegen die schwer navigierbaren Schnittstellen sträuben und sich außerdem um die Sicherheit und Vertraulichkeit ihrer Daten sorgen. Verbraucherverbände, die Bedenken hinsichtlich der Nebenwirkungen von Medikamenten wie etwa Paxil haben, üben Druck auf die Pharmafirmen und die FDA aus, detailliertere und akkuratere Online-Informationen festzulegen, bevor Transaktionen per Internet erlaubt werden. Die Verbraucher definieren solche Transaktionen weniger eng, etwa gleichbedeutend mit einem Arztbesuch und dem Einholen eines Rezepts. Ihnen geht es vielmehr darum, ihr Wohlbefinden auch zukünftig sicherzustellen, wie wir bereits in Kapitel 1 ausgeführt haben. Entsprechend müssen die Anbieter lernen, die Welt so zu sehen, wie es viele Einzelverbraucher tun.

Die Schlüsselvariable für die Qualität der Transaktion ist daher die *Heterogenität* der Verbraucher. So gibt es beispielsweise enorme Unterschiede zwischen den Verbrauchern, wenn es um die Einschätzung der Auswirkungen von Informationstechnologie auf ihre Privatsphäre geht. Während die Debatte über den Schutz der Privatsphäre noch im vollen Schwange ist, stimmen Millionen von Verbrauchern dafür, bei Interaktionen nur einen Typus von Privatinformationen preisgeben zu müssen, weil ihnen vor allem an Ein-Klick-Lösungen liegt, wie sie passwortgeschützte Websites anbieten. Leider erschließt sich die komplexe Heterogenität der Kundenerfahrungen solchen Managern nicht, die bei Internet-Transaktionen einzig die Kostenersparnis vor Augen haben.

Auch hier wieder zeigt sich die Kluft zwischen unternehmensseitiger und verbraucherseitiger Wertesicht. Für die Unternehmen bemisst sich die Effizienz einer Transaktion nach der Kostenersparnis, was wiederum für sie einen Wert darstellt. Für die Verbraucher hingegen sind Einfachheit und Transparenz ausschlaggebend, weil sie Vertrauen schaffen und damit eine befriedigende Erfahrung. Selbstbedienung als ein Mechanismus von Transaktion funktioniert am besten, wenn sie von Unternehmen angeboten wird, die der Kundenerfahrung ebenso viel Aufmerksamkeit widmen wie der eigenen Kostenersparnis. Die Southwest Airlines Company ist auf sämtlichen Ebenen bemüht, prompten, akkuraten und freundlichen Service zu liefern, ganz gleich ob die Verbraucher mit ihnen über eine automatisierte Schnittstelle kommunizieren oder mit einem Mitarbeiter. Ähnlich hält es Land's End Inc., die gleichermaßen in Selbstbedienungstechnologien wie Mitarbeiterschulung investierten, sodass die

Verbrauchererfahrung auf der Website dieselbe ist wie beim Gespräch mit einem der Angestellten am Bestelltelefon. Nun haben die Verbraucher grundsätzlich nichts gegen Kostenreduzierungen, solange sie davon mitprofitieren, und dennoch kann man Kostenersparnis nicht isoliert von ihren Konsequenzen in puncto Servicequalität betrachten.

Die Preis-Erfahrung-Relation in der ko-kreativen Wertschöpfung

Ein alles überspannender Faktor der freien Entscheidung in der ko-kreativen Wertschöpfung ist die Preis-Erfahrung-Relation. Die Verbraucher beurteilen ihren wirtschaftlichen Wertgewinn danach, wie gut oder schlecht der Preis mit der Erfahrung harmoniert, die sie beim Kauf machen.

Nehmen wir zum Beispiel Federal Express (FedEx). Die Kunden, sowohl Versender als auch Empfänger, können auf der Website den Versand in Echtzeit verfolgen und bekommen dabei dieselben Informationen wie auch die FedEx-Mitarbeiter. Dieses System hat den FedEx-Callcentern natürlich eine Menge Entlastung und dem Unternehmen eine hohe Kostenersparnis eingebracht, aber zugleich auch die Kommunikation mit den Verbrauchern verbessert. Zu wissen, wo sich eine Sendung gerade befindet, beschert dem besorgten Kunden einfach ein gutes Gefühl. Die Transparenz des Systems gibt dem Einzelnen Wahlmöglichkeiten, wie er sie sonst nie erlebt. Dadurch wird nicht bloß die ko-kreative Erfahrung verbessert, sondern die gesamte Preis-Erfahrung-Relation bereichert.

FedEx konnte den Kunden auf diese Weise die Option bieten, ihre Pakete unterwegs noch umzuleiten. Sie haben gewissermaßen eine „Inversion des Systems" ermöglicht, denn auch die Empfänger können jederzeit einsehen, welche Sendungen zu ihnen unterwegs sind. Und wenn ich, der Kundendienstmanager, sehen kann, wie viele Rücksendungen und Reparaturen ins Haus stehen, kann ich die internen

Abläufe besser koordinieren, was mir wie den Kunden zugute kommt. Infolgedessen beeinflussen FedEx und Sender wie Empfänger gemeinsam die interne Effizienz und die Qualität der Kundenerfahrung, wodurch sich der Wert der Preis-Erfahrung-Relation erhöht.

Bislang wurden in den Unternehmen Preise mit Kosten gleichgesetzt und entsprechend die Preise nach den internen Kostenstrukturen gestaltet. Diese traditionelle Methode wird zusehends problematischer, weil sie für die Verbraucher de facto ohne Belang ist. Wenn wir eine Digitalkamera kaufen wollen, wonach bestimmt sich für uns dann der Wert des Produkts? Nach den Produktionskosten? Eigentlich nicht. Als Verbraucher weiß ich nicht und will wahrscheinlich auch nicht wissen, wie die Kostenstrukturen des Herstellers aussehen. Für mich ist der Wert der Kamera von der Qualität der Erfahrungen bestimmt, die ich mir von ihrer Benutzung erhoffe.

Diese Erfahrung, und damit der Wert, variiert von einem Verbraucher zum anderen. Ein verspielter Technikliebhaber wird sich die Kamera vielleicht nur kaufen, um mit der neuen Technologie herumzuexperimentieren. Ein Vater oder eine Mutter kaufen sie, um Bilder von den ersten Schritten ihres Babys zu machen. Ein Kleinunternehmer will sie haben, damit er für Versicherungszwecke Photos von seinem Inventar im Computer speichern kann. Die Produktionskosten werden in allen Fällen dieselben sein, aber der Wert ist jeweils ein anderer.

Unternehmen haben Produktleistung und Preisleistung traditionell nach den Vorgaben des Unternehmerdenkens bewertet. Ein klassisches Beispiel dafür ist die Sicht des Preis-Leistungs-Verhältnisses bei elektronischen Organizern und Taschencomputern unter den *Fortune 20*-Unternehmen – vor dem PalmPilot.[10] Palm brach mit der Tradition, indem sie die Verbraucherperspektive einnahmen: Sie entwarfen das Produkt so, dass es sich dem Leben der Verbraucher anpasste – als ein „PC für unterwegs", der einfach zu handhaben ist, Informationen schnell zugänglich macht und buchstäblich „handlich" ist.

Die zunehmende Konvergenz von Merkmalen und Funktionen strapaziert natürlich die Relation zwischen Preis und Erfahrung. Denken wir allein an Microsoft Office, das gleich ein ganzes Bündel von Merkmalen mitbringt: Word, PowerPoint, Publisher und Excel. Welchen Wert haben diese Softwareprogramme und ihre Funktionen für mich? Nun, ihr Wert variiert erheblich, je nach meinen persönlichen Bedürfnissen, Interessen und Wünschen. Wenn ich nur 10 Prozent der verfügbaren Funktionen nutze, warum soll ich dann für 90 Prozent zahlen, die für mich vollkommen uninteressant sind? Fragen wie diese werden zukünftig immer häufiger Anlass zu Diskussionen geben, da die Bedürfnisse der einzelnen Verbraucher, die sich aus dem jeweiligen Kontext ableiten, in dem sich der Verbraucher befindet, zusehends in den Vordergrund treten.

In der Einschätzung dessen, was Verbraucher „zu zahlen bereit sind", gehen Manager allzu oft davon aus, was sie ihnen anzubieten haben, ohne dabei die Erfahrungen zu bedenken, die sich die Verbraucher vom Kauf erwarten. Ein Beispiel wären die Breitband-Kommunikationsdienste. Firmen, die gewaltige Investitionen in die Infrastruktur tätigten, sind die Preisgestaltung aus der Unternehmerperspektive angegangen, also nach dem für sie einzig logischen Paradigma: „Zahl mir Preis X für eine bestimmte Bandbreite, egal ob du sie nutzt oder nicht." Den Bedarf an Bandbreite vorauszusagen ist selbst für den Verbraucher schwierig, und deshalb haben sich nur wenige von ihnen darauf eingelassen, für eine Bandbreite zu bezahlen, die sie eventuell gar nicht beanspruchen – und entsprechend haben die Serviceanbieter zu kämpfen.

Demgegenüber könnte ein Preisgestaltungssystem, das die erfahrungsbasierten Werte erkennt, die Art und Qualität der heterogenen Verbrauchererfahrungen reflektieren. Mal angenommen, ich möchte ein wichtiges Geschäftsprojekt starten, für das ich kurzfristig mit einer Gruppe von Menschen kommunizieren muss, die sich rund um den Globus verteilen. Ich benötige also das Fünffache der üblicherweise angebotenen Bandbreite, allerdings nur über einen Zeitraum von zwei Monaten. Unter diesen Umständen steigt der Wert einer Breitbandverbindung für mich dramatisch. Ich wäre daher bereit, für zwei

Monate fünffacher Bandbreite die zwanzigfache Preisrate zu zahlen. Die Frage, die sich nun den Anbietern stellt, lautet: Wenn wir so eine Anfrage bekommen, können wir darauf reagieren? Lassen unsere Infrastrukturen eine solch kurzfristige Bedienung von Nachfragen zu? Und sind die wirtschaftlichen Rahmenstrukturen flexibel genug, um uns eine Preisgestaltung zu ermöglichen, die den echten Wert innerhalb des spezifischen Kontexts reflektiert? Wenn ja, können wir den ökonomischen Kuchen erheblich größer backen, sodass jeder innerhalb des ko-kreativen Prozesses ein Stück davon abbekommt.

Zweifellos wird die Preis-Erfahrung-Relation nicht nur von den Unternehmen, sondern auch von den Verbrauchern strapaziert. Denken wir allein an die Kosten der HIV-Behandlung, jenes Virus, das AIDS verursacht. Der Medikamentencocktail, der in den westlichen Ländern verabreicht wird, verursacht pro Patient und Jahr Kosten in Höhe von 10.000 Dollar, die die Patienten in den ärmeren Ländern schlicht nicht aufbringen können. Eine indische Pharmafirma namens Cipla bietet eine vergleichbare Lösung für ungefähr 350 Dollar jährlich an.[11] Sollte sich die Verbrauchererfahrung als ähnlich erweisen, wird Ciplas Vorgehen erheblichen Druck auf die Kostengestaltung der anderen Pharmafirmen ausüben – nicht nur in Afrika, sondern überall auf der Welt, da sich die Nachricht von der gänzlich anderen Relation von Preis und Erfahrung via Internet schnell herumsprechen wird. Wenn ich weiß, dass ich eine äquivalente HIV-Behandlung für 350 Dollar im Jahr bekommen kann, wird man mich schwerlich davon überzeugen können, 10.000 Dollar jährlich für meine Therapie zu bezahlen.

Mehr und mehr wird die unterste Stufe der Pyramide zu einer Quelle von Innovationen im Verhältnis Preis-Erfahrung. Im indischen Aravind Exe Hospital, einer der größten Augenkliniken weltweit, werden jedes Jahr 200.000 Patienten behandelt. 60 Prozent der sehr armen Patienten zahlen nichts, während die übrigen ungefähr 15 Dollar für eine Operation am grauen Star bezahlen.[12] Die Qualität der Operationen und die Verbrauchererfahrung schneiden im Vergleich zu ähnlichen Behandlungen in den USA, wo sie bis zu 1.500 Dollar und mehr kosten, gut ab – und Aravind arbeitet höchst rentabel. Nun versuchen sie, ihr Modell auch in andere Länder zu übertragen. Neue Geschäftsmodelle wie Aravinds, die sich radikal nach der Relation von Preis und Erfahrung ausrichten, werden sich zusehends global ausbreiten, und das nicht nur im Gesundheitswesen, sondern auch in vielen anderen Branchen.

Traditioneller Tausch kontra Ko-Kreations-erfahrung

Die Bausteine der gemeinsamen Wertschöpfung (DART) – Dialog, Zugang, Risikoeinschätzung und Transparenz – haben wir bereits ausgemacht, ebenso die Bedeutung der Wahlfreiheit in der Interaktion zwischen Unternehmen und Verbrauchern. Letztere bestimmt die Qualität der ko-kreativen Erfahrung, wie sie sich aus der Perspektive der Verbraucher darstellt – Erfahrungen über mehrere Kanäle und mit mehreren Optionen, Transaktionserfahrungen und die Preis-Erfahrung-Relation. Dabei haben wir erkannt, dass die *Qualität der Interaktion* zwischen Unternehmen und Verbrauchern den Wettbewerb der Zukunft ausschlaggebend mitbestimmen wird.

Die Wirklichkeit, die sich heute abzuzeichnen beginnt, unterscheidet sich dramatisch von den traditionellen Kommunikationsmustern zwischen Firmen und Verbrauchern. Diese Unterschiede sind in Tabelle 3-1 zusammengefasst, wozu Folgendes anzumerken wäre:

- Der traditionelle Ansatz sieht das Ziel der Interaktion in der Wertgewinnung. Sie entsteht im Tauschprozess, der den vorrangigen Anlass für den Kontakt zwischen Firma und Verbraucher darstellt. Im Gegensatz dazu sieht der ko-kreative Ansatz zwei Interaktionsziele: Wert*schaffung* und Wertgewinnung.
- Der traditionelle Ansatz sieht den Schauplatz der Interaktion am Ende der Wertekette, wohingegen der ko-kreative Ansatz davon ausgeht, dass Interaktion *wiederholt, überall und jederzeit* stattfinden kann.

– Vor allem aber basiert Qualität gemäß dem traditionellen Ansatz
auf dem, was die Firma anzubieten hat. Nach dem ko-kreativen
Ansatz jedoch bezieht sich das Qualitätsverständnis auf die Verbraucher, die ihre *eigene* Erfahrung aktiv mitgestalten.

Der Übergang zur ko-kreativen Erfahrung		
	Traditioneller Austausch	**Ko-kreative Erfahrung**
Interaktionsziel	Gewinnung ökonomischer Werte	Gemeinsame Wertschöpfung durch spannende ko-kreative Erfahrungen sowie Gewinnung ökonomischer Werte
Interaktionsort	Am Ende der Wertekette	Überall, jederzeit und wiederholt innerhalb des Systems
Unternehmer-Verbraucher-Beziehung	Transaktionsbasiert	Eine Kette von Interaktionen und Transaktionen, die auf ko-kreative Erfahrungen ausgerichtet ist
Was heißt Auswahl?	Vielfalt an Produkten und Dienstleistungen, Merkmalen und Funktionen, Produktqualität und betrieblichen Abläufe	Ko-kreative Erfahrung, die auf Interaktionen über mehrere Kanäle basiert, Optionen, Transaktionen und die Preis-Erfahrung-Relation
Interaktionsmuster zwischen Unternehmen und Verbrauchern	Passiv, unternehmensinitiiert, eins-zu-eins	Aktiv, vom Unternehmen oder vom Verbraucher initiiert, eins-zu-eins oder eins-zu-mehreren
Qualitätsfokus	Qualität der internen Abläufe und Unternehmensangebote	Qualität der Interaktion von Verbrauchern und Unternehmen sowie der ko-kreativen Erfahrungen

Tabelle 3-1

Gerade im Hinblick auf die Wahl in der ko-kreativen Erfahrung scheint sich ein enormes Potenzial aufzutun, was eine Bereicherung der Interaktion zwischen Unternehmen und Verbrauchern darstellt. Dem Wettbewerb sind keine Grenzen mehr gesetzt, sobald die Manager erkennen, wie viele neue Möglichkeiten sich ihnen eröffnen, wenn sie die Interaktion zwischen Unternehmen und Verbrauchern aus der Perspektive der Verbraucher angehen und die ko-kreative Erfahrung mit Bedacht managen. Unzählige Türen öffnen sich, insbesondere wenn wir uns darauf verlegen, innovative „Erfahrungsumfelder" zu schaffen, die den heterogenen Verbrauchern einen Raum bieten, in dem sie auf vielfältige Weise interagieren können. Diese neuen Möglichkeiten werden wir im nächsten Kapitel erkunden.

Kapitel 4

Erfahrungsinnovation

In Kapitel 2 waren wir Sumerset begegnet, dem Hersteller, der den Kauf von Hausbooten zu einer äußerst befriedigenden, individualisierten Erfahrung gemeinsamer Wertschöpfung für seine Kunden macht. Nun liegt bei Sumerset natürlich auf der Hand, dass sie nur eine begrenzte Klientel von wohlhabenden und gebildeten Menschen bedienen. Kann ihre Methode auch bei Massenprodukten funktionieren?

Erinnern wir uns an Napster (Kapitel 3) und die inhärenten Probleme im Umgang mit einem Massenmarktphänomen, bei dem der einzelne Verbraucher weder sichtbar noch identifizierbar ist. Die Spannungen, die sich unter diesen Umständen für die gemeinsame Wertschöpfung ergeben, sind ebenso offensichtlich wie jene zwischen Verbraucher- und Unternehmerdenken. Was können wir tun, wenn wir angesichts der Heterogenität der Einzelnen nicht voraussagen können, wie die Verbraucher dem ko-kreativen Prozess gegenüber eingestellt sind?

Wir müssen zunächst einmal eine allgemeine Definition dieses Prozesses formulieren, die es uns ermöglicht, eine große Anzahl von Verbrauchern mit unterschiedlichen Interessen, Fertigkeiten, Bedürfnissen und Wünschen anzusprechen. Wir brauchen ein *Erfahrungsumfeld* – eine Rahmenstruktur, durch die Firmen vielfältige ko-kreative Erfahrungen mit Millionen von Verbrauchern gewinnen können.

Erfahrungsumfelder: Das Beispiel Lego Mindstorms

1932 von Ole Kirk Christiansen gegründet, stand Lego jahrzehntelang in dem Ruf, ein wunderbares System des Lernens mit Spaß zu schaffen.[1] Die sechs verschiedenen Formen ineinander steckbarer Legosteine können Kinder auf millionenfache Weise kombinieren, wobei ihnen keine anderen Grenzen als die ihrer Phantasie und Kreativität gesetzt sind. Die Legosteine erfreuen sich einer solchen Beliebtheit, dass es heute wahrscheinlich mehr Legosteine als Menschen auf der Welt gibt.

Was aber genau ist der Wert, den Kinder am Lego wahrnehmen? Sind es die Steine? Oder ist es die Möglichkeit, eine Vielzahl unterschiedlicher Erfahrungen mit ihnen zu konstruieren? Die Legosteine dienen als Artefakten, um die herum Einzelne Erfahrungen machen können. Ein und derselbe Verbraucher kann die Legosteine nutzen, um sich jederzeit eine neue Erfahrung zu bescheren, und unterschiedliche Verbraucher können mit den gleichen Steinen unterschiedliche Erfahrungen gewinnen. Die Lego-Verbraucher schaffen den Wert also mit, indem sie mit dem Lego-Unternehmen *via dessen Erfahrungsumfeld* interagieren.

In den letzten Jahren haben sich durch die rapide Verschmelzung der Bereiche Spielwaren, Elektronik, Computer, Software, interaktive Videos und dem Internet neue Möglichkeiten aufgetan, die Phantasie der Kinder anzusprechen. Unter dem Einfluss der revolutionären Arbeiten über Kinder, Computer und Lernen von Seymour Papert und Forschern des MIT ließ sich Lego auf die Verquickung von Spiel und Technologie ein und brachte 1998 das Mindstorms Robotics Invention System auf den Markt. Mindstorms kombiniert Getriebe, Räder, Motoren, Sensoren und Software, die es den Benutzern ermöglichen, aus den traditionellen Stecksteinen intelligente Roboter zu bauen.

Zum System gehört RCX, ein autonomer Mikrocomputer mit einer Infrarotschnittstelle, die einen benutzerdefinierten Code ausführt, der von einem PC übermittelt wird. Indem sie ihren PC als eine Art abgewandelten Sandkasten nutzen, können die Spieler Code-Blöcke zusammenfügen, wie sie es auch mit den Bausteinen tun, und so die Handlungsabläufe der Roboter steuern.

Mindstorms war in der Weihnachtszeit 1998 ein Riesenhit und verkaufte sich über 100.000 Mal, bei einem Preis von annähernd 200 Dollar pro Set.[2] Zur großen Überraschung des Unternehmens weckte Mindstorms auch das Kind in vielen Erwachsenen, die bald die Hälfte aller Nutzer ausmachten. Enthusiasmierte Spieler richteten Websites ein, um Ideen und Bauanleitungen für unzählige Lego-Roboter auszutauschen, wie etwa Sortiermaschinen, Alarmanlagen und Landrover.

Lego Mindstorms illustriert einen faszinierenden Aspekt der kokreativen Erfahrung. Während die Interaktion im Fall Sumerset vornehmlich zwischen Verbraucher und Unternehmen stattfindet, interagieren hier auch die Verbraucher untereinander. Ist ein Erfahrungsumfeld hinreichend spannend gestaltet, bilden sich *Verbrauchergemeinschaften*, die außerhalb des Kontrollbereichs der Unternehmen liegen und eventuell sogar zunächst von den Firmen unbemerkt bleiben. Plötzlich kommt es zu einer gemeinsamen Wertschöpfung unter den einzelnen Verbrauchern.

Und die Lego-Geschichte hat noch eine Steigerung. Markus Noga, ein Mindstorms-Fan, entwickelte ein neues, nicht autorisiertes Betriebssystem für den RCX. Er taufte es LegOS – „Lego Operating System" – und bot es im Internet an.[3]

Wie sollte Lego darauf reagieren? Sie hätten sagen können, sie lehnten jegliche Haftung für das nicht autorisierte Betriebssystem ab. Wenn die Verbraucher es sich aufspielten und dabei den Mikroprozessoren für das RCX in ihrem Mindstorms-System ruinierten, würden sie eventuell Lego die Schuld geben. Aber andererseits konnte Lego seine loyalen Kunden wohl kaum verprellen, indem sie ihre Experimentierfreude rügen.

Was also konnte man bei Lego tun, um den Ruf zu schützen, den sie sich in über 70 Jahren aufgebaut hatten? Sie könnten „Verbraucher-Erfinder" wie Noga per Gerichtsverfahren davon abhalten, ihre Beiträge zum Produkt öffentlich zu machen – so wie die Musikkonzerne Shawn Fanning und Napster verbieten ließen, mit ihrer Software

Musik zu verbreiten. Sie hätten die Verbraucher auch mittels einer Werbekampagne vor LegOS warnen und ihnen sagen können, dass sie keinerlei Verantwortung für mögliche Negativfolgen der Installation übernehmen. Oder sie hätten sich mit Noga und seinesgleichen zusammentun und LegOS zu einem „offiziellen" Lego-Produkt machen können. Wie immer sie sich entschieden, es würde nicht ohne Konsequenzen bleiben.

Lego wählte keine der genannten Möglichkeiten. Sie verkündeten einfach, dass sie niemandem Schwierigkeiten machen wollten, der Lego Mindstorms veränderte oder erweiterte, neue Codes für das Produkt schrieb und diese Codes umsonst vertrieb. Ja, das Unternehmen lobte sogar den Erfindungsreichtum seiner Kunden, wenngleich Nogas Software dabei nicht namentlich erwähnt wurde.[4]

Diese Geschichte wirft einige wichtige Fragen auf. Wer kontrolliert die Produktentwicklung und Strategie für Lego Mindstorms – die Firma oder die Verbrauchergemeinschaft? Können sich Verbraucher-Erfinder über die Lego-Pläne für Mindstorms hinwegsetzen? Dürfen Verbrauchergemeinschaften intellektuelle Eigentumsrechte an ihren Systemerweiterungen anmelden (wie etwa neue Konfigurationen von Mindstorms)? Darf das Unternehmen von den Verbesserungen profitieren, ohne den Gewinn mit den Erfindern zu teilen?

Die Sache hat eine Licht- und eine Schattenseite. Die Lichtseite ist die, dass sich Verbauchergemeinschaften als externe Forschungs- und Entwicklungsmitarbeiter betätigen können. Manager, deren Unternehmen die Vorbedingungen für eine effektive gemeinsame Wertschöpfung erfüllen, können die Kreativität ihrer Kunden nutzen. Auf der Schattenseite allerdings steht, dass unausgebildete und ungebremste Enthusiasten eventuell unabsichtlich die Kundenerfahrungen anderer ruinieren, ohne dafür zur Verantwortung gezogen werden zu können, was dem Ruf des Unternehmens unter Umständen erheblichen Schaden zufügt. Die Frage ist: Wie kann ein Unternehmen implizite Regeln für Verbrauchergemeinschaften aufstellen, um mögliche Negativeffekte zu minimieren und positive Effekte zu maximieren?

Ungeachtet der Vorstellungen von Managern werden sich Verbrauchergemeinschaften immer dann bilden, wenn ein Erfahrungsumfeld sie zulässt, und sie werden die Kundenerfahrung auf unvorhersehbare Weise beeinflussen. Sie können Optionen und Aktionen verändern, wie es im Gesundheitswesen geschieht, wo Online-Gemeinschaften die Patientennachfragen nach bestimmten Behandlungsmethoden prägen. Sie können auch als Produktinnovatoren wirken, wie im Fall Lego Mindstorms. Oder sie revolutionieren Vertriebskanäle und Marketingalternativen, wie Napster.

Vor allem jedoch wandelt sich die Rolle der Verbrauchergemeinschaften im Laufe der Zeit und niemand kann voraussagen, wann und wie. Demzufolge sind Unternehmen gezwungen, sich gemeinsam mit den Verbrauchergemeinschaften auf die Erneuerung von Erfahrungsumfeldern zu konzentrieren – Umfelder, in denen die Verbraucher individuell wie kollektiv ihre eigenen Erlebnisse mitkonstruieren. Wir nennen diese Herausforderung die *Erfahrungsinnovation.*

Das Erneuern der Erfahrungsumfelder

Erfahrungsumfelder zeichnen sich durch Robustheit aus, durch die Fähigkeit, ein breites Spektrum von kontextspezifischen Erfahrungen heterogener Individuen zu ermöglichen. In einem Erfahrungsumfeld spielt sich die Gesamterfahrung der Verbraucher ab. Es beinhaltet Produkte und Dienstleistungen ebenso wie verschiedene Schnittstellen für individuelle Interaktionen von Verbrauchern und Unternehmen, einschließlich vielfältiger Kanäle, Modalitäten, Mitarbeiter und Gemeinschaften.

Wenn sich Werte, wie wir argumentieren, zusehends aus der Erfahrung des gemeinsamen Schaffens generieren, dann müssen Führungskräfte ihr Hauptaugenmerk statt auf die Innovation auf Produkte und Dienstleistungen richten, um ein robustes Erfahrungsumfeld aufzubauen, innerhalb dessen spannende ko-kreative Erlebnisse möglich sind. Wie genau diese Erlebnisse aussehen werden, lässt sich definitionsgemäß nicht a priori festlegen. Entsprechend unterscheidet sich das Erneuern der Erfahrungsumfelder wesentlich von der tradierten Produkt- und Serviceinnovation.

Wir können allerdings eine grobe Anleitung zum Entwurf von Erfahrungsumfeldern geben, die auf unseren bisherigen Erkenntnissen basiert. Danach muss ein Erfahrungsumfeld zumindest:

- die Möglichkeit bieten, dass Verbraucher ihre eigenen Erfahrungen nach Bedarf in einem spezifischen Zeit- und Raumkontext aktiv mitgestalten;
- eine heterogene Verbrauchergruppe zulassen, von sehr gebildeten und aktiven bis hin zu sehr ungebildeten und passiven Verbrauchern;
- berücksichtigen, dass Verbraucher (auch die schlauen und aktiven) nicht jederzeit und dauernd ko-kreativ sein wollen – manchmal möchten sie einfach passiv konsumieren;
- neue Möglichkeiten bereithalten, um technologische Fortschritte zu integrieren;
- Verbrauchergemeinschaften zulassen;
- die Verbraucher emotionell und intellektuell ansprechen;
- die sozialen wie die technischen Aspekte der ko-kreativen Erfahrung genau erkennen.

Wir sind uns darüber im Klaren, dass diese Spezifikationen auf den ersten Blick ziemlich entmutigend wirken, insbesondere für all jene, die sich mit der Entwicklung neuer Produkte, der Angebotserweiterung, der Verbesserung von Produktionsprozessen, der Vergrößerung des Marktanteils und der Verdichtung von Produktionszyklen befassen. Aber zum Glück können uns dieselben Technologien, die eine größere Produktauswahl bieten, auch helfen, eine größere Erfahrungsauswahl zu schaffen. Wir müssen lediglich das Potenzial, das diese neuen Technologien bergen, aus einer anderen Perspektive betrachten.

Technische Neuerungen als Erfahrungsvehikel

Die dramatischen Neuerungen, die sich in der Technologie vollziehen, eröffnen uns ungeahnte Möglichkeiten, robuste Erfahrungsumfelder zu schaffen. Wir werden uns hier auf fünf dieser Möglichkeiten konzentrieren, um zu illustrieren, wie Technologien Erfahrungsinnovation beeinflussen: Miniaturisierung, sensorische Umgebungserfassung, integrierte Informationssysteme, adaptiv lernende Systeme und vernetzte Kommunikation.[5]

Miniaturisierung

Durch die Miniaturisierung von Elektronik sind die Hersteller in der Lage, kleinere, leichtere und tragbarere Produkte zu entwickeln. Eine Generation zurück hat der Sony-Walkman den Verbrauchern die Freiheit gebracht, ihre Stereomusik unterwegs zu genießen, wann und wo sie wollten. Heute ermöglichen ihnen immer kleinere und bessere Speicher- und Komprimierungstechniken, ganze Musiksammlungen mit sich herumzutragen. Dank der Miniaturisierung von Speichern und Mikroprozessoren sind digitale Musikabspielgeräte auf Taschenformat geschrumpft. Apples iPod bietet direkten Zugang zu über 5.000 Songs mit einer benutzerfreundlichen Schnittstelle, über die sich einzelne Songs unkompliziert abrufen lassen. Der Trend zur Miniaturisierung hat es möglich gemacht, dass diese Taschengeräte zugleich als Telefon, Kamera, Internetzugang, Spielkonsole oder Minicomputer fungieren – manchmal sogar als alles auf einmal.

Sensorische Umgebungserfassung

Mikrosensoren können heute die Umgebung scannen und biologische, chemische, magnetische, optische wie thermale Daten erfassen und auswerten. In einem Auto beispielsweise können mikroelektromechanische Systeme (MEMS), die weniger Umfang als ein menschliches Haar aufweisen, Richtung, Geschwindigkeit und Beschleunigungsgrad des Wagens bestimmen sowie bei einem Aufprall die Airbags aktivieren oder dem Fahrer helfen, einen Aufprall zu vermeiden. Andere MEMS-Sensoren ermitteln gefährliche Veränderungen des Reifendrucks und alarmieren den Fahrer – eine Funktion, die im Falle der defekten Firestone-Reifen manche Leben hätte retten können.

Mit flexibler Display-Technologie und textiler Elektronik integrieren Hersteller inzwischen sogar Sensoren zu medizinischen Zwecken in Kleidungsstücke. So kann man beim Spazierengehen oder Joggen ein winziges Gerät am Gürtel tragen, das die Schrittlänge, die verbrauchten Kalorien und den Blutdruck misst. In Textilien eingewebte Sensoren können Herzfrequenz, Hydration und Blutzucker von Athleten kontrollieren. In absehbarer Zeit wird die Nanotechnologie derlei Fähigkeiten auf Molekularebene übertragen.

Integrierte Informationssysteme

Eine Vielzahl von Produkten ist bereits mit Mikroprozessoren und Mikrochips ausgestattet, die bestimmte Funktionen ermöglichen. Der Umsatz von integrierten Prozessoren übersteigt schon heute den von PC-Prozessoren, dabei sind hier die Prozessoren, die in Autos, Mikrowellengeräte oder Dosenöffner eingebaut werden, nicht einmal mitgezählt. Die Chips werden immer vielseitiger und leistungsfähiger. Der „Mu-chip" von Hitachi ist so winzig, dass man ihn in Papier oder Textilien einbauen kann, und kostet weniger als 15 Cent pro Stück.

Oder nehmen wir die Funkfrequenz-Identifikationsmarkierungen (RFID – „Radio-Frequency Identification"). Für eine gute RFID-Markierung braucht es nicht mehr als einen Chip mit einer Antenne, der, aktiviert durch ein entsprechendes Lesegerät, Informationen versenden und empfangen kann. Und im Gegensatz zu Barcodes, die noch direkt gescannt werden müssen, muss sich eine RFID-Markierung lediglich innerhalb eines bestimmten Umkreises des Lesegeräts befinden. Solche Markierungen ermöglichen das Aufspüren einzelner Gegenstände, ob gestohlen, verloren oder verlegt. Außerdem können

eingebaute Mikropozessoren Informationen speichern und weiter-
leiten. Bringt man eine solche Markierung zum Beispiel auf der Verpackung von verderblichen Waren an, überwacht sie die Temperatur
während des Transports.

Adaptiv lernende Systeme

Denken wir an TiVo, ein System, das neben anderen Funktionen als
intelligenter, digitaler Videorecorder fungiert. TiVo speichert meine
persönlichen Daten ebenso wie die meines Ehepartners und meiner
Kinder, analysiert meine Vorlieben und Interessen und nutzt die Ergebnisse, um meine Fernsehkanäle nach Sendungen abzusuchen, die
mich interessieren könnten, und zeichnet sie digital auf – ohne dass
ich irgendetwas dazu tun muss.

Stellen wir uns vor, solche adaptiv lernenden Systeme würden noch
besser und noch leistungsfähiger. Warum sollten sie nicht irgendwann in der Lage sein, mir nicht bloß jene Sendungen zu empfehlen,
die meinen Vorlieben und Unterhaltungsgewohnheiten entsprechen,
sondern auch solche, die andere Leute mit vergleichbaren Interessen
ansehen und empfehlen? Natürlich müsste ich letzten Endes entscheiden, welche Sendungen ich wähle, denn schließlich können
sich mein Geschmack und meine Interessen mit der Zeit verändern.

Ähnliches adaptives Lernen durch Interaktion ließe sich auch in
Spielkonsolen integrieren, bei denen mehrere Teilnehmer gleichzeitig
spielen, wie etwa die Xbox von Microsoft oder die Sony PlayStation.
Die erfolgreichen Firmen der Zukunft werden begriffen haben, wie
man integrierte Informationssysteme und adaptives Lernen für interaktive Gemeinschaften nutzbar macht.

Vernetzte Kommunikation

Die Technologie stattet immer mehr Geräte mit der Fähigkeit aus,
sich eigenständig mit anderen Systemen zu verständigen. Digitale
Musikabspielgeräte zum Beispiele können überall eingesetzt wer-

den – im Auto, über Telefon, PDA, PC, Heimstereo, Spielkonsole oder Fernsehapparat –, um Musikkollektionen zusammenzustellen, auf die wiederum von überall her zugegriffen werden kann. Palm Computing, die Schöpfer des ersten PalmPilot, haben beizeiten erkannt, welches Potenzial die vernetzte Kommunikation bietet. Die einzige Voraussetzung ist, dass die Synchronisation einfach und das Gerät klein, also tragbar ist. Sony ist dabei, alle Systeme miteinander vernetzbar zu machen, wobei der einzelne Verbraucher entscheidet, welchen Austausch zwischen den Geräten er wann und wie wünscht.

Entsprechend ist der Fülle der technischen Möglichkeiten in Zukunft keine Grenze gesetzt. Doch *neue technische Möglichkeiten sind für den Verbraucher nur dann reizvoll, wenn sie ihm neue Erfahrungen eröffnen.* Drahtlose sensorische Netzwerke etwa können vollkommen neue Interaktionsmöglichkeiten bieten, die ungekannte Erfahrungsräume schaffen. Das Schema in Tabelle 4-1 zeigt, wie aufkommende technologische Neuerungen als *Erfahrungsvermittler* fungieren können. Wichtig ist, dass wir begreifen, welchen Erfahrungshorizont die Technik bietet, also wie wir Innovation erleben und erlebbar machen. Miniaturisierung beispielsweise ist nur dann sinnvoll, wenn sie den Verbrauchern zu mehr persönlicher Freiheit verhilft, das Leben erleichtert oder spannende neue Erfahrungen bereithält. In jeder Branche sollten Manager versuchen, ein ähnliches Schema für ihr Spezialgebiet zu erstellen, um den Erfolg der technischen Neuerungen auf diesem Gebiet einschätzen zu können.

| Technische Neuerungen als Vermittler neuer Erfahrungen | | | | |
| Potenzielle Bereicherung der Verbrauchererfahrungen | | | | |
Neue technische Möglichkeiten	Selbst- und Ferndiagnose	Suchen und Überwachen	Vernetzung und Interaktion	Mobilität und Zugriff	Kontinuität und Transformierbarkeit
Miniaturisierung					
Sensorische Umgebungserfassung					
Integrierte Informationssysteme					
Vernetzte Kommunikation					
Adaptiv lernende Systeme					

Tabelle 4-1

Von der technischen Spielerei zur Erfahrungsbereicherung

Um zu zeigen, in welcher Beziehung technologische Kapazitäten zur Erfahrungsbereicherung stehen, wenden wir uns noch einmal der Miniaturisierung zu. Wenn eine Kamera klein genug ist, dass ein Patient sie schlucken kann, damit die Ärzte ein 3-D-Bild der inneren Organe bekommen, dann bestünde die Erfahrungsbereicherung in der Ermöglichung von „Selbst- und Ferndiagnose". Oder stellen wir uns den Einbau eines adaptiv lernenden Systems in ein Lesegerät vor. Es könnte mir helfen, die Nachrichten zu verfolgen, während ich längere Zeit unterwegs bin, oder den entsprechenden Artikel zu einem Leserbrief aufzurufen, den ich gerade lese. In diesem Zusammenhang wäre die Erfahrungsbereicherung „Mobilität und Zugriff".

Oder nehmen wir IBMs MetaPad, ein Computerchamäleon mit einer einzigartigen Kombination von Hardware und Software. Man schließt es an eine bestimmte Station an, die mit einem Keyboard und einem Monitor ausgestattet ist, und es wird zu einem Windows-XP-Desktop-Computer. Man steckt es in einen tragbaren Bildschirm und es wird zu einem Palm-PC, indem es alle persönlichen Daten und Termine überträgt. Sie arbeiten mit Linux? Kein Problem. Das MetaPad zu benutzen ist, als würde man auf seinen Desktop-PC zugreifen (Kontinuität) und ihm zugleich neue Funktionen hinzufügen (Transformation). Wir können also auch mit den Erfahrungsbereicherungen beginnen und die bestehenden Technologien so erweitern, dass sie sie möglich machen.[6]

Erstaunlicherweise haben sich durch MetaPad die Unternehmensinvestitionen nicht nur bezahlt gemacht, sondern ein Vielfaches von deren Wert erbracht: *Das einzelne Produkt ermöglicht eine Vielzahl von Kundenerfahrungen.* Wir sehen also, dass es keine Produktvielfalt braucht, um Erfahrungsvielfalt zu erreichen, womit die konventionelle produktzentrierte Logik widerlegt wäre.

Manager gehen traditionell der Frage nach, inwieweit technologische Neuerungen eine größere Produktvielfalt zulassen. Entsprechend befassen sich die meisten Forschungs- und Entwicklungsabteilungen vorrangig damit, stets neue technische Spielereien zu entwerfen. Plattformen, Generationen, Versionen, Neueinführungen und Upgrades beherrschen die F&E-Abteilungen in den meisten Technologieunternehmen. Die Planungen für die Technologien von morgen haben die Unternehmen überhaupt erst in die Lage versetzt, jene Produktvielfalt und -individualisierung anzubieten, die wir heute für selbstverständlich nehmen. Doch es ist ein Unterschied, ob man sich für die Vielfalt der ko-kreativen Erfahrungen oder für die Produktvielfalt einsetzt. Letztlich nämlich sind Manager für die Qualität der *Interaktion* zwischen Firmen und Kunden verantwortlich, und die geht weit über das hinaus, was an Produkten und Dienstleistungen angeboten wird. Demzufolge brauchen wir neue Instrumente und neue Ansätze, wie etwa „Erfahrungsdesign", „Erfahrungsplanung" und „Erfahrungsprototypen".[7]

Zunächst aber müssen wir uns von den technologischen Möglichkeiten abwenden und uns auf den Weg machen, neue Erfahrungen zu ermöglichen – was für viele ein schwieriger Schritt sein dürfte. Als Manager müssen wir uns, selbst wenn uns dieser Wechsel gelingen sollte, davor hüten, die Raumschaffung für neue Erfahrungen aus der Unternehmerperspektive anzugehen. Nur allzu leicht verfallen wir dem Unternehmerdenken. Und um genau dieser Tendenz vorzubeugen, schlagen wir vor, dass man bei jedem einzelnen Erlebnisangebot klar zwischen der Firmen- und der Verbraucherperspektive unterscheidet. Sehen wir uns beispielsweise das Angebot der Fern- und Selbstdiagnose an. In Kapitel 1 haben wir über Herzschrittmacher gesprochen. Aus der Firmenperspektive geht es bei dieser Diagnostik vor allem um die Herstellung der richtigen Sensoren, die Sicherung der Rechte, die Messung der richtigen Parameter (wie Herzschlag, Muskelkontraktionen oder Kreislaufstabilität) und um die Kernwerte für diese Parameter. Aus Verbrauchersicht sind die Fragen und die damit verbundenen Sorgen gänzlich andere: Kann ich dem Unternehmen vertrauen? Werden die Leute dort meine Werte zuverlässig kontrollieren? Welche sonstigen Informationen über mich erhalten sie durch die Fernkontrolle? Werden sie mir einen Zugang zu ihren Informationssystemen gewähren? Bringt die Ferndiagnostik gesundheitliche Risiken mit sich? Die Fragen der einzelnen Verbraucher werden natürlich variieren, ebenso wie die Qualität der einzelnen kokreativen Erfahrungen. Im Zentrum allerdings wird *Vertrauen* stehen – und genau darauf werden sich Führungskräfte konzentrieren müssen.

Das Integrieren ko-kreativer Erfahrungen in Erfahrungsumfelder

Um zu illustrieren, wie Manager Technologien zur Schaffung von neuen Erfahrungen und deren Integration in Erfahrungsumfelder nutzen können, sehen wir uns einmal den Modekonzern Prada und dessen erstes „Epicenter"-Geschäft in New York City an. Hierbei handelt es sich um ein seit Dezember 2001 andauerndes Experiment zur Bereicherung der Einkaufserfahrung mittels interaktiver Technologien.

Zu den Schlüsselelementen gehört das Funkfrequenz-Identifikationssystem (RFID), das wir bereits erwähnt haben. Jeder Prada-Artikel ist mit einer eigenen Markierung versehen, die den Verkäufern direkten Zugang zu umfassenden Daten ermöglicht, sobald sie mit einem Handgerät die Kennung einlesen. Sie erhalten dann genaue Informationen über jeden Artikel, wie etwa die verfügbaren Größen und Farben, was dem Verkaufspersonal eine ständige Unterbrechung des Kundenkontakts durch lästige Lagergänge erspart. Darüber hinaus können sie Entwürfe, Videoclips und Farbmuster abrufen, die sich die Kunden dann auf Displays ansehen. Prada-Kundenkarten speichern auch Daten über persönliche Vorlieben der Kunden.

Überhaupt setzt das Unternehmen zahlreiche Technologien vor Ort ein, um das Einkaufserlebnis zu bereichern. Die Umkleidekabinen sind aus Privalite-Glas, das durchsichtig ist, solange sie leer sind, und auf Milchglas umstellt, sobald ein Kunde die Kabine betritt. Möchte ein Kunde jemanden fragen, wie ihm ein Kleidungsstück steht, kann er einen Schalter betätigen, der die Glaswände wieder transparent macht. Die Beleuchtung in den Kabinen lässt sich beliebig verändern, sodass die Kunden sich ansehen können, wie die Kleidung zum Beispiel bei Tageslicht oder in der Abenddämmerung wirkt. Zusätzlich werden die Markierungen in den Kleidungsstücken über Antennen mit einem Touchscreen verbunden, auf dem die Kunden sehen können, in welchen anderen Materialien, Farben und Größen ihr Artikel noch verfügbar ist. Ein „magischer Spiegel" macht es ihnen möglich, sich von allen Seiten zu betrachten.

Die technische Ausstattung der Prada-Boutique wurde von einem Konsortium aus über 20 Firmen entworfen und ist fast so eindrucksvoll wie die Tatsache, dass es den Designern hier offenbar gelungen ist, die Interessen der Verbraucher in den Vordergrund zu stellen. Die Design-Firma IDEO, die eng mit dem Office for Metropolitan Architecture zusammenarbeitet, leitete das Projekt. Anhand gründlicher Recherchen, Umfragen, Mitarbeiterbefragungen sowie Vorliebenanalysen und -mustern, die sie den Prada-Kundendaten entnommen hatten, konnten sie ein Umfeld schaffen, innerhalb dem eine vollkommen neue Einkaufserfahrung ermöglicht wurde, die sich laut Prada-Mitgeschäftsführerin Miuccia Prada „perfekt in die Architektur der Boutique einfügt".[8]

Die vier Hebel der Erfahrungsinnovation

Welche Hilfsmittel brauchen Unternehmen, um zu fähigen Innovatoren von Erfahrungsumfeldern zu werden? Wir haben vier wesentliche Befähigungen ausgemacht, die unabdingbar sind: Anpassungsfähigkeit, Erweiterungsfähigkeit, Verknüpfung und Entwicklungsfähigkeit.

Anpassungsfähigkeit

Anpassungsfähigkeit bezieht sich darauf, den Verbrauchern eine Interaktion mit Erfahrungsumfeldern zu ermöglichen, die in der Intensität je nach Bedarf variiert. Die Verbraucher lassen sich immer nur so weit auf Erfahrungen ein, wie sie wollen. Aus Sicht der Unternehmen kommt es also vor allem darauf an, Erfahrungsumfelder zu schaffen, die den Verbrauchern unterschiedliche Beteiligungsgrade ermöglichen.

Um diese Anpassungsfähigkeit zu erreichen, müssen die Manager ihre Verbraucher nicht nur genau verstehen und kontinuierlich mit ihnen experimentieren, sondern ihnen darüber hinaus auch Empathie entgegenbringen. Kehren wir noch einmal zum Herzschrittmacherbeispiel zurück. Wie können die Techniker bei Medtronic die Kundenerfahrungen einschätzen, ohne selbst einen Herzinfarkt gehabt zu haben?

Die Design-Firma IDEO hat diese Herausforderung gemeistert, indem sie Erfahrungsprototypen ersann und eine ganze Reihe von Fragen stellte: Wie fühlt es sich an, ein defibrillierender Schrittmacherpatient zu sein? Wie ist es, wenn man nicht weiß, wann und wo man einen defibrillierenden Schock erleidet (der stark genug ist, um einen Patienten umzuhauen)? Wie wirken sich diese Ungewissheiten auf den Alltag der Patienten aus? Die Techniker haben nicht nur engen Kontakt zu Patienten gehalten, sondern während der Planungsphase trug sogar jedes Mitglied des Entwicklungsteams rund um die Uhr einen Pager. Die Pager-Signale wurden willkürlich ausgelöst und sollten einen Herzstillstand simulieren, auf den die Betroffenen entsprechend realistisch reagieren mussten. Die Teammitglieder notierten dann genau, in welchem Kontext sie das Signal erhalten hatten: Wie waren die Umstände? Wo hielten sie sich gerade auf? Mit wem waren sie zusammen? Was taten sie gerade? Welche Ängste löste das Signal aus? Wie fühlten sie sich? Wie vermittelten sie anderen Anwesenden, was mit ihnen passierte? Wie besorgten sie sich medizinische Hilfe?[9]

Dem Forschungsteam brachte das Experiment einige wesentliche Erkenntnisse. So erkannten sie, wie wichtig es für Patienten ist, rechtzeitig vor einem Schock gewarnt zu werden und sich vorbereiten zu können. Außerdem wurde ihnen klar, wie kompliziert es für betroffene Patienten sein kann, andere Anwesende über ihren Zustand aufzuklären, und wie wesentlich es für sie ist, innerhalb wie außerhalb der Patientengemeinschaft Unterstützung zu finden. Wie wir diesem Beispiel entnehmen können, heißt Erfahrungsspezifizierung, sich in die Verbraucher hineinzuversetzen und die Momente nachzuempfinden, in denen sie frustriert, ängstlich oder gestresst sind. Das wiederum ist nur möglich, wenn man den direkten Dialog mit den Verbrauchern sucht, um neue Erkenntnisse zu gewinnen und von den Themengemeinschaften zu lernen – wie es die Verbraucher selbst ja ebenfalls tun.

Sehen wir uns ein anderes Beispiel an: den kleinen Eckladen, der von einem Kleinunternehmen betrieben wird. Die Zahl dieser kleinen Einzelhandelsunternehmen wächst in Indien und vielen asiatischen, südamerikanischen und afrikanischen Ländern beständig. Allein der indische Lebensmittelhandel weist derzeit über 200.000 solcher Einzelunternehmen aus, die einen potenziell riesigen Markt für Informationstechnologie repräsentieren. Zugleich stellen sie die IT-Unternehmen vor die gewaltige Herausforderung, die spezifischen Erfahrungen nachzuvollziehen, die der einzelne Ladenbetreiber tagtäglich macht.

In den Vereinigten Staaten haben Firmen wie IBM schon längst spezielle Point-of-Sale-Systeme (POS) eingeführt, mit denen Einzelhandelstransaktionen automatisiert werden. Mehr und mehr sind diese normalerweise PC-basierten POS-Systeme individuell auf den jeweiligen Einzelhandelsbereich abgestimmt. Allerdings können sie pro Geschäft über 3.000 Dollar kosten, was für die neuen Märkte ein viel zu hoher Preis ist. Bescheidenere POS-Alternativen wie elektronische Kassen von NCR oder Omron erfüllen Grundfunktionen wie das Addieren von Einzelposten und das Ausdrucken von Belegen für

unter 1.000 Dollar das Stück. Geschäfte, die über 30.000 Dollar jährlich umsetzen, können sich ein POS-System leisten, und dennoch
verfügen weniger als 4 Prozent aller indischen Einzelhändler über
eines. Warum? Weil die meisten POS-Systeme für den amerikanischen
Einzelhandel gemacht wurden, sprich: für Kaufhäuser oder Nach-
barschaftsläden. Entsprechend bleibt dem indischen Einzelhändler
der Wert des POS-Designs verschlossen.

TVS Electronics beschloss, „die Erfahrungen indischer Einzelhändler
zu dekonstruieren", um dann bei null anzufangen und eine einzigartige Lösung zu entwickeln. Zunächst einmal schickten sie Mitarbeiter in die indischen Geschäfte, die das dortige Erfahrungsumfeld
erkunden und vor Ort die Erfahrungen indischer Einzelhändler nachvollziehen sollten. TVS fand schnell heraus, dass sich deren Welt
grundlegend von der typischer amerikanischer Einzelhändler unterscheidet. In vielen indischen Geschäften geht es ziemlich laut zu.
Sie sind eng, staubig und voll gestopft. Oft sind sie zur Straße hin
offen, während der Betreiber ganz hinten an einem Tresen steht, der
überhaupt keinen Platz für herkömmliche POS-Systeme bietet. Zudem schwankt die elektrische Spannung immer wieder und Strom-
ausfälle sind keine Seltenheit. Das Gros der Waren ist weder ver-
packt noch mit Barcodes versehen. Die Angestellten sind technisch
wenig versiert, die Sprache wechselt von Region zu Region und die
Geschäftsnormen und -praktiken weisen unzählige Idiosynkrasien auf.

TVS reagierte auf diese Erkenntnisse, indem sie die Lebensmittel-
händler und deren Kunden in die Entwicklung eines innovativen,
widerstandsfähigen Einzelhandelssystems einbanden, das den Gegebenheiten im indischen Einzelhandel entsprach. Sie entwarfen vollkommen neue Hardware und Software, die nicht bloß einfach in der
Bedienung sind, sondern sich den jeweiligen Bedingungen perfekt
anpassen. So sind beispielsweise die am häufigsten verkauften Artikel besonders leicht aufzurufen und die Hierarchie der Produktkategorien innerhalb des Systems reflektiert die Erfahrungen der Benutzer in ihrer jeweiligen Sprache. Das TVS-System kann erkennen,

welcher Haushalt bevorzugt welche Produkte einkauft, bis hin zu einer bestimmten Reis- oder Linsenmarke, und ermöglicht es so dem Einzelhändler, dem Gedächtnis seiner Kunden auf die Sprünge zu helfen, falls sie beim Einkauf nicht mehr genau wissen, was sie alles brauchen. Außerdem kann das System Belege und Listen in verschiedenen Sprachen ausdrucken, was den Verbrauchern einen besseren Überblick über ihre Einkäufe ermöglicht und den Einzelhändlern die Bestellungen erleichtert. Drucker wie Zusatzgenerator sind in einer tragbaren Einheit zusammengefasst, die praktisch staubdicht ist und sowohl gegen Elektrizitätsschwankungen als auch Fehlbedienungen resistent. Hinzu kommt eine spannende Preis-Erfahrung-Relation, denn das System gewährt für etwa 30 Dollar monatlich Zugang zu einem Erfahrungsumfeld namens „E-Shop".[10]

Als TVS sein E-Shop-Umfeld um die spezifische Kenntnis des indischen Einzelhandels aufbaute, wurde vor allem ein neuer Erfahrungsraum für den Einzelhändler geschaffen. „Es hat mein Leben verändert", erklärt Mariappan, ein Ladenbetreiber, der am Innovationsprozess für das Einzelhandels-Erfahrungsumfeld beteiligt war.

Erweiterungsfähigkeit

Bei der Erweiterungsfähigkeit geht es darum, zu erkunden, inwieweit Technologien, Kanäle oder Vertriebsmodalitäten den Verbrauchern Wege eröffnen, etablierte Funktionen neu zu erleben wie auch gänzlich neue Funktionalitäten zu schaffen.

Denken wir an die erfolgreiche Einführung der Starbucks-Karte, einem handlichen elektronischen Zahlungsmittel für Getränke und Snacks in den Läden der Starbucks-Kette. Bei der Zahlung per Karte erhalten die Kunden jedes Mal ein kleines Geschenk. Außerdem können sie damit Daten über ihre bisherigen Einkäufe bei der Kette abrufen. Für Geschäftsreisende ersetzt die Karte das mühselige Sammeln von Spesenbelegen. Im Gegensatz zur Telefonkarte, bei der man einen festen Betrag im Voraus bezahlt, kann man die Starbucks-Karte im

Geschäft, per Telefon oder via Internet beliebig aufladen. Darüber hinaus können die Verbraucher ein automatisches Aufladen in bestimmten Intervallen vereinbaren, um niemals beim Bezahlen plötzlich feststellen zu müssen, dass ihr Kartenguthaben nicht ausreicht. Bei Verlust oder Diebstahl kann man die Karte mit einem Telefonanruf oder per Klick auf der Website sperren lassen und der noch gespeicherte Betrag wird gutgeschrieben.

Die nahtlose Integration der Starbucks-Karte ins virtuelle wie auch reelle Angebot eröffnet den Verbrauchern neue Erfahrungsmöglichkeiten. Schon bald werde ich wohl die Möglichkeit haben, meine Lieblingskaffeesorte fest in die Karte einzuspeichern, wodurch mir eine ständige Wiederholung des „Einen großen, fettarmen, schaumlosen, extra heißen Karamell-Macchiato mit wenig Karamellstreuseln und ein bisschen Vanille" erspart bleibt.

Oder blicken wir einmal auf die neuesten Entwicklungen in einer der ältesten Branchen der Welt, dem Druck. Neue Technologien, Produkte und Prozesse ermöglichen heute die Schöpfung immer neuer Funktionalitäten, die wiederum den Leseakt selbst verändern.[11] Digitalisierung, Computer, Vernetzung und das Internet geben den Einzelnen Zugriff auf riesige und stets aktuellere Textquellen, die sich problemlos manipulieren, updaten, herunterladen, ausdrucken und beliebig formatieren lassen. Millionen Menschen lesen heute schon die elektronischen Versionen ihrer bevorzugten Periodika, die dieselben Inhalte wie die Papierausgaben bieten, aber zusätzlich dazu noch Suchmöglichkeiten, über die detaillierte Informationen und Quellen eingesehen werden können.

Dank der neuen Technologien sind der Erweiterung und Bereicherung unserer Leseerfahrungen praktisch keine Grenzen mehr gesetzt. Erinnern wir uns nur daran, wie wir das letzte Mal einem Kind eine Geschichte vorgelesen haben – eine einzigartige Erfahrung, die für unzählige Erwachsene und Kinder über Jahrhunderte etwas sehr Wertvolles war. Und nun stellen wir uns vor, die Geschichte würde beim Vorlesen lebendig werden. Genau das nämlich geschieht bei Leap-

Pad. Das Kind zeigt auf ein Wort, eine Figur oder ein Bild und schon beginnt die Abbildung zu singen und zu sprechen, erzählt dem Kind von lustigen Fakten und Ideen und bietet ihm zugleich an, über lernorientierte Spiele mit dem Buch zu interagieren. Die Technologie hinter dieser interaktiven Erfahrung ist eine winzige Kassette zum Buch, die in die LeapPad-Konsole eingeschoben wird. Mit der „Mind Station", die an den Computer angeschlossen ist, erweitert das Leap-Pad das Erfahrungsumfeld um einen Internetzugang, über den sich die Gemeinschaft der lesenden Kinder und Erwachsenen austauschen und unbegrenzte Lernerfahrungen erschließen kann.

Seit der Einführung von LeapPad im Jahr 1999 hat der Hersteller, LeapFrog, über 5 Millionen Einheiten für ungefähr 45 Dollar das Stück verkauft; 2002 repräsentierten sie annähernd ein Viertel des 1,7-Milliarden-Dollar-Markts für Lehr- und Lernmittel in den USA.[12]

Ist LeapPad ein Spielzeug? Ein Buch? Ein elektronisches Produkt? Ein Spiel? Ein Computer? Eine Unterhaltungsform? Ein Lerninstrument? Potenziell ist es alles davon. LeapPad bietet ein Erfahrungsumfeld, das die Verbraucher in eine ko-kreative Erlebnisgestaltung einbindet, die das Unternehmen selbst nicht vorbestimmen kann. Der Inhalt dieser Erfahrungen ist das *stets neue* Erleben der Erweiterungsfähigkeit von LeapPad.

Verknüpfung

Verknüpfung bedeutet die Einsicht in die Tatsache, dass Ereignisse auf vielfache Weise auf die Verbraucher einwirken. Entsprechend wird die Qualität der ko-kreativen Erfahrung von einer ganzen Reihe zusammenhängender Ereignisse bestimmt.

Nehmen wir beispielsweise die mit dem Mieten eines Wagens verknüpften Erfahrungen. Bei Avis legt man das Hauptaugenmerk darauf, alle mit dem Mietvorgang verbundenen Erfahrungen zu kontrollieren, von dem Moment an, da die Kunden einen Wagen reservieren, bis hin zur Schlüsselrückgabe bei Mietende. Avis unterteilt den

Prozess in zahlreiche Einzelereignisse – Reservieren, die nächste Avis-Niederlassung finden, zum Wagen gelangen, das Fahren, das Tanken, die Rückgabe, das Bezahlen der Rechnung etc. – und analysiert jeden einzelnen Schritt, um die Gesamterfahrung der Kunden ständig zu verbessern.[13]

Avis schult sein Personal gezielt daraufhin, dass es die Bedürfnisse der Kunden antizipiert und sich so mit immer wieder neuen Methoden um größere Verbrauchernähe bemüht. Wer kleine Kinder hat, wird auf die Verfügbarkeit von Kindersitzen hingewiesen; wer mit einer Golfausrüstung zum Verleih kommt, erhält den aktuellen Wetterbericht und eine Karte, auf der die nächstgelegenen Golfplätze eingetragen sind, und kommt jemand mit sehr viel Gepäck, werden ihm Sonderraten für Kombis angeboten. Umfragen haben ergeben, dass Stressreduktion für die Mehrzahl der Avis-Kunden oberste Priorität hat. Entsprechend hat Avis Kommunikationszentren in Flughäfen eingerichtet, in denen sich die Kunden entspannen, ihre Laptops anschließen, ihre E-Mails abrufen oder Telefonanrufe tätigen können, während sie auf einem handlichen Display die aktuellen Fluginformationen im Auge behalten.

Die Verknüpfung von Ereignissen, wie sie das Avis-Beispiel illustriert, kann sogar noch weiter gehen, indem man sich die aufkommenden Infrastrukturen im Internet zunutze macht, wie etwa Microsofts Netz-Intitiative. Die Idee hinter dieser Initiative ist, eine Internet-„Wolke" von Angeboten zu schaffen, bei der sich die einzelnen Webdienste automatisch suchen und miteinander verknüpfen. Wir müssen uns das so vorstellen, dass beispielsweise bei einer Mietwagenreservierung über die Website einer Fluglinie die Reservierungsdaten automatisch angepasst werden, sollte sich der Flug verspäten oder gar gestrichen werden. Oder wir sehen, dass der Tank unseres Mietwagens beinahe leer ist, und erhalten via Telefon eine genaue Wegbeschreibung zur günstigsten Tankstelle in der Nähe.

Wer solche Dienste anbieten will, muss über eine Vielzahl von elektronischen Verknüpfungen verfügen, einschließlich Stimmerkennungs-

und Sprachverarbeitungsinstrumenten, einem Vorortservice, der über die Öffnungszeiten der Tankstellen Bescheid weiß, sowie einem Schnellvergleich, der die billigsten Angebote heraussucht. Bei all dem müssen die Abläufe für die Verbraucher schnell, nahtlos und einfach wirken. Und genau hierin besteht die Herausforderung an das Design – und die Wirksamkeit – der Verknüpfungen.

Der Verbraucher kann auch ein Manager sein. Versetzen wir uns einmal in die Position eines Managers, der mit der Herstellung eines neuen Produkts beginnen will. Stellen wir uns nun ein auf Manager abgestimmtes Webportal vor, wo wir die erforderlichen Komponenten bestellen, Produktionskapazitäten buchen und Lagerhaltung wie Vertrieb arrangieren können. Mit einem Mausklick richten wir eine Versorgungskette ein, die sich von selbst wieder auflöst, sobald der Job erledigt ist. Heute bewegen wir uns schon mit Babyschritten auf diese Möglichkeiten zu.[14]

Entwicklungsfähigkeit

Eine unabdingbare Voraussetzung für Entwicklungsfähigkeit ist das Lernen aus ko-kreativen Erfahrungen und das Anwenden des Gelernten in der Entwicklung von Erfahrungsumfeldern, die sich an den Bedürfnissen und Wünschen der Verbraucher orientieren und nicht umgekehrt.

Betrachten wir das „Erfahrungsumfeld", das Amazon schafft. Als Kunde bekomme ich Empfehlungen für Bücher, Musik und Filme, die meinem Geschmack entsprechen, sowie eine Auswahl solcher Artikel, die andere Kunden gekauft haben, die auch jene Artikel geordert hatten, die ich schon mal bestellt habe. Ich kann Bestsellerlisten und Rezensionen ansehen, die entweder von professionellen Kritikern oder von anderen Amazon-Kunden verfasst wurden. In das Erfahrungsumfeld sind also Themengemeinschaften integriert, die sich je nach Kundenbedarf bilden, weiterentwickeln, miteinander verschmelzen oder sich wieder auflösen. Ich kann mich einer Gemeinde von John-Cleese-Fans anschließen oder einem Verbund von Lesern, die Informationen über das Leben und Wirken des Bürgerkriegsgenerals Robert E. Lee oder über die Philosophie Mahatma Gandhis suchen.

Amazon nutzt aufkommende technische Neuerungen, um das Verbrauchererleben ständig zu verbessern. Bereits heute stehen den Kunden die Inhaltsverzeichnisse wie auch Leseproben von Büchern zur Verfügung und sie bekommen eine Ansicht der Buchumschläge. Sie können also beinahe genauso im Sortiment stöbern, als wären sie in einer richtigen Buchhandlung. Außerdem können Musikinteressierte Hörproben von CDs abrufen – ein Service, den die meisten niedergelassenen Einzelhändler nicht anbieten. Zudem hat Amazon den Erlebnisraum der Verbraucher noch erweitert, indem man ihnen anbot, ihre gebrauchten Artikel zum Verkauf anzubieten, wobei die damit verbundenen Risiken von Amazon übernommen werden.

Die Innovation im Hinblick auf die Weiterentwicklung von Erfahrungspotenzialen ist gewiss nicht einfach. Für die Individuen mögen sich Kontexte verändern, doch die Erfahrungsumfelder müssen die entsprechenden Informationen bereithalten, die für Kontinuität sorgen und gleichzeitig Raum für Weiterentwicklung und Wandel schaffen. Um diese Widersprüchlichkeit zu meistern, müssen wir begreifen, welche Verknüpfungen von Ereignissen die Grundlage für Erfahrungen bilden.

Nehmen wir ein anderes Beispiel. Angenommen ich bin ein ziemlich unerfahrener Investor und habe soeben mein erstes Konto bei einem Börsenmakler eröffnet. Wenn ich die Website meines Maklers aufrufe, stehe ich wahrscheinlich ratlos vor dem Wust an komplizierten Investitionsmöglichkeiten: Aktien, Pfandbriefe, offene Investmentfonds, Immobilientrusts, Derivate, Optionen, Futures, Rentenfonds und vieles mehr. Angesichts der Voraussetzungen, die ich mitbringe, muss die Website imstande sein, mich Schritt für Schritt durch den Investitionsprozess zu begleiten, und zwar so einfach und klar wie möglich. Am besten sollte sie mit grundsätzlichen Fragen beginnen wie: Warum sollte ich überhaupt investieren? Wie setze ich mir selbst Investitionsziele? Was ist eine Aktie? Was ist ein Pfandbrief?

Spulen wir nun im Schnellvorlauf ein oder zwei Jahre weiter. Ich habe ein paar Anteile gekauft und ein paar verkauft. Jetzt muss ich lernen, mein Portfolio zu analysieren und einen ganzen Schwung neuer Begriffe zu erfassen, angefangen bei der Vermögensverteilung bis hin zum Risikomanagement. Inzwischen bin ich um einige Erfahrungen in Sachen Investitionen reicher und das Online-Angebot meines Börsenmaklers sollte sich entsprechend meinen veränderten Bedürfnissen mitentwickeln. Leider sind die meisten Websites heute eher statisch. Sie lernen nicht von den Verbrauchern und passen sich demzufolge auch nicht deren veränderten Bedürfnissen und Interessen an. Die gegenwärtige Herausforderung besteht also darin, ein „adaptives Web" zu schaffen, das sich mit der heterogenen Verbrauchermasse entwickelt und kontinuierlich bemüht ist, personalisierte Erfahrungen mitzugestalten.

Das Gleiche gilt für Produkte, die ebenso viel von mir lernen sollten wie ich von ihnen. *Bislang allerdings haben sich die meisten Produkte an technologischen Veränderungen orientiert und nicht an den Wandlungen, die die Verbraucher durchleben.* Wir brauchen mithin einen neuen Ansatz für die Produktentwicklung. Lernsoftware-Produkte für Kinder, wie etwa die von The Learning Company, zeigen einen möglichen Weg auf. Ihre Software entwickelt sich mit den Kindern, die sie benutzen, weiter. Der Schwierigkeitsgrad der Aufgaben ist den jeweiligen Leistungen angepasst, die das Kind bisher erbracht hat. Die Software erkennt und analysiert die vorherigen Lernerfolge und stellt auf dieser Basis nicht nur die nächsten Aufgaben zusammen, sondern führt auch schrittweise neue Funktionen ein. Entsprechend kann sie das Kind mit stets frischen und interessanten Projekten gewinnen, statt irgendwann langweilig zu werden, wie es bei den meisten Lernspielzeugen der Fall ist, aus denen die Kinder schlicht herauswachsen.

Das Neuland der Erfahrungsinnovation

Die Erfahrungsinnovation bietet Neuland für die Ko-Kreativität, da sie nach der nahtlosen Integration von Phantasie, Verbraucherwissen und fortgeschrittener Technologie verlangt. Die Herausforderung besteht darin, die vier DART-Bausteine – Dialog, Zugang, Risikoeinschätzung und Transparenz – mit der Entscheidungsfreiheit innerhalb der ko-kreativen Erfahrung zu vermitteln. Die Qualität dieser Erfahrung, die über mehrere Kanäle und Optionen zustande kommt, hängt ebenso wie die Qualität der Transaktionserfahrung davon ab, wie effizient die Hebel der Erfahrungsinnovation (Anpassungsfähigkeit, Erweiterungsfähigkeit, Verknüpfung und Entwicklungsfähigkeit) genutzt werden, um neue Räume für ko-kreative Erfahrungen bereitzustellen.

Zur Veranschaulichung dieser Herausforderung wollen wir uns zwei verschiedene Beispiele ansehen, eines aus der Ölindustrie und eines aus dem Investmentmanagement.

Sehen wir uns zunächst die gemeinsame Wertschöpfung in der Ölförderindustrie an. Seismische Darstellungen sind hier seit langem eine Selbstverständlichkeit. Das Öl liegt nun mal in den tieferen Erdschichten, wo es unter hohem Druck in Felsporen lagert. Da Fels ein guter Klangleiter ist, können Geologen Klangwellen nutzen, um die unterirdischen Ölvorkommen aufzuspüren. Über viele Jahre waren nur grobkörnige 2-D-Bilder erhältlich, die durch aufwendige, zeitraubende mathematische Analysen ausgewertet wurden. Fortschrittliche 3-D-Darstellungssysteme, die Sensoren und elektronische Kontrollen ermöglichen, haben hier einen Wandel eingeläutet. Entwickelt wurden diese Systeme von Unternehmen wie Schlumberger, deren hoch auflösende seismische Bilder nun detaillierte und akkurate Karten der unterirdischen Quellen liefern, und das schneller und billiger als die bisherigen Techniken. Die Kosten für eine Analyse eines 20 Quadratmeilen großen Gebiets beliefen sich noch 1980 auf über 8 Millionen Dollar, wohingegen die verbesserte Analyse 2002 für weniger als 50.000 Dollar zu haben war.[15]

Dank einer anderen Technologie, die „Richtungsbohren" genannt wird, können bislang unerreichbare Ölvorkommen gefördert werden. Wird eine Ölquelle unterhalb eines unzugänglichen Landstücks ausgemacht, wird ein Förderturm auf einem benachbarten Feld aufgestellt, von dem aus man die Quelle erreicht, indem man sich bis zu fünf Meilen horizontal heranbohrt. Daraus ergibt sich eine neue informationstechnische Herausforderung: Wie können die Ingenieure genau wissen, wo sich der Bohrkopf gerade befindet? Die Lösung: Neue Technologien, die mit ausgereiften Sensoren und integrierten Informationen ausgestattet sind, führen direkt bei der Bohrung Messungen durch, die den Technikern wie Geologen ein Bild des Terrains liefern. Ein einziger Bohrkopf kann dabei dieselbe Prozessorleistung aufbringen wie drei Pentium-PCs.

Stellen wir nun noch eine Internet-Verknüpfung her, dann können Geologen und Führungskräfte von überall in der Welt auf einen Klick sehen, was ein Ingenieur irgendwo im Golf von Mexiko, in der Nordsee oder im Dschungel von Borneo entdeckt. Ein vernetzter Experte kann den Bohrturm instruieren, seinen PDA oder Laptop zu benachrichtigen, sobald die Bohrung eine Tiefe von 15.000 Fuß erreicht oder die Analysen auf Ölvorkommen schließen lassen.

All diese Technologien ergänzen sich gegenseitig und schaffen gemeinsam ein neues Erfahrungsumfeld. Erweitern wir es um Zugang, Transparenz, Dialog und Risikoeinschätzung, dann haben wir damit die Voraussetzung für einen gemeinsamen Wertschöpfungsprozess von Ölgesellschaften, Verbrauchern und Lieferanten geschaffen.

Wenden wir uns nun Archipelago zu, einem elektronischen Kommunikationsnetzwerk, das eines der weltweit höchstentwickelten Systeme bietet, die günstigsten aktuellen Preise für Aktien ausfindig zu machen. Mit einem eigenen Algorithmensystem und dem passenden Gerät kann Archipelago den laufenden Wertpapierhandel in Mikrosekunden-Geschwindigkeit durchsuchen und die besten Preise sowie die größten Liquiditäten aufspüren. Die Security and Exchange

Commission (SEC) hat kürzlich grünes Licht für Archipelago gegeben, sodass das System nun als vollwertige Börse arbeiten kann. Zum Klientel zählen führende Finanzinstitute auf der ganzen Welt, große Börsenmakler, Investmentbanken und einzelne Händler.

Die Schaffung eines reicheren Erfahrungsumfelds, wie Archipelago es tut, ermöglicht den Investoren ein besseres Risikomanagement. Gerald Putnam, der Unternehmensleiter und CEO von Archipelago, spricht also nicht zu Unrecht davon, dass bei ihnen „alles offen liegt".[16] Archipelago bietet eine höhere Stufe der Transparenz, indem das System jene Handelsbücher der Öffentlichkeit zugänglich macht, auf die bisher nur Spezialisten Zugriff hatten. Auftragsausführung und sonstige Praktiken wie Vorgänge sind voll einsehbar. Infolgedessen können sich die Kunden jederzeit einen Überblick darüber verschaffen, wie viel sie der Aktienhandel gerade kostet. Zusammen mit einer klareren Preisübersicht führten diese Innovationen zu einer Schmälerung der Preisspannen in den liquideren Papieren der NASDAQ und der NYSE um 50 bzw. 15 Prozent und bewirkten damit eine deutliche Reduzierung der Handelskosten, was den Investoren Millionen von Dollar einbrachte.

Archipelago hat unlängst neue Online-Tools eingeführt, mit denen sie der Öffentlichkeit eine verbesserte Beobachtung der Börsenvorgänge ermöglichen. Diese Instrumente versetzen die Benutzer in die Lage, das Tagesgeschäft an den Börsen zu verfolgen, die Transaktionen zu vergleichen und zu analysieren und so mehr Informationen zu gewinnen, auf deren Basis sie dann ihre Kaufentscheidungen fällen. Warum ist das wichtig? Denken wir an katastrophale Börsenereignisse wie den Zusammenbruch von Enron am 28. November 2001. An jenem Tag verkündete Standard & Poor's, dass die Enron-Schuldverschreibungen faktisch wertlos seien, und die Aktie verfiel sogleich in eine beängstigende Abwärtsspirale. Noch ehe die NYSE dem Handel aufgrund einer „Order-Unausgewogenheit" – sprich: einer weit größeren Zahl von Enron-Verkäufern als -Käufern – Einhalt gebieten konnte, waren über elektronische Netzwerke und sonstige alternative Wege über 10 Millionen Enron-Aktien abgestoßen worden, während der Aktienwert von 2,60 auf 1,10 Dollar fiel. Als die NYSE-Spezialisten eine halbe Stunde später den Handel eröffneten, wurde Enron schon zu Preisen gehandelt, die auf den alternativen Märkten festgesetzt worden waren.[17]

Die Enron-Geschichte zeigt, wie effizient sich Preisinformationen im Netz verbreiten und damit das Risiko minimieren, das mit großen Erschütterungen des Börsensystems einhergeht. Dank der Einbindung in die Börsennetzwerke können selbst große institutionalisierte Handelshäuser wie Merrill Lynch ganz anders agieren. Merrill hat heute die Wahl, eine Kundenorder entweder via elektronischer Kommunikationsnetzwerke, Spezialhändler oder innerhalb des konzerneigenen Systems auszuführen, je nachdem, wo sich die besten Preise bieten. Wenn Systemschocks große Preisschwankungen verursachen, können die alternativen Systeme sogar eine Art Pufferfunktion übernehmen, indem sie den Kunden mehrere Kanäle zur Verfügung stellen, damit diese angemessen auf die Ereignisse reagieren können.

Archipelago ist ein Beispiel für Erfahrungsinnovation durch Technologie, bei dem sich nicht nur die Effizienz verbessert hat, sondern auch der ko-kreative Wert des Systems, das den Aktionären vollkommen neue, spannende Erfahrungen bietet. Und indem es Klienten wie Merrill Lynch ein besseres Risikomanagement ermöglicht, hat Archipelago Tausenden kleiner und großer Investoren den Weg zur gemeinsamen Wertschöpfung geöffnet.

Der Übergang zur Erfahrungsinnovation

In diesem Kapitel stellen wir eine Reihe von Beispielen aus unterschiedlichen Bereichen vor, die die Dringlichkeit der Erfahrungsinnovation veranschaulichen. Der Übergang dorthin führt in den meisten Firmen von einer produkt-/servicebasierten, unternehmenszentrierten Innovation zur erfahrungszentrierten, ko-kreativen Innovation.

Die Unterschiede zwischen den traditionellen und den neuen Innovationsperspektiven sind in Tabelle 4-2 zusammengefasst.

Den Übergang zur Erfahrungsinnovation zu bewerkstelligen ist kein Leichtes, wenn man sich klarmacht, wie viel Führungsenergie innerhalb der Unternehmen nach wie vor in die Produktinnovation fließt.

Der Übergang zur Erfahrungsinnovation		
	Traditionelle Innovation	**Erfahrungsinnovation**
Innovationsziel	Produkte und Prozesse	Erfahrungsumfelder
Wertbasis	Produkt- und Service-angebote	Ko-Kreationserfahrungen
Wertschöpfungs-verständnis	Firmen schaffen Werte; Angebot und Nachfrage regeln den Absatz des Firmenangebots	Werte werden gemeinsam geschaffen, wobei der ko-kreative Wert für das Individuum entscheidend ist
Entwicklungs-schwerpunkte	Kosten, Qualität, Geschwindigkeit und Modularität	Anpassungsfähigkeit, Erweiterungsfähigkeit, Verknüpfung und Entwicklungsfähigkeit
Technologie-verständnis	Merkmale und Funktionen; Integration von Technologien und Systemen	Technologie zur Gewinnung neuer Erfahrungen; Erfahrungsintegration
Infrastruktur-verständnis	Infrastrukturen zur Unterstützung von Produkten und Dienstleistungen	Infrastrukturen zur Mitgestaltung von personalisierten Erfahrungen

Tabelle 4-2

Die internen Debatten kreisen vor allem um die Zeitpunktbestimmung für die Entwicklung neuer Merkmale und die Integration dieser Funktionen in neue Produkte und Dienstleistungen. Die Firmen entwickeln zunehmend Produkte mit vielfältigen Verwendungsmöglichkeiten, um die Investitionen in Forschung und Entwicklung wie in

die logistischen Systeme lohnender zu machen. Der Wettbewerbsvorteil definiert sich infolgedessen darüber, wie überlegen sich Firmen
in diesen Dimensionen bewegen. Entsprechend müssen sich Manager vor allem mit der Effizienz befassen. So widmen die Führungskräfte beispielsweise der Reduktion von Produktzyklen, also der Beschleunigung der Merkmals- und Produktentwicklung, eine deutlich
erhöhte Aufmerksamkeit. Diese wirkt sich dann zumeist in einem
zunehmenden Streben nach Kostenreduzierung und Qualitätsverbes-
serung aus und schafft gleichzeitig eine Plattform, die es ihnen erlaubt, immer mehr Anwendungen anzubieten und immer neue Segmente aufzutun. Dabei neigen sie dazu, sich auf diverse Aspekte zu
konzentrieren, um ihre Angebote denen der Konkurrenz überlegen
zu machen. Sie glauben an Kosten, Qualität und Vielfalt als die ent-
scheidenden Faktoren im Wettbewerb. Deshalb setzen sie auch genau
an diesen Punkten an.[18]

Erfahrungsinnovation und Effizienz

Unter dem Druck der Kosteneinsparung konzentrieren sich die meisten Manager auf Effizienz und betrachten Innovation eher als eine
angenehme Ablenkung vom Wesentlichen. „Wollt ihr Effizienz oder
Innovation?", lautet daher ihre Frage. „Beides könnt ihr nicht kriegen."
Doch selbst wenn sie sich dazu durchringen sollten, Innovation in
den Mittelpunkt zu rücken, so verrennen sie sich doch allzu oft in
dem Bemühen, die Entwicklungsprozesse möglichst effizient gestalten zu wollen. Dadurch zwingen sie sich letztlich selbst, das Haupt-
gewicht auf die internen, unternehmerischen Kompetenzen zu legen
und nicht auf die Verbraucher.

Dabei müssen sich Effizienz und Innovation eigentlich gar nicht
widersprechen. Vielmehr sind sie in gewisser Weise miteinander
verknüpft. Sehen wir uns beispielsweise die Effizienz an, wie sie die
heutigen globalen Liefersysteme aufweisen. Wer solche internatio-
nalen Vertriebsketten aufbauen und betreiben will, muss sich dabei

auf eine Menge technologische und organisatorische Innovationen stützen können. Allein die Logistik für die Bewegung von Komponenten über diverse Länder erfordert an sich schon Innovationen im Informationsaustausch, in der Transportüberwachung, im Management der Transaktionen, in der Preisanpassung, der Qualitätssicherung und dem globalen Personalmanagement. All diese Bemühungen wiederum sind nur möglich, wenn man sich auf innovative IT-Netzwerke, Datenbanken und sonstige Systemanwendungen stützen kann. Demzufolge ist Effizienz, die den Ansprüchen des 21. Jahrhunderts genügt, ohne Innovation undenkbar.

Im Umkehrschluss kann erfolgreiche Innovation ohne integrierte Effizienz nicht funktionieren. Nehmen wir einmal an, Intel wollte einen neuen Mikroprozessor auf den Markt bringen. Eine solche Innovation kann erst erfolgreich sein, wenn sie bestimmte Effizienzkriterien erfüllt, was das Produktionsvolumen, die Kostenreduktion oder die Überwachung der zahlreichen Fertigungsanlagen rund um den Globus betrifft. Der Erfolg einer Innovation hängt also von der Effizienz der innerbetrieblichen Abläufe ab, die sie ermöglichen.

Als Manager neigen wir dazu, in Kontrasten zu denken – Qualität kontra Kosten, Vielfalt kontra Massenfertigung, Effizienz kontra Innovation. Solche Polarisierungen verfälschen häufig die Wirklichkeit. Wie wir mittlerweile wissen, kann eine ernst gemeinte Qualitätssicherung sehr wohl Kosten einsparen. Bei der Massenindividualisierung von Produkten wird Vielfalt mit Herstellung im großen Rahmen kombiniert. Und ebenso können – ja, *müssen* – Effizienz und Erfahrungsinnovation zusammengehen. Der Grund dafür ist so simpel, dass wir ihn leicht übersehen. Er lässt sich in drei einfache Thesen zusammenfassen:

1. Diskontinuitäten verwischen etablierte Grenzen zwischen Industrie und Technologie, wodurch sich der Experimentierbedarf erhöht.

2. Eine ko-kreative Wertschöpfung erfordert „risikomindernde" Experimente. Diese wiederum setzen voraus, dass wir Ressourcen

besser nutzen, im Markt experimentieren und die Erwartungen der Verbraucher wie deren aufkommende Bedürfnisse mitgestalten.

3. Nicht alle Experimente müssen erfolgreich sein. Sind es einige, sollten wir imstande sein, diesen Markt kurzfristig auszubauen. Das heißt: systemweite Effizienz der Aktivitäten, ob Herstellung, Logistik, Kanäle, Kundendienst, Markengestaltung oder Management von Gruppen.

Wir nennen diesen Ansatz *effiziente Erfahrungsinnovation*, da es darum geht, sich auf die Effizienz zu konzentrieren und zugleich Erfahrungsinnovation anzustreben und Experimente zu verfolgen. Entweder-oder-Debatten bringen uns keinen Schritt weiter. Wie wir an den Beispielen Archipelago, Ölförderung oder Lego in diesem Kapitel sowie Napster, Sumerset und Herzschrittmacher in den vorangegangenen gesehen haben, sind Effizienz und Erfahrungsinnovation in allen Fällen gleich gewichtet. Erfahrungsinnovation ist wesentlich, soll Effizienz erhalten bleiben, und Effizienz ist wesentlich für die Risikominderung beim Experimentieren und Engagement für die Erfahrungsinnovation.

Nun geht Effizienz weit über Kosteneinsparungen in der Produktion und den Abläufen innerhalb der Firma – bislang die Domäne der traditionellen Wertkette – hinaus. Je näher wir der gemeinsamen Erfahrungsgestaltung kommen, umso mehr müssen wir unsere Kapazitäten in puncto Experimentieren und Gewinnung neuer Erkenntnisse ausbauen, ebenso wie in der Risikoverringerung (sowohl bei Experimenten als auch bei der Ausschöpfung neuer Möglichkeiten), der Investitionsreduzierung (indem wir die vorhandenen Ressourcen und Kompetenzen innerhalb des Unternehmens besser nutzen) und der Zeitersparnis (bei der Erprobung wie bei der Produktionssteigerung).

Wir begannen dieses Kapitel mit dem Vorschlag, Erfahrungsumfelder zu erneuern, also einen innovativen Ansatz zu wählen, der weder produkt- noch prozesszentriert ist, sondern sich ganz und gar an den ko-kreativen Erfahrungen der Verbraucher orientiert. Glücklicherweise erlauben uns die heutigen Technologien, Erfahrungen auf vielfältigen Wegen zu ermöglichen. Wir haben vier Säulen der Erfahrungserneuerung ausgemacht: Anpassungsfähigkeit, Erweiterungsfähigkeit, Verknüpfung und Entwicklungsfähigkeit. Wir haben weiterhin dargestellt, dass Effizienz und Erfahrungsinnovation keine unversöhnlichen Gegensätze sein müssen, sondern vielmehr für zwei Seiten derselben Medaille stehen.

Damit sind wir nunmehr bereit, die nächste Frage zu stellen: Wenn jedes Individuum einzigartig ist, wie können wir dann Erfahrungsumfelder erneuern, um die gemeinsame Schaffung von Werten zu ermöglichen, *die für jeden Einzelnen einzigartig sind*? Mit dieser Frage wollen wir uns im nächsten Kapitel befassen.

Kapitel 5

Erfahrungspersonalisierung

In den vorangegangenen zwei Kapiteln haben wir die Progression von ko-kreativen Erfahrungen zur Innovation von Erfahrungsumfeldern dargestellt. Um mit den Verbrauchern gemeinsam einzigartige Werte zu schaffen, müssen wir einschätzen können, was eine *personalisierte* ko-kreative Erfahrung ausmacht. Und da bei einer solchen Erfahrung mehr als eine Firma oder ein Individuum involviert sein können, müssen wir außerdem begreifen, wie mehrere Firmen und Gemeinschaften als ein Netzwerk fungieren können, das diese personalisierten ko-kreativen Erfahrungen ermöglicht. Im Mittelpunkt muss auf jeden Fall immer der Einzelne stehen.

Die ko-kreative Erfahrung personalisieren

Erinnern wir uns daran, dass ko-kreative Erfahrung der Interaktion zwischen einem einzelnen Verbraucher und einem Erfahrungsumfeld entspringt. Wir müssen also zunächst verstanden haben, wie Interaktionen personalisiert werden können, bevor wir uns an die Gestaltung personalisierter ko-kreativer Erfahrungen wagen.

Stellen wir uns zum Beispiel einen Museumsbesuch vor, etwa im Whitney-Museum in New York. Einige Passanten nehmen das Gebäude nur als einen weiteren Bau an einer Straßenecke der New Yorker Upper East Side wahr. Für die Besucher hingegen schafft es Raum für bedeutende Erfahrungen sowohl innerhalb wie auch außerhalb der Museumsmauern. Und besonders für die Kunstliebhaber vereint es eine ganze Reihe von Elementen in sich, die sämtlichst meine Whitney-Erfahrung bereichern: Kunst, Artefakte, Ausstellungen, Kataloge, Multimedia-Angebote, Museumsführer und Dozenten, Forschungsmaterialien, Geschenkeshops mit Kuriositäten, eine Museums-Website und Themengemeinschaften, denen Museumsfreunde, Mitarbeiter und andere Kunstliebhaber angehören. Entsprechend steht das Whitney-Museum für ein fest umrissenes Erfahrungsumfeld, in dem ich meine eigene Erfahrung mitgestalten kann, die sich auf mich bezieht und nicht auf das Museum. Das Museum dient einfach nur als die Umgebung, in der mir meine Erfahrung ermöglicht wird.[1]

In den meisten Museen häufen sich die Komponenten des Erfahrungsumfelds über die Zeit wahrscheinlich an, aber wohl nur wenige durch kundenzentrierte Planung. Sehen wir uns im Vergleich dazu einen Service in einer ganz anderen Domäne an, die eine gezielte Personalisierung möglich macht: den drahtlosen Nachrichtenservice. Als Kunde muss ich mir hier zunächst einen Internetzugang einrichten, mir ein drahtloses Gerät zulegen und mich durch die Menüs arbeiten, um die eingehenden Nachrichten zu filtern.

Der typische Personalisierungsprozess kann ziemlich kompliziert sein. Die Menüwahl erscheint mir vielleicht nicht sinnvoll, weil ich gezwungen bin, mich von Oberbegriffen wie „International Business News" schrittweise bis hin zur „Halbleiterindustrie in Taiwan" vorzuarbeiten. Eventuell sehen die Menüs nicht einmal vor, sich meine Präferenzen zu merken, sodass ich mir zukünftig mehr und mehr Zwischenschritte ersparen kann. Was ist, wenn ich mich überhaupt nicht für Nachrichten aus Russland interessiere – mit Ausnahme der sechs Monate, die meine Tochter an einem Austauschprogramm mit St. Petersburg teilnimmt? Was ist, wenn mich die Filmindustrie vollkommen kalt lässt – mit Ausnahme der kurzen Zeit unmittelbar vor der Oscar-Verleihung?

Die *Los Angeles Times* experimentiert bei ihrem Online-Angebot derzeit mit adaptiver Personalisierungstechnologie, um einige dieser Schwächen auszumerzen. Wenn sich ein neuer Benutzer einwählt, merkt sich das System ein paar Grunddaten, die es im Laufe der Zeit durch adaptives Lernen immer weiter ergänzt und so das Angebot zunehmend personalisiert, indem es sich den Interessen des Benutzers anpasst.

So ein System zu entwickeln und anzuwenden ist eine reichlich komplexe Angelegenheit. Ich interessiere mich beispielsweise über einen längeren Zeitraum für ein bestimmtes Thema, und das System misst, wie oft ich welche Artikel zu welchem Thema aufrufe. Nehmen wir an, ich lese neun von zehn Artikeln zum Thema Trinkwasserversorgung, die innerhalb von zwei Wochen erscheinen. In diesem Fall geht das System davon aus, dass ich gern mehr darüber wissen möchte. Nun werden Interesse und Verhalten allerdings von Ereignissen beeinflusst, was sie mit herkömmlichen Kalkulationen schwer vorhersagbar macht. Was ist, wenn ein Verbraucher, der sämtliche 162 aufeinander folgenden Artikel über die Los Angeles Dodgers überblättert, auf einmal alle vier Geschichten zu den Dodgers-Siegen in der National League of Championship liest? Ein Team von Marktforschern für die *L. A. Times* hat genau diese Frage gestellt. Was sagt das Verhältnis 4:166 über das Interesse dieses Verbrauchers an den Dodgers-Spielen in der World Series aus? Eher wenig.[2]

Während die *L. A. Times* ihre drahtlose Website immer weiter entwickelt, um die komplexe Herausforderung zu meistern, muss das Ziel dahingehend umformuliert werden, dass es nicht mehr um die Schaffung eines Erfahrungsumfelds für den Einzelnen geht, sondern darüber hinaus auch um die Frage, *wie sich der Einzelne im Verhältnis zu Raum, Zeit und Ereignissen verändert*. Ein Erfahrungsumfeld zu entwerfen, in welchem viele heterogene Verbraucher wahrhaft personalisierte ko-kreative Erfahrungen sammeln können, ist also beileibe kein Kinderspiel.

Wechseln wir zum Luftverkehr. Stellen wir uns einen Airbus 340 vor, der vor einer Stunde in Hongkong gestartet ist und sich nun auf dem Weg nach Neuseeland befindet. In einer der vier GE-Maschinen lösen sich winzige Stückchen von der Isolierung eines Schubumkehrers, sodass kalte Außenluft eindringt. Die Temperaturabweichungen sind zunächst zu gering, als dass die Bordinstrumente sie registrieren.[3]

Ein Thermokoppler in der Maschine bemerkt allerdings den Temperaturabfall. Der Bordcomputer sammelt die Daten in regelmäßigen Intervallen und sendet sie an einen Satelliten, von wo aus sie zu General Electric nach Ohio gelangen. Die Mitarbeiter dort vergleichen die Abweichungen mit den Daten von anderen Sensoren und den bisherigen Wartungsdaten der Maschine, diagnostizieren eine beschädigte Isolierung und verständigen die Airline per Telefon. Daraufhin bestellen die Mechaniker in Auckland alle Teile, die sie zur Reparatur der Maschine brauchen.

Vor gerade mal fünf Jahren wäre ein solcher Schaden niemandem aufgefallen. Der Isolierungsschwund wäre mit der Zeit immer schlimmer geworden, bis man ihn bei einer Routinekontrolle oder bei Wartungsarbeiten entdeckt hätte. Vermutlich hätte das Flugzeug dann für Wochen am Boden bleiben müssen, bis die nun ungleich größeren Reparaturarbeiten erledigt gewesen wären, was sich wiederum auf den gesamten Flugbetrieb ausgewirkt hätte. Die Erfahrung der Airline wäre entsprechend negativ ausgefallen – und sie ist der Kunde von General Electric.

Wie kann uns diese Anekdote helfen, die verschiedenen Elemente der personalisierten ko-kreativen Erfahrung zu verstehen? Natürlich ist der *Kontext* eines Ereignisses wesentlich. So würde im obigen Fall der Zielflughafen entscheidend dafür sein, ob die GE-Ingenieure auf einer Notlandung am nächstgelegenen Flughafen bestehen oder die Arbeiten erst am eigentlichen Ziel ausgeführt werden können. Solche Entscheidungen sind *ereignisabhängig und kontextspezifisch und fordern daher eine personalisierte Interaktion.*

Um sich jedoch sinnvoll an dieser Interaktion beteiligen zu können, sollte die Airline Zugriff auf dieselben Daten haben, die General Electric sieht. Hier kommen Dialog, Transparenz und Risikomanagement ins Spiel. Was ist mit den Airline-Kunden, sprich: den Passagieren an Bord der Maschine? Jeder unvorhergesehene Stopp beeinträchtigt ihre Reiseerfahrungen. Wie transparent sollte die Fluggesellschaft sein? Wenn General Electrics, die Flugzeugtechniker und die Piloten übereinkommen, dass das Risiko minimal ist und der Flug fortgesetzt werden sollte, muss die Fluggesellschaft die Passagiere dann trotzdem über das Problem in Kenntnis setzen?

Fragen wie diese beschäftigen die Fluggesellschaften heute sehr. Delta Air Lines zum Beispiel hat Informationssysteme eingeführt, die den Passagieren Zugang zu Daten ermöglichen, auf die ehedem nur das Flughafenpersonal zugreifen konnte, etwa aktualisierte Flugzeiten, Auslastung der Maschinen und Upgrade- wie Stand-by-Listen. Diese Transparenz kann für die Passagiere zwar beruhigend und für das Bodenpersonal entlastend sein, bisweilen aber auch unangenehme Fragen aufwerfen, wie: „Warum kann ich nicht den letzten freien Platz in der ersten Klasse kriegen?"

Die obigen drei Beispiele vermitteln recht anschaulich, welche Aspekte bei der personalisierten Erfahrung zu berücksichtigen sind: *Ereignisse, individuelles Engagement und persönliche Bedeutung.* Das Whitney Museum stellt es seinen Besuchern frei, in einem flexiblen Erfahrungsumfeld jene Erfahrungen mitzugestalten, die für sie persönlich von Bedeutung sind. Das Online-System der *L. A. Times* lernt, was die Kunden interessiert, und passt sich diesen Interessen an, indem es sich um eine personalisierte Interaktion mit jedem Verbraucher innerhalb eines Raum-Zeit-Kontexts bemüht. Das Flugzeugbeispiel illustriert die Notwendigkeit einer Vernetzung aller, die bei einem bestimmten Ereignis involviert sind. Die Ingenieure von General Electrics, die Crew an Bord des Flugzeugs, die Wartungsmechaniker und das Flughafenpersonal gestalten gemeinsam die Erfahrung für den eigentlichen Kunden – den Passagier.

Sehen wir uns nun die einzelnen Aspekte der personalisierten kokreativen Erfahrung an.

Ereignisse

Ereignisse bilden die Basis für Erfahrungen. Ein Ereignis ist eine Veränderung des Raum-Zeit-Zustands, die sich auf einen oder mehrere Einzelne auswirkt. Ein Fußballspiel, eine Geschäftstagung, eine Hochzeit und ein Frühstückstreffen sind sämtlichst Ereignisse; ebenso ist eine Reihe unregelmäßiger Herzschläge ein Ereignis für einen Schrittmacherpatienten, ein Anruf des Bootskäufers, der eine Einbauküche auf seinem Hausboot wünscht, ist ein Ereignis für den Designer. Dieses Buch zu lesen ist ein Ereignis für Sie. Und genauso ist eine undichte Gasleitung im Keller eines Bürogebäudes ebenfalls ein Ereignis.

Wir können Ereignisse natürlich auch in einzelne Komponenten oder Sub-Ereignisse zerlegen. So kann beispielsweise ein Seminar aus einer großen Präsentation am Vormittag, einem Mittagsbüfett und Diskussionen in Kleingruppen am Nachmittag bestehen. Eine NFL-Footballsaison lässt sich in sechzehn Spiele unterteilen, jedes Spiel in vier Viertel, jedes Viertel in Ballbesitzphasen und jede dieser Ballbesitzphasen in einzelne Spielsequenzen. Jedes ist ein Sub-Ereignis für sich.

Menschen erleben Ereignisse in unterschiedlichen Teilungsebenen. Wenn ich mich nur am Rande für Sport interessiere, werde ich das Spiel der New York Jets eher als eine Einheit begreifen, wohingegen meine Jets-verrückten Freunde jedes Detail jedes einzelnen Replays analysieren wollen.

Oder nehmen wir die Entwicklung der Aktienkurse. Einige Investoren wollen wissen, wie sich der Dow Jones über den Tag verändert hat, während andere die Entwicklung ganz bestimmter Kurse oder sogar die minütlichen Fluktuationen einer einzelnen Aktie nachvollziehen wollen. In einem gut geplanten Erfahrungsumfeld sollte sich jeder Einzelne die ihm genehme Teilungsebene aussuchen können.

Zahlreiche Unternehmen haben bereits gelernt, wie sie eine Angebotsvielfalt bieten können, und inszenieren sogar standardisierte Erfahrungen um diese Angebote herum. Der nächste Schritt ist nun, eine Vielfalt von ko-kreativen Erfahrungen zuzulassen, die es den Verbrauchern erlaubt, Ereignisse nach Belieben zusammenzufassen oder zu zerteilen, um die Detailebene zu erreichen, die sie wollen.

Manche Ereignishierarchien (Ereignis und Sub-Ereignis) sind klar durch Regeln vorgegeben. Sport wäre hier wieder ein Beispiel, da wir es mit einer klaren Unterteilung in Saison, Spiel, Viertel, Ballbesitz und Spielsequenz zu tun haben. In anderen Fällen aber ist die Ereignishierarchie weniger offensichtlich oder durch Regeln festgelegt. Beispielsweise würde sich ein Arzt schwer damit tun, bei der Behandlung eines Notfallpatienten eine Unterteilung in Sub-Ereignisse vorzunehmen.

Außerdem können sich Ereignishierarchien im Kontext verändern. Ein Footballfan, der sich einer der beliebten Phantasie-Ligen anschließt, rekonstruiert dabei seine Sporterfahrungen. Er tauscht mit anderen Teams Spieler aus, wählt die Ersatzspieler und vergleicht die wöchentlichen Spielleistungen mit anderen Fans innerhalb einer Themengemeinschaft. In diesem Kontext sind die Punktzahlen, die die New York Jets am Sonntag erreichten, vielleicht unerheblich, die Anzahl von Yards jedoch, die Curtis Martin schaffte, kann sehr wohl von Bedeutung sein, falls er zufällig zu meinem persönlichen Phantasie-Team gehört. Fraglos ist die Interaktion zwischen Einzelnen, Gemeinschaften und dem Erfahrungsumfeld wesentlich für die Bedeutung von Ereignissen.[4]

Ereigniskontext

Der Raum-Zeit-Kontext ist inhärenter Teil eines jeden Ereignisses und mithin auch einer jeden Erfahrung. Geht es beim Ereignis darum, *was* geschehen ist, dann geht es beim Kontext darum, *wann* es geschah (Zeit) und *wo* (Raum). Diese Dimensionen sind wichtige Faktoren für die Bedeutung, die einer Erfahrung beigemessen wird. Zum Beispiel ist es für mich ein großer Unterschied, ob ich mit meinen Kindern an einem Sommernachmittag eiskalte Limonade am Strand trinke oder ob ich dieselbe Limonade an einem späten Freitagnachmittag mit meinen Kollegen in einem fensterlosen Konferenzraum trinke. Entsprechend würde ich für die erste Erfahrung einen deutlich höheren Preis zahlen. Ebenso ist es etwas anderes, ob ich morgens um neun Uhr zu Hause plötzlich einen unregelmäßigen Puls bekomme oder ob es mir um Mitternacht allein in einem Hotelzimmer weit weg von zu Hause passiert. Meine Erfahrungen ändern sich mit den Kontexten.

Darüber hinaus beinhaltet ein Kontext auch eine ganze Reihe situativer Gegebenheiten, die mit dem Ereignis assoziiert werden, also damit, *wie* etwas geschieht. Unternehmen haben sich zunehmend vom Bereitstellen von Inhalten wegbewegt zur Gestaltung von Ereignisumständen, wie es Starbucks mit den einzelnen Cafés tut. Kontextuelle Elemente wie Standort, Design, Beleuchtung, Produktauswahl und Musik werden kreativ kombiniert, damit die Gäste sich entspannen, lesen, mit Freunden plaudern oder einfach den Moment genießen können. Während das Unternehmen den großen Kontext als Erfahrungsumfeld inszeniert, bietet es zugleich Raum für die einzelnen Kunden, diesen Kontext für sich weiter zu verfeinern, um so eine ganz eigene Starbucks-Erfahrung zu gewinnen. Einige rücken beispielsweise Möbel um, weil sie zu mehreren zusammensitzen möchten; andere wünschen eine ganz bestimmte Kaffeebohnenmischung, weil sie den Geschmack mögen; wieder andere genießen einfach die Atmosphäre, die sowohl Raum für Geselligkeit als auch für Stille bietet.[5] Starbucks hat begriffen, dass die kreative Kombination von Produkten, Mitarbeitern und Verbrauchergemeinschaften die Erfahrungen Einzelner bestimmt.

Daher sollte es den einzelnen Verbrauchern freigestellt sein, ihre eigenen situativen Kontexte in ein Erfahrungsumfeld einzubringen und ihre eigenen Erfahrungen entsprechend mitzugestalten. Für Unternehmen bedeutet das, sie müssen die Heterogenität der individuellen Erfahrungen erkennen und Infrastrukturen aufbauen, die eine Vielfalt individueller Erfahrungen zulassen.

Beim Kontext geht es außerdem um soziale und kulturelle Hintergründe von Ereignissen. Die Bedeutung von soziokulturellen Kontexten wird spätestens dann offensichtlich, wenn wir uns mit der professionellen Ereignisplanung beschäftigen – etwa als Hochzeitsplaner. Als Planender müssen wir eng mit dem Brautpaar und oft auch mit den dazugehörigen Eltern zusammenarbeiten. Jede Einzelheit der Hochzeitsfeier – von der Zeremonie in der Kirche oder im Tempel bis hin zur Tischwäsche beim anschließenden Essen – ist für das Brautpaar von besonderer Bedeutung. Es ist also nur verständlich, dass die Brautleute an den relevanten Entscheidungen beteiligt sein wollen. Zudem machen bestimmte Sub-Ereignisse eventuell die Einbeziehung von Familienmitgliedern und Gästen erforderlich. Und jede einzelne Erfahrung fällt anders auch. Selbst bei ein und demselben Sub-Ereignis kann die emotionelle Wirkung stark variieren. Vor allem aber beeinflussen individuelle oder gemeinschaftliche Präferenzen – der Braut, des Bräutigams, der besten Freunde, Eltern oder Peers – das persönliche Erleben jedes Sub-Ereignisses.

Als Nächstes werden wir auf die Bedeutung des individuellen Engagements zu sprechen kommen sowie darauf, wie sich der Einzelne aus der Mitgestaltung personalisierter Erfahrungen seine persönliche Bedeutung ableitet.

Individuelles Engagement

Die Einbindung des Einzelnen in Ereignisse kann vielerlei Formen annehmen, je nachdem, wie er mit verschiedenen Produkten, Kanälen, Dienstleistungen, Unternehmensmitarbeitern, aber auch unterschiedlichen Interessengemeinschaften interagiert.

Wenn ich vor dem Fernseher sitze, variiert der Grad meiner Einbindung in das, was auf dem Bildschirm geschieht. Ich lehne mich zum Beispiel auf dem Sofa zurück und sehe mir einen Spielfilm an. Langweilt mich der Film, schlafe ich vielleicht ein, bevor er zu Ende ist. Finde ich jedoch einen Teil des Films spannend, werde ich insgesamt aufmerksamer zusehen. Mit interaktiven Produkten wie selbst zusammengestellten CDs, selbst aufgenommenen DVDs und selbst gefilmten Videos sind wir der Öffnung neuer Tore zu neuen spannenden Erfahrungen ein ganzes Stück näher gekommen.

Dasselbe gilt für Einzelhandelsmitarbeiter, die sich auf die Verbraucher einstellen (wie etwa der Mann in der Videothek, der bemerkt, wie begeistert ich von Hitchcocks *North by Northwest* bin und mir daraufhin *Memento* empfiehlt, einen Film, der sich stark an Hitchcock orientiert), oder Websites, die gezielt die Erfahrungen anbieten, die mir wichtig sind (zum Beispiel Netflix, wo meine Lieblingsfilme registriert werden und man mir anhand dieser Liste weitere Filme empfiehlt, die mir auch gefallen könnten). All diese Elemente des traditionellen Handels gehen allmählich aber unaufhaltsam in computergestützte *Erfahrungskanäle* über, als Teile eines breiteren Erfahrungsumfeldes.

Sony Online Entertainment Inc. hat mit EverQuest Tausenden von Spielern den Zutritt in imaginäre Welten eröffnet. Dort können sie in verschiedene Rollen schlüpfen, Abenteuer bestehen, Freunde und Feinde finden und sogar „sterben". Die verfügbaren Spielerfahrungen sind so verlockend, dass nahezu 400.000 Abonnenten an die 13 Dollar monatlich fürs Mitmachen zahlen.[6] Liebhaberforen für EverQuest und ähnliche Internet-Abenteuerspiele erfreuen sich vor allem in Südkorea großer Beliebtheit, das mittlerweile zu einem der vernetztesten Länder der Welt avanciert ist. Microsoft investiert über 1 Milliarde Dollar in ein Netzwerk für groß angelegte Multiplayer-Spieler, während es gleichzeitig die Entwicklung seiner „Small Personal Objects Technology"-Initiative (SPOT), die Alltagsprodukte intelligent machen soll, mit Feuereifer vorantreibt.[7] Interaktive Technologien werden zusehends überall um uns herum integriert, wie wir ja bereits am Herzschrittmacherbeispiel sahen.

Vor allem aber lieben es die Menschen, ihre Erfahrungen mit anderen zu teilen, ihre Ferien mittels digitaler Photos noch einmal zu erleben, ihre brandneuen Kleider vorzuführen oder ihre Gedanken über den neuesten Harry-Potter-Band mitzuteilen. Der Boom des mobilen Internets ermöglicht neue Formen soziotechnischer Interaktion, die den Leuten Anschluss an Interessengemeinschaften bietet. Die Themengemeinschaften im Internet unterscheiden sich dabei deutlich von räumlich definierten Gemeinschaften. „Wir leben alle in demselben Viertel", lautete die Beschreibung einer räumlich definierten Gemeinschaft. „Wir haben alle den Brustkrebs überlebt" oder „Wir alle schwärmen für australische Weine" sind Beispielbeschreibungen für Themengemeinschaften. Die „Führungsriege" Ihres Unternehmens und deren Dienstplan für „Kernkundenkonten" sind ebenfalls Themengemeinschaften, deren Mitglieder die eigenen wie die Erfahrungen der anderen mitgestalten, indem sie sich für die Gemeinschaft engagieren. Innerhalb komplexer Sozialstrukturen wie Unternehmen, Kommunalverwaltungen oder Staatsregierungen fördert der Austausch zwischen den Mitgliedern der Themengemeinschaft das Lernen jedes Einzelnen und beeinflusst somit die Handlungen positiv. Eine Frau, die eine Brustkrebsbehandlung überstanden hat, wird eventuell nicht im Alleingang alle Paragraphen ausfindig machen können, die sie braucht, um Versicherungsfragen klären zu können, aber in einer großen Themengemeinschaft wird sie gewiss auf andere Frauen treffen, die ihr helfen und sie beraten.

Das Ableiten von persönlicher Bedeutung

Bei persönlicher Bedeutung geht es um die Relevanz eines Ereignisses für einen Einzelnen und das Wissen, die Erkenntnisse, das Vergnügen, die Befriedigung und die Freude, die er oder sie dem Ereignis abgewinnt. Unterschiedliche Verbraucher wollen sich unterschiedlich stark engagieren und die Intensität des Engagements wiederum beeinflusst die Bedeutung, die der einzelne Verbraucher dem Ereignis beimisst. Zum Beispiel sind Besitzer von Harley-Davidson-Motorrädern dafür berühmt, dass sie ihre Motorräder benutzen, um ihre Persönlichkeit auszudrücken. Kenner verbringen ebenso viel Zeit damit, zusätzliches Zubehör an ihre Motorräder anzubauen, sie zu dekorieren, zu warten und zu reinigen, wie mit dem eigentlichen Fahren. Wenn man nichts weiter will, als auf einem Motorrad herumzufahren, dann kauft man sich wahrscheinlich keine Harley. Diejenigen, die die Harley-Erfahrung in vollen Zügen genießen, sind

Menschen, die ganz und gar in der Harley-Welt aufgehen wollen. Und einige von ihnen gehen sogar noch weiter. Sie werden Mitglieder der „Harley Owners Group" (HOG), einer eingeschworenen Gemeinschaft, die Rallyes, Shows und Touren veranstaltet. Doch was die HOG-Mitglieder verbindet, ist mehr als Kommunikation und gemeinsame Aktivitäten, es ist die *gemeinsame* persönliche Bedeutung, die sie dem Mitgliedsein abgewinnen und die sie durch ihre Interaktionen mit anderen Mitgliedern kontinuierlich strukturieren. Insofern ist der Besitz einer Harley Davidson sowohl ein persönliches als auch ein soziales Statement.[8]

Wie unser Kollege Kerimcan Ozcan bemerkte, „steht Bedeutung im weitesten Sinne für den geistigen Akt der Sinngebung."[9] Die persönliche Bedeutung eines jeden Ereignisses ist also (1) teilweise subjektiv, den Vorstellungen, Konzepten, Gedanken, Glaubensbekenntnissen und Intentionen des Individuums verhaftet, (2) teils objektiv, verankert im Kontext und den Konsequenzen des bestimmten Ereignisses, und (3) teils relativ, bezogen auf die Rolle, die das bestimmte Ereignis innerhalb einer relevanten Aktionsdomäne einnimmt. Das Ableiten persönlicher Bedeutung wäre demnach das alles überspannende Element einer personalisierten ko-kreativen Erfahrung.

Zur Veranschaulichung stellen wir uns die Rolle eines leitenden Angestellten vor. In einer bestimmten Position mag es für diesen Angestellten weniger wichtig sein, wie groß die Firmenbestände insgesamt sind, dafür umso wichtiger, wo sich diese Bestände gerade befinden (räumlich) und wann (zeitlich). Der Raum-Zeit-Kontext kann für diesen leitenden Angestellten in direktem Bezug zur Bedeutsamkeit der Information stehen. So könnte ich mich als Manager durchaus dafür interessieren, wie der Gesamtumsatz aussieht, aber wirklich wichtig ist für mich die Frage, in welchen Niederlassungen auf der ganzen Welt (Raum) die Umsätze der letzten Woche (Zeit) bei weniger als 80 Prozent der Erwartungen (Ereignis) lagen. Ein steiler Umsatzabfall auf dem deutschen Markt wird für mich eventuell

alarmierender sein als ein gleich großer Umsatzrückgang (in Pro-
zenten) auf dem chilenischen. Gleichzeitig reagiert ein anderer leitender Angestellter bereits alarmiert, wenn die Umsätze seines Unternehmens auf dem chilenischen Markt überhaupt rückläufig sind.

Wenn wir über die Bedeutung von Ereignissen nachdenken, dürfen
wir die Tatsache nicht ignorieren, dass jeder einzelne Verbraucher
wichtig ist und entsprechend im Mittelpunkt zu stehen hat. Jeder
Manager zum Beispiel hat eine andere Wahrnehmung dessen, worauf es ankommt. Was für den einen leitenden Angestellten im Kontext eines bestimmten Ereignisses von Bedeutung ist und wie kritisch
bestimmte Entwicklungen ihm erscheinen, variiert von einem Individuum zum anderen. Ein und dasselbe Ereignis ruft demzufolge zu
unterschiedlichen Zeiten unterschiedliche Managementreaktionen
hervor, selbst wenn es sich jedes Mal um denselben Manager handelt.

Erfahrungspersonalisierung: Das OnStar-Beispiel

Die vier soeben beschriebenen Aspekte – Ereignis, Kontext von Ereignissen, individuelles Engagement und Ableitung von persönlicher Bedeutung – stellen das Individuum ins Zentrum der ko-kreativen Erfahrung. Diese Sichtweise legt nahe, dass *Firmen nicht mehr
diktieren können, wie sich individuelle Erfahrungen auswirken.* Die
Herausforderung besteht demnach darin, einen möglichst hohen
Grad an personalisierter Interaktion innerhalb eines Erfahrungsumfelds zuzulassen und zugleich die heterogenen Interessen, Bildungs-
niveaus, Bedürfnisse und Wünsche der Verbraucher zu berücksichtigen.

Sehen wir uns die jüngsten Entwicklungen im Bereich der Telematik an, den mobilen Informationen und Diensten für Autofahrer und
Passagiere. General Motors (GM) brachte OnStar auf den Markt, um
seinen Kunden mehr Sicherheit und bessere Notdienste anbieten zu
können. OnStar konnte stetig verbessert werden, weil sich GM mit

den Interessen und Bedürfnissen seiner Kunden auseinander setzte. Statt zu fragen: „Wie können wir die Informationstechnologie nutzen, um das Fahren sicherer zu machen?", fragt OnStar: „Wie wollen die Verbraucher das Fahren erleben und was kann die Informationstechnologie leisten, um ihr Fahrerlebnis zu verbessern, und zwar auf langen wie kurzen Strecken?" Auf diese Frage haben sie viele unterschiedliche Antworten gefunden, die es OnStar ermöglichten, einen neuen Raum zu schaffen, innerhalb dessen die Verbraucher eine personalisierte ko-kreative Erfahrung genießen können, die das Fahren unterhaltsamer, informativer, bequemer, spaßiger *und* sicherer gestaltet.[10]

Telematik beinhaltet das Bereitstellen einer drahtlosen Vernetzung der Verbraucher in ihren Wagen mit Überwachungsstationen, die via Satellit mit den Autodaten gefüttert werden. Das OnStar-Interface ist recht simpel: Der Fahrer drückt einen Knopf auf dem Armaturenbrett, und ein Callcenter-Mitarbeiter antwortet. OnStar kann eine beachtliche Bandbreite an regionalen Diensten anbieten, weil das System genau lokalisieren kann, wo sich ein Fahrzeug gerade befindet. Da sind zunächst einmal die Dienstleistungen, die sich auf die Sicherheit beziehen. Hat ein OnStar-Kunde einen Unfall, benachrichtigt das Callcenter die Polizei und einen Krankenwagen, denen die Satellitendaten den genauen Standort des Wagens übermitteln.

Andere OnStar-Serviceleistungen sind rein auf die Erfahrungsverbesserung ausgerichtet. So kann ein OnStar-Kunde beispielsweise anrufen und sagen: „Ich bin gerade unterwegs und 200 Meilen von zu Hause weg. Gibt es hier in der Nähe irgendwo ein italienisches Restaurant?" Der Mitarbeiter wird daraufhin die exakte Position des Fahrzeugs orten und das nächstgelegene italienische Restaurant abrufen; wenn gewünscht, kann er sogar einen Tisch dort reservieren.

OnStar hat ebenfalls Zugriff auf die fahrzeuginternen Sensoren und kann die einzelnen Funktionen überwachen sowie Hilfe anbieten, falls nötig. Hat sich beispielsweise ein Kunde versehentlich aus seinem Wagen ausgesperrt, kann OnStar die Türen per Fernsteuerung entriegeln. Bläst sich ein Airbag auf, obwohl es gar keinen Aufprall gab, kann OnStar die Fehlerquelle ermitteln und einschätzen, wie gravierend sie ist. Wird ein Wagen gestohlen, hilft OnStar der Polizei, ihn wieder zu finden.

OnStar funktioniert, weil das System alle Aspekte des Fahrerlebnisses anspricht – von kleinen Blechschäden über italienisches Essen bis hin zum ausgesperrten Fahrer. OnStar konzentriert sich auf einzelne Ereignisse, wobei es den Raum-Zeit-Kontext berücksichtigt, in dem sich diese Ereignisse zutragen. Und das System erlaubt es den Verbrauchern, über eine einfache und flexible Schnittstelle mit ihm zu interagieren.

Die gegenwärtigen Angebote von OnStar sind schon beeindruckend, aber die technischen Kapazitäten des Systems lassen auf immer mehr Erweiterungen hoffen. Angenommen, ich lebe in der Nähe von Pikes Peak, Colorado, und fahre ein Auto, das mit Telematik ausgestattet ist. Warum sollte der Telematik-Service mir nicht die Wetter-, Verkehrs- oder Notfallmeldungen per Telefon oder E-Mail übermitteln können? „Der nationale Wetterdienst hat für morgen früh eine Sturmwarnung für das Gebiet um Pikes Peak herausgegeben. Wir raten Ihnen, Autofahrten möglichst zu vermeiden. Wenn Sie unbedingt mit dem Auto fahren müssen, empfehlen wir Ihnen folgende Strecke …" Nehmen wir weiter an, ich wüsste etwas über die empfohlene Route, was das System nicht weiß. Wie kann ich die Strecke mitplanen, die für mich die beste ist?

Telematik-Systeme sollten sich mit mir, dem Verbraucher, weiterentwickeln, lernen, welche Vorlieben ich habe, und mir entsprechend neue Dienste anbieten. Wenn mein Telematik-System etwa aus vorherigen Anfragen schließen kann, dass ich gern Sheryl Crow höre und ein Fan der Denver Broncos bin, kann es mir automatisch die Konzertdaten für Sheryl Crow übermitteln oder mich über die Höhepunkte des letzten Denver-Broncos-Spiels informieren. Es sollte mich dabei allerdings miteinbeziehen, damit ich das Angebot mitgestalten kann, denn nur so kann ich innerhalb eines bestimmten Kontexts eine positive Erfahrung aus dem Angebot ziehen.

Das OnStar-Beispiel legt außerdem nahe, dass Firmen oft in neue Technologien investieren müssen, wollen sie ein Erfahrungsumfeld schaffen. OnStar hat sehr viel in die drahtlose Telekommunikation, die Satellitenkommunikation, die Integrationssysteme für Fahrzeuge und die internen Sensoren investiert wie auch in die Technologien, die die fahrzeuginternen Daten in die öffentlichen Netzwerke, die Datenspeicher der Callcenter und die Notdienste einspeisen. Die Hardware-, Software- und Qualitätsvoraussetzungen für eine sichere Anwendung von OnStar sind ziemlich beeindruckend und zeigen, wie neue Technologien, kombiniert man sie kreativ, auf zahlreichen Gebieten das Erleben der Verbraucher bereichern können.

Die Infrastruktur für personalisierte Interaktion erfordert vor allem eine Firma, die als *Knotenpunkt* fungiert und eine Vielzahl von Zulieferern, Partnern und Verbrauchergemeinschaften zu einem „Erfahrungsnetzwerk" bündelt. Eine personalisierte ko-kreative Erfahrung – eine „Erfahrung für den Einzelnen" also – steht und fällt mit der Kompetenz des Netzwerkknotenpunkts, wie Abbildung 5-1 illustriert.

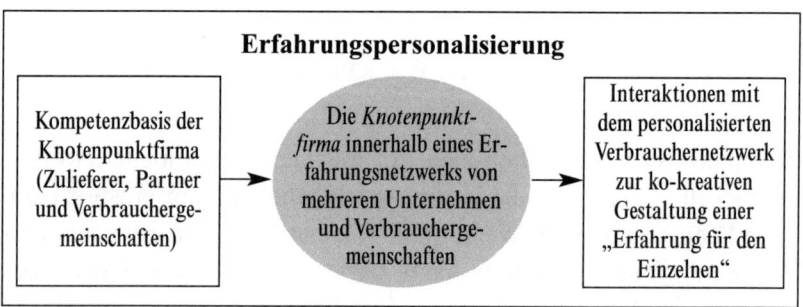

Abbildung 5-1

Die Ko-Kreation von Wert am Beispiel des professionellen Lernens

Wenden wir uns nun einem vollkommen anderen informationsintensiven Bereich zu: der Universitätsausbildung. Im April 2001 kündigte das Massachusetts Institute of Technology (MIT) ein 10-Jahres-Projekt mit dem Namen „OpenCourseWare" an. Das MIT wird bis zu 100 Millionen Dollar in die Einrichtung öffentlicher Websites für fast alle 2.000 Kurse sowie in den Versand von Vorlesungsprotokollen, Problemstellungen, Simulationen und Videovorlesungen investieren. Im Unterschied zu „Fernstudien", wie sie etwa die Phoenix Online University in den USA oder die Open University in Großbritannien anbietet, verfolgt das MIT den Ansatz, Kursmaterialien als „Lernzutaten" herauszugeben, die die Teilnehmer bei der Interaktion zwischen Lehrern und Studenten beliebig kombinieren können. Der Austausch zwischen Lehrenden und Lernenden kann überall stattfinden – in den Räumen des MIT, an anderen Universitäten oder irgendwo sonst auf der Welt.[11]

Dieses Beispiel lässt einige interessante Fragen aufkommen: Wenn die spezifischen „Inhalte" einer MIT-Ausbildung umsonst sind, worin liegt dann ihr Wert? Natürlich wissen wir, dass zu einer Universitätsausbildung weit mehr gehört als der Informationstransfer vom Professor zum Studenten. Gute Professoren haben ihre Studenten immer schon in den interaktiven Dialog verwickelt. Heute aber, da selbst Patienten vor dem Arztbesuch ihre Hausaufgaben erledigen, indem sie sich über ihre Beschwerden möglichst umfassend informieren, bereiten sich auch die Studenten auf die Kurse vor und sind ständig auf der Suche nach neuen Ideen und Kontroversen, die sie mit ihren Professoren und Kommilitonen diskutieren können. Sie gestalten ihre Lernerfahrungen also aktiver mit denn jemals zuvor.

Darüber hinaus experimentieren viele Professoren mit interaktiven Technologien zur Bereicherung der Lernerfahrungen. Sie nutzen diese Technologien vor und nach den Kursen, um neben dem Lehrer-Student-Dialog auch die offene Diskussion innerhalb einer eigenständigen Lerngemeinschaft zu fördern. Die Möglichkeiten einzelner Studenten, auf die kollektive Kompetenz der gesamten Studentenschaft zuzugreifen, sind heute so reichhaltig wie nie.

Die Vorteile des MIT-Ansatzes sind enorm. Stellen wir uns vor, Professor Chips hält ein 90-minütiges Seminar mit seinen 45 Wirtschaftswissenschaftsstudenten ab. Wollte er innerhalb des Seminars einen Dialog mit jedem einzelnen Studenten und keine Zeit mit Vorträgen verbringen, blieben ihm pro Student zwei Minuten. Wenn Chips allerdings schon vor Seminarbeginn ein interaktives Forum einrichtet, kann er gemeinsam mit den Studenten für eine einzigartige Lernerfahrung eines jeden Studenten sorgen und außerdem die Seminarzeit für spannendere und studentenzentriertere Diskussionen frei machen.

Spinnen wir die Geschichte ein bisschen weiter. Stellen wir uns eine Lerngemeinschaft vor, die sich ko-kreativ das Wissen zu bestimmten Themen- oder Problembereichen erarbeitet. Sagen wir, diese Gemeinschaft besteht nicht nur aus Studenten, sondern auch aus Profis, engagierten Universitätsabsolventen, Beratern und Autoren, sprich: einer ganzen Reihe von Leuten, die sich in der Gemeinschaft Wissen aneignen. Gewinnung und Verbreitung von Wissen werden untrennbar. Das Ziel der Universität als Knotenpunkt besteht folglich in der Ko-Kreation von intellektuellem Kapital, von Werten für die Gemeinschaft insgesamt.

Als Lehrende haben auch wir schon solche personalisierten Lernerfahrungen erprobt. Dazu nahmen wir die Seminarsitzungen eines Kurses auf Video auf. Anschließend erstellten wir einen einheitlichen Multimedia-Index für eine Technologie, die eine Sortierung der Videoaufzeichnungen erlaubte. Eine Gruppe von Studenten rekonstruierte dann die Kursergebnisse nach ihren Ansichten zum Thema sowie nach Schwer- und Schwachpunkten. Die Studenten schufen also „kontextuelle Wissenskapseln", die jeweils ein Videosegment enthielten, einschließlich der Ausführungen des Dozenten, der Diskussionen unter den Studenten und zusätzlicher Quellenangaben. Die Studenten konnten diese „Kapseln" nutzen, um ihre Lernerfahrung individuell wie für die Gruppe anzureichern und sich über die Ergebnisse mit Freunden auszutauschen, die ihre Sichtweisen des Themas eingebracht haben.

Folglich kreierten unsere Studenten neue Kursinhalte auf der Basis ihrer Fähigkeiten, ihres Wissens und ihrer persönlichen Lernerfahrungen und herauskam eine Bestätigung der Idee vom kontinuierlichen, lebenslangen gemeinsamen Lernen.

Bei dieser Art Gemeinschaftsdialog gibt es keine festgelegten Rollen, sondern nur *Momentrollen*. Mithin ist die klassische Streitfrage unter Lehrenden, ob Studenten nun Kunden (als Käufer von Lehrdiensten) oder Produkte (Köpfe, die mit Wissen angefüllt und an Arbeitgeber „verkauft" werden) sind, letztlich sinnlos, wenngleich bezeichnend für das unternehmenszentrierte Denken mit seinen traditionellen Rollen und Beschränktheiten. Studenten nämlich sind sowohl Kunden als auch Produkte und zugleich Mitarbeiter (in ihrer Rolle als Mitprägende innerhalb einer Institution – als diejenigen, die beispielsweise neue Studenten rekrutieren) und Lehrende (insofern sie ihr erworbenes Wissen mit anderen teilen).

Dem MIT-Projekt „OpenCourseWare" liegt die Vision vom Lehren als einem wahrhaft interaktiven, personalisierten und ko-kreativen Prozess zugrunde. Kann es sich die Universität aber leisten, ihre intellektuellen Inhalte zu „verschenken"? Der tatsächliche Wert einer MIT-Ausbildung liegt in der Qualität der Interaktion zwischen allen Mitgliedern der Lerngemeinschaft und nicht in den Informationen, die die Professoren ihren Studenten vermitteln. Studenten schätzen die Lernerfahrung – das gemeinsame Schaffen von Wissen – und nicht die ihr zugrunde liegenden Produkte und Dienstleistungen.

Der Übergang zur Erfahrungspersonalisierung

Den Wechsel von der traditionellen Leistungsindividualisierung hin zu einer echten Erfahrungspersonalisierung haben wir in Tabelle 5-1 zusammengefasst.

Wie wir bereits erläuterten, müssen sich die Unternehmen heute mit der Heterogenität auseinander setzen (wie sie die Interaktion definiert), die komplexer und vielschichtiger ist als eine Reihe traditioneller Marktsegmente. Das Denken in Segmenten bringt uns hier nicht wirklich weiter. Wenn Manager über einzelne Segmente sprechen, sehen sie den Verbraucher als Zielobjekt. Wir verkaufen an diesen einzelnen Verbraucher und erwarten dabei von ihm, dass er sich unseren Systemen anpasst. Vielleicht gestatten wir sogar, das Produkt innerhalb unseres vorgegebenen Rahmens mitzugestalten oder bieten ihm besondere Rabatte an. Doch was wir nicht tun, ist, ihn aktiv in die gemeinsame Wertschöpfung einbinden. Stattdessen neigen wir dazu, uns gegen die Ko-Kreation zu sträuben, so wie es die Musikindustrie im Fall Napster tat.

Denken wir beispielsweise an das „Erlebnismarketing" à la Disney oder Ritz Carlton. Ja, für sie steht die Verbrauchererfahrung im Mittelpunkt, aber ihre Verbraucher werden grundsätzlich als passive betrachtet. Solche Unternehmen beeinflussen die Art der Erfahrung in überproportionalem Maße, sodass sie am Ende produktzentriert, servicezentriert und daher unternehmenszentriert bleibt.[12]

Der Übergang zur Erfahrungspersonalisierung		
	Traditionelle Individualisierung	**Erfahrungspersonalisierung**
Was ist Individualisierung?	Der Einzelne als Marktsegment	Der Einzelne als Erlebender und eine Erfahrung Gewinnender
Wo liegt der Schwerpunkt bei der Individualisierung?	Einmalige Produkte und Dienstleistungen	Personalisierung von Interaktionen innerhalb des Erfahrungsumfelds
Wie vermittelt sich Individualisierung?	Über eine Auswahl von besonderen Merkmalen und Komponenten, über Kosten und Liefergeschwindigkeiten	Über Ereignisse, Ereigniskontexte, individuelles Engagement und persönliche Bedeutung
Was leistet die Versorgungskette?	Auswahl individualisierter Produkte und Dienstleistungen durch Bereithalten einer Vielzahl von Modulen	Ermöglicht eine Vielzahl personalisierter Erfahrungen durch heterogene Interaktionen
Was leistet die Infrastruktur?	Die Konfiguration und Erfüllung von Aufgaben für den Prozess der Fertigung-auf-Bestellung	Unterstützt ein Erfahrungsnetzwerk

Tabelle 5-1

Angenommen die Darsteller rufen mich während eines Indiana-Jones-Stunts im Freizeitpark der Disney-MGM-Studios auf die Bühne. In dem Moment verwandle ich mich vom Zuschauer zum Schauspieler und paddle mit Indy durch einen Fluss, in dem es von Krokodilen nur so wimmelt. Bin ich in dieser Situation ein aktiv partizipierender Kunde oder vielmehr eine menschliche Requisite in einer sorgfältig geplanten Szenerie? Und was ist mit den Hunderten anderen Besucher, die von ihren Sitzen aus zuschauen? Das Stunt-Spektakel ist keine personalisierte ko-kreative, sondern eine unternehmenszentrierte inszenierte Erfahrung.

Oder nehmen wir die „Ritz-Carlton-Erfahrung", also eine Nacht in einem Hotelzimmer, eventuell inklusive Essen, Getränke und dem entsprechenden Service. Im Mittelpunkt steht ganz klar, den Kunden für die Unternehmensangebote zu gewinnen. Vergleichen wir das mit OnStar, wo die einzigartige Erfahrung des einzelnen Verbrauchers innerhalb eines bestimmten Kontextes im Mittelpunkt steht, nicht aber das Fahrzeug und auch nicht die verfügbaren Dienste.

Personalisierte ko-kreative Erfahrung unterscheidet sich ebenfalls von Gedanken wie „die Verbraucher sind die Innovatoren". Kunden von Firmen wie GE Plastics übernehmen einen Großteil der Aufgaben bei der Entwicklung eines speziellen Kunstharzes für spezifische Anwendungen. Indem GE den Zugriff auf Instrumente und Komponentenverzeichnisse ermöglicht, spannen sie ihre Kunden in den Entwicklungsprozess ein und lassen sie sogar die Risiken mittragen. Wenn alles gut geht, profitieren beide Seiten davon. GE spart Entwicklungszeit und mindert das eigene Risiko, während die Kundenwünsche schneller und akkurater erfüllt werden. Doch solange der Prozess firmenzentriert und produktzentriert bleibt, handelt es sich hierbei bestenfalls um eine Variante des dominanten Denkens.[13]

Desgleichen gilt für die konventionelle Individualisierung von Produkten oder Dienstleistungen. Manager gehen dabei von einer traditionell firmenzentrierten Wertschöpfungsvorstellung aus und konzentrieren sich demzufolge ausschließlich darauf, einem einzelnen Kunden möglichst kostengünstige Produkte und Dienstleistungen zu bieten. Das führt dann zu einer Massenindividualisierung, bei der die Vorteile von „Massen" (Massenproduktion und Massenmarketing reduzieren die Kosten) mit denen der „Individualisierung" (auf den einzelnen Kunden abzielen) kombiniert werden. Die Konzentration auf die Entwicklung von Produktmerkmalen führt zu einer größeren Produktauswahl für die Kunden. Im Internet zum Beispiel können Verbraucher Produkte und Dienstleistungen individualisieren – von der Visitenkarte bis zum Computer, von der Hypothek bis zum Blumenarrangement –, indem sie einfach aus einem Merkmalmenü auswählen. Aber solche Individualisierungen sind in erster Linie auf die Versorgungskette des Unternehmens abgestimmt und nicht auf die Wünsche und Vorlieben eines einzelnen Verbrauchers.

Die ko-kreative Erfahrung zu personalisieren bedeutet, individualisierte Erfahrungen zu pflegen. Dazu gehört mehr als bloß ein Menü, aus dem der Verbraucher à la carte wählen kann. Eine personalisierte ko-kreative Erfahrung reflektiert, wie der Einzelne mit dem Erfahrungsumfeld interagieren möchte, das die Firma ihm zur Verfügung stellt. Wir schlagen daher einen vollkommen anderen Prozess vor, *einen Prozess, der den einzelnen Verbraucher in die personalisierte ko-kreative Erfahrung einbindet* – und genau darin besteht die große Herausforderung, der sich Unternehmensleiter stellen müssen.

Das Spektrum der ko-kreativen Erfahrungen

Halten wir einen Moment inne und ziehen wir die Bilanz aus dem bisher Gelernten. Ausgegangen waren wir von der sich abzeichnenden Realität des informierten, vernetzten und aktiven Verbrauchers kombiniert mit der Konvergenz von Technologien und Industrien. Unterstützt von diesen beiden Kräften übt der Verbraucher zusehends größeren Einfluss auf die Unternehmen und die Wertschöpfungsprozesse aus. Das Resultat: ein stetig wachsendes Verlangen nach gemeinsamer Wertschöpfung, bei der die traditionellen Rollen von Firma und Verbraucher aktiv kombiniert werden (wie in Abbildung 5-2 dargestellt).

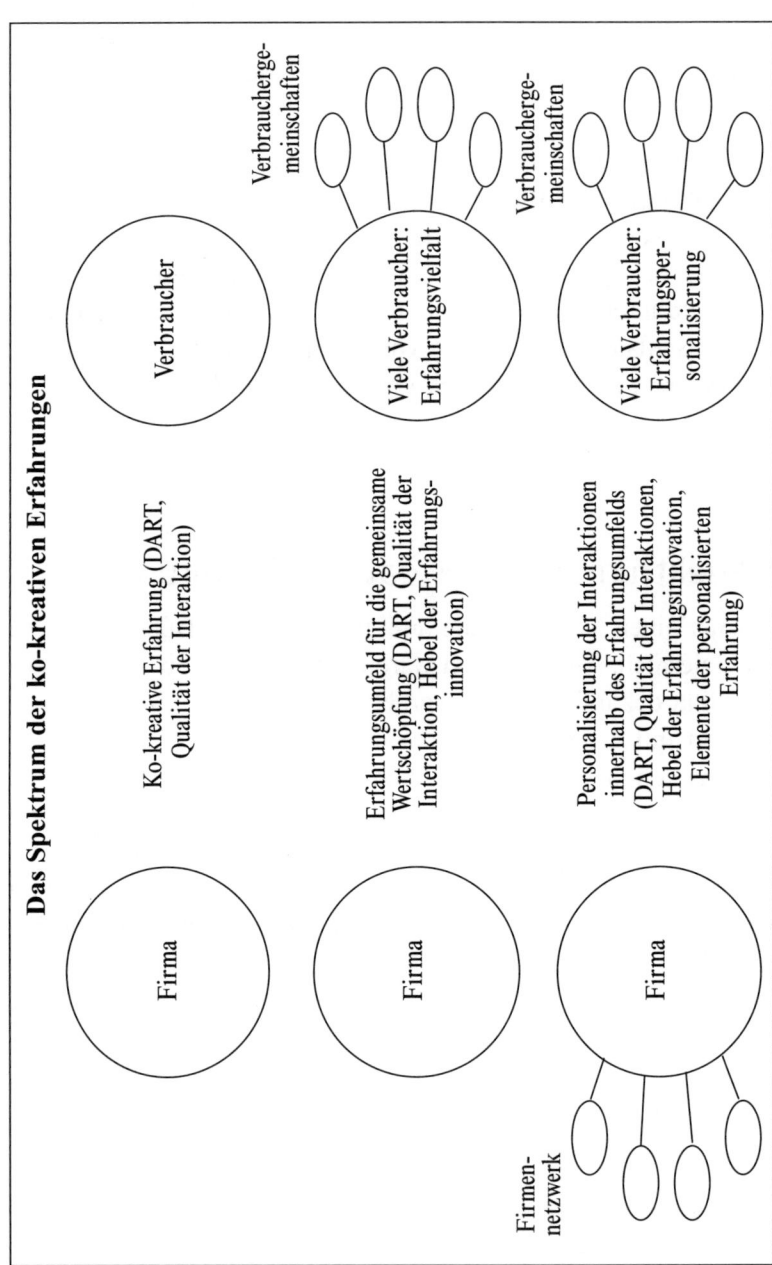

Abbildung 5-2

Dialog, Zugang, Risikoeinschätzung und Transparenz – DART – sind die Grundvoraussetzungen für einen effektiven ko-kreativen Prozess. Wir haben bereits erläutert, wie Unternehmen spannende ko-kreative Erfahrungen für den einzelnen Verbraucher möglich machen. Die Kernelemente der ko-kreativen Erfahrung und ihrer Personalisierung haben wir in Kapitel 1 bis 5 erkundet.

Nun müssen wir uns fragen: Wie können wir *Infrastrukturen* für personalisierte ko-kreative Erfahrungen aufbauen? Welches *Erfahrungsnetzwerk* brauchen wir? Wie muss ein solches Netzwerk aussehen, wie funktioniert es?

Diesen Fragen werden wir uns im nächsten Kapitel widmen.

Kapitel 6

Erfahrungsnetzwerke

In diesem Kapitel wollen wir die aufkommende gemeinsame Wertschöpfung und den erfahrungsorientierten Wettbewerbsansatz mit
dem Aufbau eines Erfahrungsnetzwerks verknüpfen, der Infrastruktur für die effektive gemeinsame Wertschöpfung durch personalisierte Erfahrungen. Diese Infrastruktur versetzt Manager in die Lage,
über Erfahrungen zu konkurrieren. Sehen wir uns dazu zunächst einmal ein Beispiel an.

Der Aufbau eines Erfahrungsnetzwerks am Beispiel von John Deere

Die Landwirtschaft mag auf den ersten Blick wie eine besonders
traditionsverhaftete und im Hinblick auf Weiterentwicklung eher
träge Branche wirken, aber die Agrarwirtschaft in den USA macht
derzeit einen dramatischen Wandlungsprozess durch und wird zusehends wissens- und kapitalintensiv. Wir sprechen hier nicht von
genmanipuliertem Saatgut oder sonstigen Einflüssen der Biotechnologie, sondern davon, dass sich das Farmmanagement an sich verändert. Ein Unternehmen, das diesen Wandel vorantreibt, ist Deere &
Company, ein alteingesessener Hersteller von Landmaschinen.[1]

Technologie ist ein Aspekt der innovativen Ideen Deeres für die
Landwirtschaft. Deere experimentiert auf seinen Mähdreschern mit
Global-Positioning-Systemen (GPS) und Biosensoren. Stellen wir
uns fahrerlose Mähdrescher und Traktoren mit eingebauten Sensoren
vor, die den Ölgehalt des Korns messen oder zwischen Gräsern und
Getreide unterscheiden können. Die Vorzüge sind überwältigend.
Farmer können den Herbizideintrag nach der Bodenbeschaffenheit

dosieren. GPS-Steuerungen gewährleisten Genauigkeit, eliminieren versehentliche Doppeleinträge von Herbiziden oder Düngern auf Getreide und ermöglichen die Arbeit auf hügeligem Terrain, wodurch Zeit, Benzin-, Arbeitskraft- und Chemikalienkosten reduziert werden. Feldvorbereitung, Kultivierung und Sprühen verursachen weniger Stress und die Farmer können produktiver arbeiten, während sie gleichzeitig ihre Kosten pro Acker minimieren.

Die neuen Technologien können den Farmern auch helfen, ihre Maschinen und Geräte zu prüfen, einschließlich Motorenkontrolle und Ortung. Mittels integrierter Systemdiagnose kann Deere die Farmer vor möglichen Maschinenausfällen warnen und erspart ihnen dadurch unliebsame Überraschungen während der Pflanz- und Erntezeiten. Das System, das sich DeereTrax nennt, kann sich den einzigartigen Problemkonstellationen jedes einzelnen Farmers anpassen und ist für praktisch jede Form maschineller Ausrüstung geeignet. Es kann sogar kleinere Maschinen wie Pick-ups oder Personenwagen aufspüren. Seine „Geo-fencing"-Fähigkeit ermöglicht es dem Farmer, feste Zonen vorzugeben, innerhalb derer seine Maschinen arbeiten sollen. Verlässt eine Maschine die vorgegebene Zone, wird beim Farmer ein Alarm ausgelöst, was möglichen Diebstählen vorbeugt.

Deere macht den Farmern das Leben also leichter und ihre Arbeit produktiver, indem es ihnen Zugang zu wichtigen Informationen über ein interaktives System bietet. Damit vollzieht es einen großen Schritt hin zur Raumschaffung für eine Vielzahl von Erfahrungen. Und damit nicht genug: Das System stellt außerdem eine Verbindung zu Farmern mit ähnlichen Problemen her und legt so den Grundstein für die Bildung von Themengemeinschaften, in denen Farmer ihr Wissen austauschen können. Solche Dialoge bereichern das kollektive Fachwissen der Gemeinschaft, da die besten Arbeitsweisen und Techniken autonom und gratis weitergegeben werden. Das gesamte System baut sich also um „mich, den Farmer" herum auf. *Für das System stehen meine Farm, meine Produktivität und meine einzigartigen Erfahrungen im Mittelpunkt.*

Der Prozess ist gänzlich farmerzentriert. Die Farmer nutzen nicht nur das Produkt (den Deere-Mähdrescher), sondern auch das Wissen, die unterstützenden Dienste und den Zugang zur Peergroup im Deere-Netzwerk, und sie machen bei all dem einen anständigen Gewinn. Auf diese Weise können Farmer ihre eigenen Urteile über die Preise und den Nutzen von jedem neuen Produkt oder Service fällen. Falls sie Rat brauchen, können sie ihn sich bei anderen Farmern im ganzen Land einholen, die schon mit vergleichbaren Problemen konfrontiert waren. Der Farmer trifft die Wahl, nicht das Unternehmen.

Beachtenswert bei diesem Beispiel ist, dass Deere Landwirtschaft kreativ mit den vier DART-Bausteinen der Wertschöpfung verknüpft – Dialog, Zugang, Risikoeinschätzung und Transparenz. Zugang und Transparenz sind dem System inhärent. Der Dialog entwickelt sich automatisch. Die Risikoeinschätzung betrifft, je nach Sachlage, nicht nur die Farmergemeinschaft, sondern auch das Unternehmen, dessen Kunden und dessen Händler – vom Ersatzteilhersteller bis hin zu den Lieferanten von Düngemitteln, Chemikalien und Saatgut. Zur Einschätzung der wirtschaftlichen Risiken braucht man Daten darüber, was die Endverbraucher wollen und kaufen werden. Zum Beispiel würden amerikanische Farmer durchaus genmanipulierte Sojabohnensaat akzeptieren, Europäer hingegen wahrscheinlich ablehnen. Der Farmer, der seine Ernte an eine Nahrungsmittelkette verkauft, die einen Großteil ihrer Produkte nach Europa exportiert, muss daher wissen, welches Risiko er eingeht, wenn er gentechnisch verändertes Saatgut verwendet.

Deshalb beginnen wir mit den Bausteinen Zugang und Transparenz; auf Dialog und Risikoeinschätzung werden wir später eingehen. Der Informationsbedarf – Zugang und Transparenz – steigt unwillkürlich, je näher wir der personalisierten ko-kreativen Erfahrung kommen.

In der Vergangenheit haben sich Unternehmen als diejenigen gesehen, die innovative Produkte liefern, keine Erfahrungsumfelder. Mit dem Paradigmenwechsel ist das Individuum ins Zentrum des Wertschöpfungsprozesses gerückt, sodass Mitarbeiter und Technologien nunmehr unterstützende Rollen spielen. Produkte mit integrierter Wissenstechnologie wie etwa Traktoren, die ihre Umgebung sensorisch erfassen und automatisch auf sie reagieren, bedienen Bedürfnisse der Farmer, von denen sich die wenigsten klar vorhersagen ließen, und schaffen Raum für eine Vielzahl von Einzelerfahrungen.

Deere und der Farmer können an *diversen Punkten innerhalb des Systems* miteinander kommunizieren, nicht nur beim Tausch von Produkten. Beide haben viele Gelegenheiten zur gemeinsamen Interaktion und Transaktion, was für die Farmer das Leben leichter und fraglos angenehmer macht.

Stellen wir uns beispielsweise vor, Deere richtet ein Kompetenz-Portfolio für Sensorentechnologien ein, wie etwa Systeme zur genauen Messung der Einbringung von Saat und Dünger sowie deren Auswirkungen auf Variablen wie Öl- und Wassergehalt im Getreide. Dieses Portfolio könnte das gesamte Ertragsmanagement einer Farm verändern. Malen wir uns allein aus, welche Informationen ein solches System für die Entwicklung neuer Produkte und Dienstleistungen liefert, mit denen man die Erfahrungen der Farmer zusätzlich bereichern kann.

Vor allem aber schafft Deere ein neues Dialogforum mit den Farmern, was weitere Spekulationen über Verbraucherbedürfnisse überflüssig macht. Stattdessen können Deere und die Farmer gemeinsam neue Werte für sich entdecken. Kontinuierliche Interaktion und gemeinsame Wertschöpfung (unter Verwendung von DART), gepaart mit einer intelligenten Infrastruktur, die sich an Erfahrungen orientiert, können neue Möglichkeiten der Wertschöpfung eröffnen.

Das Deere-Beispiel illustriert die Realisierbarkeit der gemeinsamen Schaffung einzigartiger Werte mittels eines Erfahrungsnetzwerks. Ein Erfahrungsnetzwerk ist nicht einfach eine Vernetzung von Komponenten, Produkten oder sogar Informationen, wenngleich es die traditionelle Versorgungskette integriert. Es schafft zusätzlich Gemeinschaften, indem es Lieferanten, Händler und Mitarbeiter mit den Verbrauchern und diese mit anderen Verbrauchern zusammenbringt. Firmen, die intellektuelles Führungsgeschick nutzen, um Koalitionen aufzubauen, und Wege finden, auf denen sich Produkte, Informationen und Fachwissen austauschen lassen, werden zu *Knotenpunkten*. Die Knotenpunkte sind wie Verkehrspolizisten, die die Regeln aufstellen und den reibungslosen Austausch im Rahmen dieser Regeln gewährleisten.

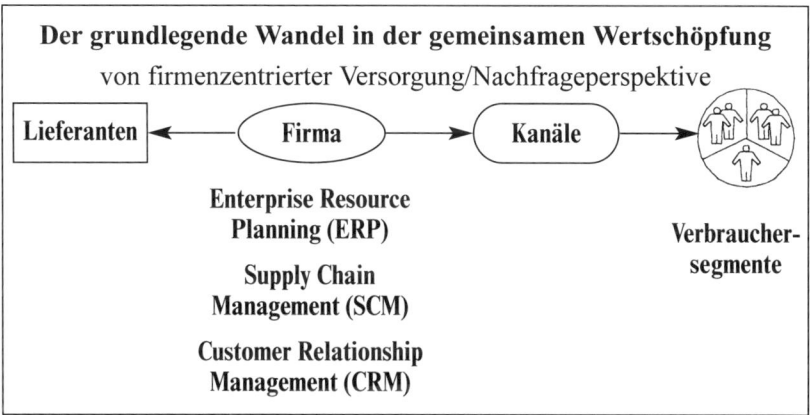

Abbildung 6-1a

Oder, um eine andere Metapher zu benutzen, sie bauen einen Sandkasten, in dem alle Beteiligten frei sind, ihre eigenen Spiele zu erfinden und sogar die Infrastruktur zugunsten einer effektiveren Teilnahme zu modifizieren.

Zwei schlichte Bilder illustrieren den Wechsel Deeres von der firmenzentrierten Sicht des Wertschöpfungsprozesses (siehe Abbildung 6-1a) zur ko-kreativen Sichtweise, die sich auf den Einzelnen konzentriert (siehe Abbildung 6-1b). Dabei sollten wir einige Schlüsselvoraussetzungen für diesen Wandel beachten:

– Die Aufgabe der Firma ist es nun, ein Erfahrungsnetzwerk aufzubauen, damit die Verbraucher auf unkomplizierte Weise mit Erfahrungsumfeldern agieren können, um ihre Erfahrungen mitzugestalten. Die neue Wettbewerbsdifferenzierung wird über die Qualität der Erfahrungsnetzwerke stattfinden, zu denen sowohl Verbraucher als auch die Unternehmen Zugang haben.

- Knotenpunktfirmen können Erfahrungsgrundlagen schaffen, indem sie sowohl die technischen als auch die sozialen Aspekte einbringen. Diese Grundlagen sind das Herz effektiver Erfahrungsnetzwerke.

- Die neuen Wertschöpfungsparadigmen geben eine Vernetzung von Verbrauchern mit Unternehmen und anderen Verbrauchern vor. Akronyme wie B-to-B oder B-to-C verfehlen daher den Punkt. Wenn wir schon ein Akronym benutzen wollen, dann sollte es „I-to-N-to-I" („Individual consumer to Nodalfirm to Individual") lauten, um den Fluss vom individuellen Konsumenten zum Knotenpunktunternehmen mit seinem Erfahrungsnetzwerk und dann wieder zurück zum individuellen Verbraucher widerzuspiegeln.[2]

- Verbraucherinitiierte ko-kreative Erfahrungen können selektiv den gesamten Versorgungsprozess aktivieren, der von Knotenpunktfirmen wie Deere, die ihr intellektuelles Führungsgeschick und ihren Einfluss zur Verfügung stellen, gelenkt wird.

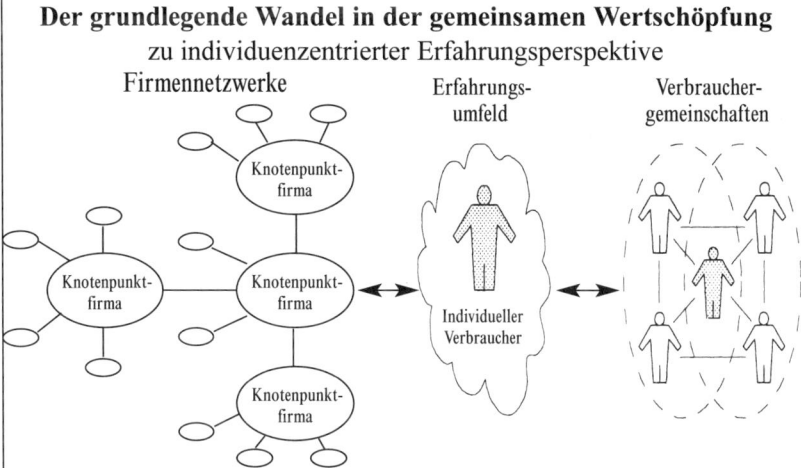

Der grundlegende Wandel in der gemeinsamen Wertschöpfung zu individuenzentrierter Erfahrungsperspektive

Firmennetzwerke Erfahrungs-umfeld Verbraucher-gemeinschaften

Einzigartige Werte für die individuellen Verbraucher durch personalisierte ko-kreative Erfahrungen:

- Die Interaktion zwischen Verbrauchern und Firmen bildet den Schauplatz für die Wertschöpfung
- Individuelle ko-kreative Erfahrungen sind die Basis für Wert
- Vielfältige Kanäle sind Tore zu neuen Erfahrungen
- Die Infrastrukturen müssen die heterogenen ko-kreativen Erfahrungen fördern
- Die eigentliche Kompetenz weist sich durch das verbesserte Netzwerk aus, an das Verbrauchergemeinschaften angeschlossen sind.

Abbildung 6-1b

- Die klassische Versorgungskette bleibt wichtig; die physische Bewegung von Produkten und Dienstleistungen wird nicht von der Bildfläche verschwinden. Vielmehr wird sich die Versorgungskette verändern, wobei sich einige dieser Veränderungen bereits vorhersehen lassen. So wird die Versorgungskette je nach den spezifischen Verbrauchervorlieben variieren. Eine klare Reihenfolge wird nicht mehr gegeben sein, weder sequentiell noch linear.[3]

Das Deere-Beispiel legt nahe, dass die Schaffung von Erfahrungsnetzwerken Folgendes bewirken wird:

- Ein spannendes Erfahrungsumfeld mit *integriertem Erfahrungs-potenzial*, das nach Verbraucherwunsch genutzt wird, gepaart mit dem Zugang zu einem Netzwerk von Firmen und Verbraucher-gemeinschaften, um eine einzigartige personalisierte Erfahrung zu schaffen
- Eine klare Ausrichtung auf die Interaktion zwischen Verbrauchern und Unternehmen und die *Heterogenität von Erfahrungen* (Fir-men müssen imstande sein, jedem einzelnen Verbraucher die Ge-staltung unterschiedlicher Erfahrungen zu ermöglichen, und zwar solcher Erfahrungen, die für die einzelnen Verbraucher in ihrem jeweiligen Raum-Zeit-Kontext befriedigend sind.)
- Die Fähigkeit, sich den Schwankungen der Verbrauchernachfra-gen innerhalb des Erfahrungsumfelds anzupassen und *kurzfristig Ressourcen zu rekonfigurieren*
- Die Fähigkeit, *selektiv Kompetenzen zu aktivieren*, die für die personalisierten ko-kreativen Erfahrungen erforderlich sind

Die Wandlung von der konventionellen Wertkette und den Erfül-lungssystemen hin zu einem effektiven Erfahrungsnetzwerk in einem Schritt zu vollziehen scheint fast unmöglich zu sein. Sie sollte deshalb in Phasen bewerkstelligt werden, und zwar mittels Lernen durch Experimentieren. Im Folgenden sind einige Beispiele von Unternehmen angeführt, die sich durch Experimentieren Schritt für Schritt an den Aufbau effektiver Erfahrungsnetzwerke herangear-beitet haben.

Soziale und technische Erfahrungspotenziale

Der Aufbau von Erfahrungsnetzwerken sollte mit der Bereitstellung von Erfahrungspotenzialen beginnen, die in ein Erfahrungsumfeld integriert werden. Fangen wir mit dem einfachsten Fall an, in dem das angebotene Produkt nicht verändert wird, dafür aber die Ver-brauchererfahrung durch das Erfahrungsumfeld eine andere wird.

Zum Beispiel müssen sich abgepackte Frühstücksflocken und Kaffee nicht ändern, meine Erfahrung beim Einkauf von beidem kann sich aber sehr wohl wandeln. Nehmen wir Tesco, eine global operierende Einzelhandelskette, die es hervorragend beherrscht, die regionale Individualisierung mit der Kosteneffizienz der Standardisierung zu verquicken. Tesco hat es den einzelnen Verbrauchern möglich gemacht, ihre Lebensmittel online zu bestellen und nach Hause geliefert zu bekommen. Damit konnte das Unternehmen die Verbrauchererfahrung bereichern, indem es die bereits vorhandenen Infrastrukturen stärker nutzte. Ein Tesco-Geschäftsführer sagte, dass die Mitarbeiter die Niederlassungen als eine Art Lager betrachten, das sowieso schon dazu geschaffen ist, Bestelllisten unkompliziert abarbeiten zu können. Sprich: Die Gestaltung der Geschäfte steigt im Wert und damit hat sich das Experiment für das Unternehmen bezahlt gemacht. Tesco hat etwas gelernt und konnte sein Angebot erweitern.[4]

Allerdings musste Tesco das Erfahrungsumfeld ebenfalls erneuern. Online-Bestellungen und Hauslieferungen mussten integriert werden, was bedeutete, dass die Online-Einkäufe den jeweiligen IT-Systemen der Niederlassungen zuordenbar sein mussten. Und Tesco hatte zusätzliches Erfahrungspotenzial vorgesehen. War beispielsweise ein bestimmter Artikel aus einer Online-Bestellung nicht verfügbar, mussten die Geschäfte vor Ort eine Alternative anbieten, die dann ganz oben auf der Lieferliste zu erscheinen hatte, sodass die Kunden sie gleich sahen und akzeptieren oder ablehnen konnten. Die Lieferrouten wurden so eingeteilt, dass sie nie länger als zwei Stunden zum letzten Kunden unterwegs waren, weil sie ja verderbliche Waren mitführten, die möglichst frisch beim Verbraucher ankommen sollten. Tesco ist mithin ein gutes Beispiel für Innovation, die nicht nur effizient, sondern auch gänzlich auf die Kundenerfahrung ausgerichtet ist.

Unternehmen können Erfahrungsnetzwerke nutzen, um Kunden mit neuen Technologien vertraut zu machen. Mit dem Wissen dieser Kunden gemeinsam können sie dann als Mitgestalter von Erfahrungen wirken. Nehmen wir zum Beispiel NTT DoCoMo, Japans führenden Handy-Netzbetreiber und ein weltweit wohl wegweisendes Unternehmen, was die Fusion von Mobiltelefonen mit dem Internet angeht. DoCoMo, dessen Name ein japanisches Wortspiel ist und so viel wie „überall" bedeutet, hat über 40 Millionen Handy-Kunden. Mit den speziellen i-mode-Telefonen von DoCoMo können die Verbraucher E-Mails versenden und empfangen, die Nachrichten, die Wettervorhersage und ihr Horoskop lesen und sich Klingeltöne und Comics von über 50.000 i-mode-kompatiblen Websites herunterladen. Außerdem können sie ihre Handys nutzen, um Musik zu hören oder Spiele zu spielen, ihre Bankgeschäfte zu erledigen, Reisen zu buchen und vieles mehr. i-mode macht es den Verbrauchern möglich, mit Firmen und untereinander zu kommunizieren wie niemals zuvor.[5]

DoCoMo zeigt, wie wichtig es ist, nicht nur in technische, sondern auch in soziale Potenziale zu investieren und die Schnittstelle zwischen Verbraucher und Produkt auf neue ko-kreative Erfahrungen auszurichten. DoCoMo hat keineswegs aufgehört, sich weiter zu verbessern, sondern investiert gerade in 3G„freedom of multimedia access"-Handys und -Dienste („freier Multimedia-Zugang"). Während DoCoMo seine Netzwerkinfrastrukturen ausbaut, stellen sich dem Unternehmen folgende Grundsatzfragen:

– Wie kann das DoCoMo-Erfahrungsumfeld Einfachheit, Bequemlichkeit, Interaktivität und Benutzerfreundlichkeit ermöglichen, wenn die Bedienungsfelder der winzigen Handys doch recht begrenzt sind?

– Wie meistert DoCoMo die neue Kunst des Erfahrungsdesigns, nachdem man bislang nur vom Produktdesign ausgegangen ist?

– Wie kann DoCoMo weiterhin Innovationen des Erfahrungsumfelds liefern, um noch mehr soziale Interaktionspotenziale zu bieten?

Erfahrungsnetzwerke können Verhaltensmuster beeinflussen, die als tief verwurzelt galten – selbst das mondäne Gebaren von Zahlenden. Denken wir nur an PayPal, eine beliebte Internet-Zahlungsform, die für den Zahlungsverkehr zwischen Privatpersonen vorgesehen ist und mittlerweile von über 1,5 Millionen Websites übernommen wurde. Von eBay für 1,5 Milliarden Dollar aufgekauft, ermöglicht PayPal den direkten Zahlungsverkehr per E-Mail. 2002 verzeichnete PayPal bereits über 10 Millionen Nutzer und täglich kamen an die 30.000 hinzu, weil die „Virenschwemme" zunahm. Bezahlt man nämlich jemanden per PayPal, dann muss dieser Jemand über ein PayPal-Konto verfügen, um bezahlt werden zu können, andernfalls bekommt er per Post einen Orderscheck zugestellt.[6] Da PayPal ungefähr 1,9 Prozent des Verkaufswerts vom Verkäufer erhält, zahlt dieser weniger an PayPal als er für Kreditkartentransaktionen berappen müsste. Insofern nimmt es wenig wunder, dass sich die Kreditkartengesellschaften und Banken Sorgen machen, weil PayPal die Grenzen der traditionellen Zahlungssysteme ausreizt.

Entsprechend fielen die Reaktionen aus: Die Citibank (mit über 100 Millionen Kunden) und AOL (über 25 Millionen Kunde) taten sich zusammen und kündigten ein neues Citigroup-Internet-Zahlungssystem für AOL-Dienste an. Citigroup bot außerdem ein c2it („see to it" – „Kümmer dich drum")-Zahlungssystem ohne Bearbeitungsgebühren für das Internet an. Nun kann sich die Citibank derlei Angebote leisten, da die Kosten der c2it-Transaktionen weitestgehend dadurch absorbiert werden, dass dabei bankgebundene Kreditkarten oder Konten ins Spiel kommen.

Neuerscheinungen wie das PayPal-System werden bisweilen als „Störtechnologien" bezeichnet, wir ziehen allerdings einen neutraleren Terminus vor: *Diskontinuität*. Technologien werden schließlich nicht mit der Maßgabe entwickelt, vorhandene Abläufe zu „stören". Sie können allerdings etablierte Systeme erschüttern, wenn sie entsprechend eingesetzt werden. Hierin besteht das Dilemma des *Traditionsunternehmens* – Diskontinuitäten verlangen nämlich nach disziplinierter Phantasie und Innovation. Sie können die Vorboten großartiger neuer Möglichkeiten sein. Citi tut eigentlich nichts anderes als sich der PayPal-Diskontinuität anzunehmen, weil man erkannt hat, dass es sich nicht bloß um eine Technologie handelt, sondern um den Beginn eines institutionellen Wandels.

Die Branche der Finanzdienstleistungen ist von Natur aus konservativ: Vorsicht, Sicherheit und Diskretion sind die Schlüsselmerkmale dieser Branche. Doch die Möglichkeiten, die sich durch Diskontinuitäten ergeben, sind vielfältig. Obwohl über die Hälfte aller Internet-Transaktionen über Kreditkarten abgewickelt werden, macht die Gesamtsumme gerade mal 2 bis 4 Prozent aller Kreditkartengeschäfte aus, während das Gros der Kartengeschäfte nach wie vor direkt oder per Telefon stattfindet. PayPal hingegen hat als E-Mail-Service begonnen. Inzwischen holen auch die Handys gewaltig auf und Sie und ich können problemlos Zahlungen via Mobiltelefon vornehmen. Weltweit nimmt die Zahl der Verbraucher zu, die ihre Handys benutzen, um Telefonkarten, Tickets, Textnachrichtendienste, Fastfood und Getränke zu bestellen oder beim Zeitungshändler, im Taxi und überall sonst unterwegs zu bezahlen. Ein falsches Management dieser Diskontinuität kann tatsächlich die bisherigen Unternehmensriesen in der Branche erschüttern.

Erfahrungsnetzwerke können aber auch etablierte Nachfragemuster verändern. So drängt etwa die Deregulierung der Stromindustrie die Branchenführer zu wettbewerbsfähigerer Energiegewinnung und besserem Vertrieb. Dynamische Preisgestaltungen nach Stunden- oder Minutentakten (wie sie die Telefongesellschaften bieten) können für alle Beteiligten eine Kostenersparnis bringen, aber die Verbraucher müssen vorher ihre Konsumgewohnheiten ändern, ihre Haushaltsgeräte besser einsetzen lernen und sich darauf einstellen, ihren Stromverbrauch nach Tageszeiten zu variieren.[7]

Entsprechend brauchen Erfahrungsnetzwerke kluge Kontrollsysteme, die Informationen an die Interaktionspunkte (den Verbrauch) transportieren und zugleich das Grundgerüst der Netzwerkinfrastruktur stützen. Die gegenwärtigen Branchenfürsten werden enorm investieren müssen, um die Stromzähler in den Haushalten mit integrierten Informationen nachzurüsten, um exakte Verbrauchsdaten zu erhalten und so ausführlichere Rechnungen erstellen zu können. Zudem muss das Stromnetz flexibler werden, damit es sich den Verbrauchsmustern anpassen kann.

Tesco, DoCoMo, PayPal und die Stromindustrie illustrieren zwei wichtige Punkte. Der erste ist, dass wir lernen müssen, in *sozialen* Potenzialen zu denken statt in technischen, wollen wir Erfahrungen sinnvoll integrieren. Der zweite Punkt ist, dass sich sowohl soziale als auch technische Potenziale nahtlos in das Erfahrungsumfeld einfügen müssen, wollen wir Erfahrungen mitgestalten. Vor allem aber müssen wir bei der Entwicklung von Erfahrungsumfeldern zwischen den IT- und Logistikinfrastrukturen und den Anwendungsinfrastrukturen unterscheiden, die die Verbraucherschnittstelle unterstützen. Letztere nämlich ist entscheidend für die kontinuierliche und flexible Ko-Kreation von Erfahrungen.

Bei der Frage, wie wir eine Vielzahl von Erfahrungen in der Interaktion ermöglichen können, müssen wir die Intelligenz der Infrastruktur zunächst außen vor lassen (worin sie steckt, wie sie zum Verbraucher gelangt und so fort). Wie viel Intelligenz sollten wir in die Produkte und Kanäle in der Peripherie des Erfahrungsumfelds integrieren? Wie viel sollte besser im Kern bleiben? Alles an die Peripherie zu verschieben kann zu Kontrolleinbußen führen. Wir müssen entscheiden, wie viel Intelligenz in die Produkte oder Kanäle, wie viel in das Netzwerk integriert werden soll und wie viel wir dem individuellen Benutzer überlassen sollten – denn die Verbraucher sind ja nun mal eine heterogene Gemeinschaft. Zudem müssen wir uns immer wieder fragen, wie wir vorhandene Infrastrukturen und Ressourcen branchenübergreifend besser nutzen können. All dies sind die Themen, mit denen sich Unternehmen befassen müssen, wollen sie effektivere Erfahrungsnetzwerke aufbauen.

Gleichzeitig sollten wir uns darüber im Klaren sein, dass die Verbraucher bei der Mitgestaltung von Erfahrungen nicht *würdigen* werden, ob ein Manager zwischen Netzwerk und Anwendung, Kern und Peripherie oder Hard- und Software unterscheidet. Erfahrungen aus der Verbraucherperspektive zu betrachten bedeutet: *Hightech = Hightouch im Erfahrungsnetzwerk*. Die technischen und sozialen Erfahrungspotenziale, die Erfahrungsumfelder und die Erfahrungsnetzwerke sind miteinander verwoben und untrennbar.

Soziale und technische Infrastrukturen schaffen, die heterogene Erfahrungen ermöglichen

Erfahrungsnetzwerke müssen mit der Heterogenität von Erfahrungen umgehen können. Es gibt mehrere Wege, dies zu erreichen Der erste Schritt ist, sich vom „Verbrauchersegment" zu verabschieden und sich der „Erfahrung des Einzelnen" zuzuwenden, also der Individualität Rechnung zu tragen.

Nehmen wir noch einmal das Beispiel Pharmaindustrie. Dort hat man sich über lange Zeit auf das „Blockbuster"-Prinzip verlassen, sprich: die Entwicklung von Medikamenten, die von Millionen Patienten eingenommen werden können. Und es wurden Umsätze erzielt, die sich im Milliardenbereich bewegten. Motiviert wurde diese Vorgehensweise durch das Bestreben, die Auswirkungen der Heterogenität von Erfahrung zugunsten einer großen Uniformität zu minimieren.

Nun weist diese Herangehensweise deutliche Nachteile auf, wie sie die Nebenwirkungen, die praktisch jedes Medikament verursachen kann, klar belegen. Hinzu kommen die – manchmal fatalen – Folgen, die die Einnahme mehrerer Medikamente gleichzeitig für den einzelnen Patienten haben kann. Dennoch wird bei klinischen Versuchen die Heterogenität der Patienten normalerweise außer Acht gelassen.

Letztlich bestimmt der behandelnde Arzt, welches Medikament sein Patient einnimmt, wobei er seine Entscheidung auf die Krankengeschichte, die Diagnose und sein Fachwissen stützt. Wie kommt dabei die Heterogenität der Patienten ins Spiel? Die konventionelle Herangehensweise ist geprägt von Versuch und Irrtum. Der Arzt verschreibt sein bevorzugtes Medikament gegen bestimmte Beschwerden und überwacht dessen Wirkung. Hilft es, ist es gut. Hilft es nicht, verschreibt er ein anderes. So geht es so lange, bis ein wirksames Mittel gefunden ist.

Diese eher willkürliche Vorgehensweise wird heute immer seltener. Man denke zum Beispiel an Herceptin, Genentechs Mittel gegen Brustkrebs, das sich als erfolgreich erwiesen hat – bei einem kleinen Prozentsatz von Patientinnen. Herceptin verdankt seinen Erfolg der Tatsache, dass sich leicht testen lässt, für welche Patientin das Mittel infrage kommt und für welche nicht. Die Methode der selektiven Ermittlung desjenigen Medikaments, das sich für einen bestimmten Patienten eignet, hat sich als weit effizienter und sicherer erwiesen als das traditionelle Versuch-und-Irrtum-Modell. Durch neue Untersuchungen und Gentesttechniken werden Ärzte immer besser in der Lage sein zu entscheiden, ob ein bestimmtes Medikament einem bestimmten Patienten helfen kann oder nicht – ein Beispiel für die Anpassung an die Verbraucherheterogenität.[8]

Unternehmen können sich der Verbraucherheterogenität stellen, indem sie dem individuellen Kunden die Möglichkeit geben, mit den Mitarbeitern gemeinsam ihre Erfahrungen zu gestalten. Ein anschauliches Beispiel dafür bietet die Kosmetikindustrie, die sich mit den wohl persönlichsten Produkten befasst, die man benutzen kann.

Wenn man in ein Kaufhaus geht, sieht man eine ganze Reihe von Kosmetiktresen, von denen jeder die Produkte eines anderen Herstellers anbietet: Clinique, Christian Dior und so fort. Rein theoretisch könnte mich der Angestellte hinter dem Tresen fragen, was ich mir vorstelle, und mit mir gemeinsam herausfinden, welche Kosmetika für mich infrage kommen. In der Praxis jedoch versuchen die Verkäufer, mir gezielt ein von ihnen vorbestimmtes Produkt zu verkaufen – ein Sonderangebot beispielsweise oder etwas, was der Hersteller gerade besonders bewirbt. Und selbst wenn die Mitarbeiter ehrlich um eine personalisierte Interaktion bemüht sind, reichen eventuell ihre Fachkenntnisse nicht aus. In jedem Fall aber ist das Warenangebot limitiert.

Ganz anders verhält es sich bei Sephora, einer französischen Parfümeriekette, die den Einkauf für die Schönheit in eine neue Dimension gebracht hat. Gehe ich in eines ihrer Geschäfte, kann ich jedes Produkt ausprobieren, dran riechen und es anfassen, vom Parfum über Make-up bis hin zur Hautlotion. Außerdem kann ich selbst bestimmen, wie viel Beratung ich haben möchte. Im Internet bietet Sephora.com über 11.000 Schönheitsprodukte von mehr als 230 Markenherstellern an.

Und nun sehen wir uns Reflect.com an, ein experimentelles Unternehmen, das von Procter & Gamble unterstützt wird. Dort können die Frauen ihre eigenen Schönheitsprodukte zusammenstellen. Dazu beschreiben sie, wie sie ihren Lippenstift, ihr Shampoo oder Parfum wollen, indem sie Bilder anklicken und eine Reihe interaktiver Fragen beantworten. Das Unternehmen entwickelt dann das passende Produkt und bietet den Verbrauchern personalisierte Rezepturen an.

Um beispielsweise einen personalisierten Duft zu entwickeln, wählt Reflect.com einen Ansatz, den sie selbst als „Heart and Soul" bezeichnen. Sie helfen den Verbrauchern, das „Herz" oder die Essenz eines Parfums zu erkennen, bevor sie mit der genauen Erkundung des Dufts beginnen und dessen „Seele" enthüllen. Die Verbraucher durchleben eine interaktive visuelle Erfahrung, die sowohl ihre Phantasie als auch ihre Duftvorlieben ansprechen soll. Anschließend nutzt das Unternehmen das Fachwissen vieler Wissenschaftler und Techniker sowie seinen Zugang zu einzigartigen Duftölen und edlen Zutaten, um drei Parfum-Variationen vorzubereiten. Reflect.com lässt die Verbraucher alle drei Varianten testen, von denen sie sich für eine entscheiden und ihr einen Namen geben können.

Im Prinzip erlaubt es dieser Personalisierungsprozess den Kunden, ihre eigenen Produkte mitzugestalten.[9] Angenommen eine Kundin möchte eine Augencreme. Reflect.com bittet sie dann anzugeben, ob sie zu dunklen Augenringen oder eher geschwollenen Lidern neigt, ob sie glattere Haut unter den Augen möchte oder weniger Lachfältchen und ob ihre Augen sehr empfindlich sind. Sobald sie den interaktiven Fragebogen ausgefüllt hat, stellt das Reflect.com-System eine Rezeptur zusammen, die sich nach den Angaben der einzelnen Verbraucherin richtet und nicht nach einem festgeschriebenen Programm. Wünscht die Kundin eine Augencreme, die nur dunkle Ringe mildert, wird in der Rezeptur Vitamin C enthalten sein, nicht aber die Vitamine A und K, die angeblich Falten reduzieren.

Reflect.com hat die Infrastruktur bewusst auf eine verbesserte Kundenerfahrung hin gestaltet. Die Kundenbestellung wird an eine speziell entwickelte Herstellungseinrichtung mit Zugriff auf eine flexible Versorgungsbasis weitergeleitet; Rohmaterialien sind selbst in Kleinstmengen innerhalb eines Tages lieferbar. Infolgedessen erreicht Reflect.com auf einer variablen Kostenbasis fast dieselbe Produktivität, als würden sie 50.000 Einheiten eines vorbestimmten Produkts fertigen. Bis 2003 hatten die Verbraucher bei Reflect.com über 3,5 Millionen einzigartige Produkte geschaffen.

Angesichts der Heterogenität der Verbraucher wird natürlich nicht jeder mittels eines solchen Modells interagieren wollen. Als Verbraucher ziehe ich es vielleicht vor, Produkte auszuprobieren, wie ich es in einem Sephora-Geschäft kann. Vielleicht gefällt es mir, in eine Parfümerie zu gehen und dort einzukaufen. Vielleicht unterhalte ich mich gern mit fachkundigen, freundlichen und hilfreichen Verkäufern. Vielleicht genieße ich es aber auch, mich von einer Schönheitsberaterin (etwa von Avon), die mich sehr gut kennt, direkt betreuen zu lassen. Keine einzelne Erfahrung ist jederzeit für alle Verbraucher gleichermaßen geeignet.

Reflect.com ist ein Experiment, doch stellen wir uns einmal vor, dieselbe Logistik, Fertigung, Lieferung, Infrastruktur und Online-Kapazität stünde einem kompetenten Parfümeriemitarbeiter zur Verfügung. Wir hätten dann sozusagen ein „virtuell-reelles" Erfahrungsumfeld. Die neuen Möglichkeiten, die es böte, würden einer breiten Menge von Verbrauchern erlauben, ihre personalisierte Erfahrung *im* Geschäft mitzugestalten und Selbsthilfe und fachlichen Rat je nach Bedarf einzigartig miteinander zu kombinieren. Beherrschen die Verbraucher es erst einmal, wird sich daraus ein Erfahrungsumfeld entwickeln, das die Kundenerfahrungen ins System, in die Produkte und in die Dienstleistungen integriert.

Einige Firmen bewegen sich bereits in diese Richtung. REI zum Beispiel verkauft Wander-, Bergsteiger- und sonstigen Freizeitbedarf, ist also in einer eher ausgefallenen Branche tätig, in der man Gespräche über den richtigen Eispickel für den Mount Rainier hören kann oder über die richtigen Stiefel für eine Tour durch den Amazonas-Regenwald. REI hilft den Kunden bei der Auswahl des richtigen Zubehörs, indem es sehr detaillierte Produktinformationen im Internet bereithält, ebenso wie eine Liste von Ansprechpartnern für bestimmte Themen. Vor allem aber bieten sie einen Ort, an dem man all das erleben kann.

Da sie als Versandhandel begonnen haben, sahen sie das Internet als eine Chance, ihrem Kundenstamm Zugang zu einem größeren Produktsortiment zu verschaffen (über 10.000 Artikel). Sie erkannten allerdings auch, dass ihre Kunden Hilfe brauchen würden, um das riesige Sortiment zu durchkämmen. Das Internet konnte den Verbrauchern helfen, sich gründlich zu informieren, bevor sie sich zum Kauf eines Artikels entschlossen, und erweiterte zugleich das ganz auf den Lebensstil der Kunden ausgerichtete Angebot, vom Wandern über Wintercamping bis hin zum Wüsten-Trekking.

Und REI ging sogar noch weiter. Da ihnen klar war, dass es zahlreiche Wege gibt, Produkte zu fertigen und zu vertreiben, sahen sie das Internet, den Katalog und die Geschäfte als unterschiedliche Erfahrungskanäle an, die sich gegenseitig zu einem integralen Erfahrungsumfeld ergänzen sollten.[10]

Heute kann man bei REI einen Parka im Regen ausprobieren, ein Paar Stiefel testen, während man einen Berg besteigt, oder eine Probefahrt mit einem Fahrrad auf einem Schotterweg machen – alles *im* Flaggschiffgeschäft in Seattle, Washington. REI hat einen Stab von sehr talentiertem und sachkundigem Verkaufspersonal, mit dem sich die Verbraucher austauschen können. Außerdem kann man beim Besuch der Geschäfte die Website des Unternehmens einsehen. REI bietet ein ausgezeichnetes Erfahrungsumfeld: Informationszugang, Spezialkenntnisse, Dialog und die Möglichkeit, die Produkte im Geschäft unter verschiedenen Bedingungen zu testen. Indem sie das Erfahrungsumfeld auf eine für die Verbraucher sinnvolle Weise erweiterten, schufen sie einen Raum für neue Formen gemeinsamer Wertschöpfung.

REI musste beim Übergang zum Erfahrungsraum die Informationsinfrastrukturen verändern. Je nach Kontext, der durch den Verbraucher – nicht das Unternehmen – bestimmt wird, versuchen die vielfältigen REI-Kanäle „sich dem Verbraucher um den Finger zu wickeln".

Hier ist eine der vielen Geschichten um REI. Boris, ein überzeugter Abenteurer, brauchte einen Dachgepäckträger für seinen Wagen. Also klickte er den Kiosk auf der REI-Website an. Dort fragte man ihn, wofür er den Dachgepäckträger denn benutzen wolle – für ein Fahrrad, ein Boot oder Skier – und welches Automodell er fahre. Auf seine Antworten hin erhielt er eine vollständige Liste mit allem, was er für den Dachgepäckträger brauchte. Zwei der Artikel waren gerade nicht vorrätig, deshalb bestellte Boris sie online. Als er ins Geschäft fuhr, um seine Bestellung abzuholen, stellte die Verkäuferin über den vernetzten Kassencomputer fest, dass er einen Artikel vergessen hatte, und bestellte ihn nach.

REI hat besondere Aufmerksamkeit auf die Schulung seiner Mitarbeiter verwandt, damit diese gemeinsam mit den Kunden ihre Kompetenz kontinuierlich optimieren können. Das Ergebnis ist eine faszinierende Mischung von Sozialem (Mitarbeiter- und Verbrauchererfahrungen, ihr Können und Wissen, ihre Begeisterung für die Natur, ihre Freizeitaktivitäten) und Technischem (wie die Produkte funktionieren, Problemlösungstechniken, detaillierte Spezifikationen). REI verquickt das virtuelle mit dem reellen Angebot aus der Perspektive des Verbrauchers und gibt den Verbrauchern und Mitarbeitern Zugang zu demselben integrierten Umfeld, um die heterogenen Verbrauchererfahrungen zu unterstützen.

Beim Aufbau des Erfahrungsnetzwerks spannte REI seine „Mitarbeiterkunden" mit ein. Dabei kam ihnen die Tatsache zugute, dass REI wie eine Geschäftskooperative strukturiert ist: Die Angestellten sind sowohl Investoren als auch Verbraucher. Sie sind ebenfalls Outdoor-Enthusiasten; es gehört zur Firmenpolitik, Leute einzustellen, die sich in diversen Freizeitaktivitäten auskennen, vom Skifahren übers Rudern bis zum Klettern. So fand die Entwicklung der Infrastruktur zwar firmenintern statt, wobei man sich die Unterstützung diverser IT-Fachleute holte, aber beim Design der Website und der Geschäfte verließ man sich auf die eigenen Angestellten.

Die Niederlassungen entstanden parallel zur Online-Expansion. Das Flaggschiffgeschäft in Seattle, in dem es Radteststrecken und Kletterwände sowie zahlreiche andere Testbereiche gibt, wurde unmittelbar nach der Einführung von REI.com eröffnet.

Die REI-Methode ist eher ungewöhnlich. Angenommen, man besucht eine große Buchhandlung, weil man in einer Zeitschrift eine interessante Buchbesprechung entdeckt hat und das Buch gern kaufen möchte. Am Informationsschalter bekommt man die Auskunft, das Buch wäre nicht vorrätig. Was sagt der Buchhändler? „Wir können es Ihnen bestellen, dann ist es in fünf bis sieben Tagen da." Nein danke. Wahrscheinlich lässt man es bleiben – oder man bestellt es sich online.

Den Verbrauchern sind derlei Szenen, in denen ein Problem nicht wirklich gelöst wird, nur allzu vertraut. Es gab eine Zeit, da haben große Buchhandlungen Computerterminals eingerichtet, an denen die Kunden durchs Internet surfen oder E-Mails bekommen konnten, aber keine Bücher bestellen. Kurz darauf installierten sie Terminals, an denen man abfragen konnte, wo welches Buch im Laden stand, aber kein Buch bestellen. Obwohl sich die Infrastruktur weiterentwickelt hat, bleibt sie der Unternehmerperspektive verhaftet und somit dem Ziel, die angebotenen Produkte an den Verbraucher zu bringen.

Im Gegensatz dazu hat REI eine Verbraucherperspektive eingenommen, Zugang zu Informationen gesichert, für Interaktivität gesorgt und das Einkaufserlebnis in den Geschäften wie online mit Spaß angereichert, und zwar mit „Spaß" an der Technologie wie an dem sozialen Austausch.

Fassen wir nun die wesentlichen Aspekte zusammen, die sich aus den Beispielen Herceptin, Sephora, Reflect.com und REI ableiten lassen:

– Um ein Erfahrungsumfeld zu schaffen, müssen Firmen die vorrangigen Ziele eines solchen Umfelds repräsentieren wie auch der heterogenen Verbrauchergemeinschaft vielfältige Wege dorthin anbieten.

– Die angebotenen Infrastrukturen müssen hinreichend sensibel konzipiert sein, wollen sie eine Heterogenität von Einzelerfahrungen über vielfältige Kanäle ermöglichen. Je mehr Kombinationen von Kanälen dem Verbraucher zugänglich gemacht werden, umso reicher sind die Erfahrungen. Diese Erfahrungen sollten allerdings über die diversen Kanäle konsistent sein – und hierin besteht die eigentliche Herausforderung.

– Wollen sich Firmen in erfahrungszentrierte wandeln, müssen sie in puncto Investmentanalyse umdenken. Investitionen in die Infrastruktur – IT, Logistik, Produktion und Versorgungskette – müssen erfahrungsorientiert und auf vielfachen Nutzen angelegt sein.

Die zügige Rekonfiguration der Ressourcen

Am Beispiel Reflect.com und REI wurde deutlich, mit welcher komplexen Aufgabe Unternehmen konfrontiert sind, die in ihren Infrastrukturen die Versorgungskette, den Produktionsbetrieb und die logistischen Möglichkeiten integrieren wollen. Wir können kein Outsourcing der Produktion oder Logistik betreiben, ohne in der Verantwortung zu bleiben, was die Konsistenz der Erfahrungsqualität für den Verbraucher betrifft, selbst wenn sich dessen Bedürfnisse verändern. Gleich bleibend hohe Erfahrungsqualität zu liefern setzt die Fähigkeit voraus, sich kurzfristig Änderungen in der Nachfrage anpassen zu können. Wir bezeichnen diese Fähigkeit als *zügige Rekonfiguration der Ressourcen.*

Sehen wir uns zum Beispiel den Wandel in einer sehr traditionellen Branche an – Zement – und wie das mexikanische Unternehmen Cemex darauf reagiert hat. In der Zementindustrie verlangen die Verbraucher (die Bauherren und die Handwerksbetriebe) vor allem eine zuverlässige Lieferung. Nun kann man gleichzeitig davon ausgehen, dass beinahe die Hälfte aller Verbraucher ihre Bestellungen nachträglich ändern, und das meist kurz vor dem vereinbarten Liefertermin. Unter diesen Bedingungen gestalten sich Vorausplanungen natürlich schwierig, denn ein Unternehmen wie Cemex hat nun mal keinen Einfluss darauf, wie seine Verbraucher arbeiten und wie sie sich verhalten. Die zentrale Herausforderung besteht also darin, zügig auf die Nachfrageveränderungen zu reagieren.

Cemex meisterte das Problem, indem sie die betrieblichen Abläufe der Flexibilität ihrer Kunden anpassten. Sie mussten also ebenfalls flexibel werden und zugleich verlässlich und pünktlich bleiben. Das gelang ihnen, weil sie schon früh in das CemexNet investierten, ein Satelliten-Kommunikationssystem, das die vielen, teils weit auseinander liegenden Zementfabriken vernetzt. Des Weiteren installierten sie ein Logistiksystem, „Dynamic Synchronization of Operations". Es stützt sich auf die GPS-Technologie sowie Computer in den einzelnen Lkws. Wie bei FedEx ist auch bei Cemex für bestmögliche Transparenz gesorgt. Mit dem System lassen sich jederzeit die genaue Position eines Zementlasters, die Wetter- und Verkehrsbedingungen, die Ladung und die Entfernung zur Baustelle ermitteln. Das Ergebnis: Die Lastwagen können kurzfristig umdirigiert werden, was eine optimale Koordination von Bestellungen, Zementfabriken und Lieferungen bis hin zu kurzfristigen Auftragsänderungen der Kunden ermöglicht.[11]

Auf dem Cemex-Onlineportal können die Lieferanten, Spediteure und Kunden die Aufträge einsehen und noch bis zum Lieferzeitpunkt ändern. Die Kunden können bestimmte Merkmale wie Farbe, Stärke, Mischung und Elastizität jederzeit verändern – alles Eigenschaften, die beim Fertigzement ausschlaggebend sind. Der Zugang der Cemex-Manager und Kunden zu den Informationen bildet die Grundlage für zügige Reaktionen auf Veränderungen.

Cemex brauchte acht Jahre, um diese Infrastrukturen aufzubauen. Sie begannen mit dem Kommunikationsnetzwerk und den IT-Infrastrukturen. Darauf folgte die logistische Infrastruktur, die es den Kunden möglich machte, am Wertschöpfungsprozess teilzunehmen.

Für Cemex ist die zügige Rekonfiguration von Ressourcen unentbehrlich, wollen sie ad hoc auf Änderungen von Kundenaufträgen reagieren können. Aber kann ein Manager ahnen, wie sich die Kundenerwartungen verändern werden? Kann er die Signale erkennen und darauf reagieren, noch bevor sie an die Oberfläche treten? Die Bekleidungskette Zara, eine Tochter des spanischen Modekonzerns Inditex, bietet eine Antwort auf diese Fragen.[12]

Während REI seine Mitarbeiter in erster Linie anhält, den Informationsbedarf ihrer Kunden zu befriedigen, setzt Zara darauf, dass die Angestellten neue Modetrends erkennen. Zara ist für den europäischen Modemarkt das, was Gap für den amerikanischen ist. Um den Modetrends und Geschmäckern stets voraus zu sein, hält Zara seine Designer und Verkäufer an, den engen Kundenkontakt zu pflegen.

Über das unternehmensinterne Kommunikationsnetzwerk leiten die einzelnen Mitarbeiter ihre Informationen direkt an die Zara-Zentrale in Spanien weiter. Bemerkt eine Geschäftsführerin, dass die Kundinnen bestimmte Schnitte, Farben oder Stile wollen, teilt sie es umgehend der Zentrale mit, wo auch die Designer sitzen.

Entsprechend können kontinuierlich neue Designs geliefert werden – und nicht bloß mehr das, was schon auf den Ständern hängt. Der Schritt vom Entwurf zum fertigen Kleidungsstück in der Boutique dauert bei Zara gerade mal zwei bis drei Wochen. Wie eine junge Zara-Kundin sagte: „Die Mode ändert sich so schnell, da will man eben den Look, der jetzt angesagt ist, und das möglichst günstig." Zara kann diesen Wunsch erfüllen, indem das Unternehmen seine Fähigkeit ausnutzt, die internen Lieferabläufe kurzfristig zu rekonfigurieren. Die Rohmaterialen werden von Zara selbst zugeschnitten und in den spanischen Schneidereien verarbeitet. So kann die Kette das Sortiment in den Geschäften bis zu zwei Mal wöchentlich vollständig austauschen, minimiert so die Lagerhaltung, passt sich schnell neuen Trends an und reduziert die Transportkosten. Die geringfügig höheren Fertigungskosten werden von erheblichen Einsparungen in anderen Bereichen des Systems mehr als wettgemacht, insbesondere durch die erhöhten Umsätze, die das Angebot stets aktueller Mode garantiert.

Wir sehen hier also unerwartete Parallelen zwischen der Zementindustrie und dem Modegeschäft. Der wesentliche Vorzug eines Erfahrungsumfelds, sich kurzfristig veränderten Kundenwünschen anpassen zu können, erfordert eine zügige Rekonfiguration der Ressourcen. Bei Cemex wird diese Reaktion durch die Auftragsänderungen der Kunden ausgelöst, und da diese jederzeit eintreffen können, muss kontinuierlich rekonfiguriert werden. Bei Zara sind es die Informationen der Boutiquenmitarbeiter, die Neuerungen hinsichtlich Stil, Design, Material, Schnitt, Farbe und so fort in Gang setzen. Könnte Zara auch die Kundinnen direkt miteinbeziehen? Vielleicht, doch dazu bräuchten sie ein anderes Kommunikationssystem, vergleichbar einer guten Avon-Beraterin oder dem Kosmetiksystem von Reflect.com.

Die eigentliche Herausforderung bei der Gestaltung eines verbraucherzentrierten Erfahrungsumfelds jedenfalls ist und bleibt die Integration variabler Infrastrukturelemente.

Zugang zu Kompetenzen

Wie wir bereits ausführten, steht im Zentrum des Erfahrungsumfelds die „Knotenpunktfirma", von wo aus die intellektuellen und technischen Abläufe gesteuert und die Anreize für beteiligte Firmen zur Zusammenarbeit im Netzwerk geschaffen werden.

Was macht ein Unternehmen, das in ein Netzwerk eingebunden ist, zu einem Knotenpunkt? Die reine Größe mag ein Faktor sein. Für viele Lieferfirmen ist die Zusammenarbeit mit einem großen Unternehmen Anreiz genug, um sich dem Netzwerk anzuschließen (entsprechende Beispiele sind die Netzwerke um General Motors und General Electric). Ein anderer Faktor kann sein, dass Firmen neue Konzepte einbringen, die sie automatisch in die Knotenpunktposition rücken, wie etwa Dell oder Cisco. Oder aber, wie bei Cemex oder Zara, sie revitalisieren eine bereits etablierte Branche, indem sie neue Märkte schaffen.

Zu beachten ist, dass die Firma, die als Knotenpunkt fungiert, nicht unbedingt alle Ressourcen, auf die sie zurückgreift, *besitzen* muss. Besitz und Zugriff sind zwei getrennte Dinge. Auch neigen wir dazu, *Kontrolle* mit Besitz gleichzusetzen. Diese beiden Dinge gehören ebenfalls nicht zusammen. Der Ehrgeiz von Managern sollte deshalb dahin gehen, Zugang *und* Kontrolle *ohne* Besitz zu erreichen.

Ein effektives Erfahrungsumfeld aufzubauen setzt voraus, dass man sich Zugang zu einer breiten Kompetenzbasis verschafft, sprich: sich auf die Ressourcen von anderen Unternehmen und Gemeinschaften

stützen kann. Der erste Schritt ist demnach, diese Kompetenzen aufzuspüren und sie ins Netzwerk einzubinden.

Nehmen wir ein weiteres Beispiel: Li & Fung, ein in Hongkong an-
sässiges Textilunternehmen, dass zum Knotenpunkt wurde, indem
es ein Netzwerk von 7.500 Zulieferern in 37 Ländern aufbaute. Dieses
Netzwerk nutzen Li & Fung, um Einzelhändlern wie Ann Taylor,
Guess, Laura Ashley und The Limited die Möglichkeit einer effizienten Angebotsrotation zu geben, häufig innerhalb von drei Wochen.
Li & Fung koordinieren die Informationen aus dem gesamten System ebenso wie die Beziehungen zum Lieferantennetzwerk, damit
die Produkte schneller, billiger und mit geringerem Risiko gefertigt
werden können.[13]

Und so funktioniert das Netzwerk von Li & Fung: Wenn ein Auftrag
eingeht, benutzen Li & Fung die individualisierten Websites,
E-Mail-Konten und andere Kommunikationsmethoden, um die Produktmerkmale mit den Kunden abzustimmen. Dann sorgen sie für
eine Optimierung des „Angebots auf Nachfrage", machen die richtigen Materiallieferanten ausfindig wie auch die richtigen Schneidereien für die Kleidungsstücke. So kann es sein, dass der Stoff aus
China kommt, weil nur dort die entsprechenden Webereien sitzen,
die Kleiderverschlüsse aus Korea, weil dort die haltbarsten Ver-
schlüsse gemacht werden, und die Näharbeiten in Indonesien stattfinden. Li & Fung sorgen außerdem dafür, dass das gesamte Portfolio von Zulieferern weltweit stets ausgewogen in der Auslastung ist.

Während sich die Kleidungsstücke im Fertigungsprozess befinden,
kann ein Einzelhandelskunde noch letzte Änderungswünsche vor-
bringen (ebenso wie der Cemex-Kunde). In diesem Fall allerdings
können sich die Änderungswünsche auf die globale Versorgungskette auswirken. Der Kunde kann das Design so lange ändern, bis
der Stoff zugeschnitten ist, die Farbe so lange, bis das Material die
Färberei passiert hat, und sogar den Auftrag stornieren, solange die
Webarbeiten noch nicht begonnen haben. Li & Fungs Kompetenz

besteht darin, dass sie die im riesigen Netzwerk vorhandenen Kompetenzen sicher einzuschätzen wissen, die wirtschaftliche Effizienz der Produktion sichern und eine individualisierte Versorgungskette aufgebaut haben, die sich jedem einzelnen Kunden optimal anpasst. Damit sind sie ein exzellentes Beispiel für die Bedeutung des Zugriffs auf Produktionskompetenz in der Schaffung von Infrastrukturen für ein Erfahrungsnetzwerk.

Ein weiterer Faktor ist der Zugriff auf Logistik. Die Logistik steht im Mittelpunkt der zügigen Rekonfiguration von Ressourcen. Trotzdem brauchen Unternehmen nicht eine eigene logistische Infrastruktur aufzubauen. Stattdessen können sie spezialisierte Firmen ins Netzwerk holen. Nehmen wir beispielsweise United Parcel Service (UPS), eine 30-Milliarden-Dollar-Zustellfirma mit Sitz in Atlanta, Georgia. UPS wurde zu einem Knotenpunktunternehmen in der Logistik, das ungefähr 1 Milliarde Dollar jährlich in die IT-Instrumente investiert, einschließlich des Informationssammelsystems DIAD (Delivery Information Acquisition Device), einer Paketsuchsoftware, Barcode-Scannern und massiver Datenzentren. UPS nutzt diese Instrumente, um an die 80.000 Lieferwagen, 240 Flugzeuge und über 360.000 Mitarbeiter in 200 Ländern zu koordinieren, wobei täglich über 8 Millionen Kunden bedient und sage und schreibe 6 Prozent des U.S.-amerikanischen Bruttoinlandsprodukts bewegt werden.[14]

Heute bietet die UPS-Logistikgruppe Einblick in die gesamte Versorgungskette. Das UPS-System erlaubt die genaue Wegverfolgung jeder einzelnen Sendung. Darüber hinaus bieten sie Dienste wie Inventarverwaltung, Lieferung von wichtigen Ersatzteilen auf Anforderung und sogar Garantiereparaturen an. Diese und andere Serviceleistungen erledigen Einrichtungen, die direkt in Flughafennähe liegen und so eine schnellstmögliche Auftragserfüllung gewährleisten.

Ein weiterer zentraler Aspekt des Erfahrungsnetzwerks ist das Management von Transaktionen. Auch auf diesem Gebiet tun sich mehr und mehr Spezialfirmen auf. CheckFree beispielsweise fungiert als

Knotenpunkt und ermöglicht die Koordination des elektronischen Zahlungsverkehrs von über 6 Millionen Verbrauchern. Sie haben Verträge mit mehr als 250 der größten Rechnungssteller in den USA und organisieren den Rechnungs- und Zahlungsverkehr über 450 Verbraucherdienste, einschließlich Banken, Maklerfirmen und Webportalen. Allein in den USA verarbeiten sie über zwei Drittel der 6 Milliarden Aufträge von Automated Clearing House (ACH). Kurz: Sie statten die Unternehmen mit einem Zugang zu einer IT-Infrastruktur aus, vergleichbar den ATM-Netzwerken, die die Banken für ihren Kundenservice nutzen.[15]

An den Beispielen Li & Fung, UPS und CheckFree ist zu erkennen, wie spezialisierte Unternehmen global operierende Netzwerke aufbauen können. Diese Spezialisten sorgen für den Zugang zu einer globalen Kompetenzbasis und machen es damit kleinen, über wenige Ressourcen verfügenden Firmen möglich, Einlass in die globalen Märkte zu finden. Mit einem Internetanschluss kann sich ein Unternehmen von überall her – ob aus Bombay oder Boston, Paris oder Peking – in die Netzwerkinfrastruktur einklinken. So verkaufen etwa Kunsthandwerker aus Rajasthan in Indien ihre Waren online an Kunden in den USA, denen sie innerhalb von sieben Tagen Tischwäsche oder personalisiertes Briefpapier zu einem Bruchteil der amerikanischen Produktionskosten liefern können.

Solche Internet-Unternehmen erfinden eine neue Spielform globalen Handels: den *mikro-multinationalen Warenverkehr.* Dazu brauchen sie nicht einmal groß in Produktionsstätten, Vertriebskanäle oder Logistiksysteme zu investieren. Für ihre Transaktionen nutzen sie einfach die Dienste, die von Spezialisten wie DHL, UPS und Citibank angeboten werden. Zudem sparen sie beim Marketing ihrer Produkte und Dienstleistungen an Zeit und Mitteln. Dank des Internets sind die Verbrauchernetze bereits globalisiert und die Mundpropaganda ist unaufhaltsam auf dem Vormarsch.

Während die Unternehmen in den Knotenpunktpositionen die Kompetenzen weltweit bündeln, tritt in der Wirtschaft ein neues Spiel auf den Plan: An die Stelle des traditionellen Aufspürens von Ressourcen rückt nun das *bessere Ausnutzen und Rekonfigurieren* der vorhandenen. Entsprechend sind die Unternehmen im Mittelpunkt der Netzwerke zusehends gefordert, den anderen Beteiligten stets neue Geschäftsmöglichkeiten zu eröffnen.

Flextronics zum Beispiel ist ein 15-Milliarden-Dollar-Unternehmen, das 75 Fabriken in 25 Ländern betreibt und sich auf Elektronik spezialisiert hat. In der Zusammenarbeit mit großen Unternehmen wie Palm (PDAs), Hewlett-Packard (Drucker) und Cisco (Router) hat es Flextronics zu einer Kompetenz gebracht, wie sie ein einzelnes Unternehmen wohl kaum jemals erlangen kann. Nehmen wir beispielsweise Microsoft. Wie kommt ein Software-Unternehmen dazu, eine Videospielkonsole wie Xbox herzustellen? Gar nicht. Microsoft arbeitet mit Flextronics zusammen. Sie nutzen Flextronics' globales Versorgungsnetzwerk sowie die beachtlichen Design- und Entwicklungskompetenzen, die ihnen den Weg auf den Spielkonsolenmarkt öffnen. Dabei spannen sie andere Zulieferer wie Intel (Mikroprozessoren), nVidia (Graphikprozessoren), Micron (Speicher) und Western Digital (Hardware) mit ein. Microsoft, selbst ein Unternehmen, das in einer Knotenpunktposition steht, schließt sich also mit einem anderen, Flextronics, kurz und geht mit ihm eine Symbiose ein, um sich „Kompetenz nach Bedarf" zu sichern. Dabei durchlaufen beide Seiten einen kontinuierlichen Lernprozess im Hinblick auf die bessere Nutzung ihrer Kompetenzressourcen. Flextronics gewinnt durch das Xbox-Projekt einen größeren Markt, während Microsoft seinen Markt ausbauen kann.[16]

All diese Beispiele zeigen, wie die verbraucherzentrierte gemeinsame Wertschöpfung den Firmen Zugang zu vielfältigen Kompetenzquellen gibt, die von Unternehmen im Zentrum des Netzwerks koordiniert werden. Innerhalb eines Netzwerks können durchaus mehrere Unternehmen diese zentrale Position innehaben. In diesem Fall würde dann ein Unternehmen sozusagen zum Knotenpunkt der Knotenpunkte, übernimmt also die zentrale Koordination aller. Diese Funktion kommt demjenigen zu, der das Erfahrungsumfeld, in welchem die Verbraucher ihre Erfahrungen mitgestalten, überproportional stark repräsentiert.

Für einen Manager besteht die vorrangige Aufgabe deshalb darin, ein Erfahrungsnetzwerk aufzubauen, innerhalb dessen sich Firmen und Verbraucher gemeinsam mit ihren Erfahrungen weiterentwickeln können.

Kehren wir noch einmal zu Intuit zurück. Das Unternehmen konnte seinen ersten wesentlichen Durchbruch dadurch erzielen, dass es erkannte, welche zentrale Rolle der Verbraucher von heute spielt. Seither bauen sie ihre Informationsinfrastruktur beständig weiter aus und erhöhen so die Erfahrungsvielfalt für ihre Kunden. Stephen Bennett, der neue CEO der Firma, der ehedem als Manager bei GE-Capital gearbeitet hat, stärkte das interne Netzwerk des Unternehmens, da er erkannte, wie wichtig die einzelnen Manager für die Qualität der Verbrauchererfahrungen sind. Heute überwachen mehr als 100 Intuit-Produktmanager die Mitarbeiter in den Produktkategorien, während ein Entwicklungsteam die Koordination der diversen Geschäftsbereiche übernimmt.

Da die Verbraucher in Finanzfragen zusehends versierter und im Umgang mit interaktiven Technologien (PC, mobile Geräte, Handys) immer sicherer werden, muss auch Intuit ständig neue Erfahrungsverknüpfungen ermöglichen. Die Herausforderung besteht darin, eine größtmögliche Vielfalt an heterogenen Erfahrungen zu bieten, indem man die Kundenkompetenz im Umgang mit Erfahrungsumfeldern fördert und technische wie soziale Potenziale ausbaut, die die gemeinsame Wertschöpfung einfach und profitabel machen und dabei noch Vergnügen bereiten.

Das Qualitätsmanagement von Erfahrungen

Beim Übergang zu Erfahrungsnetzwerken müssen wir uns darüber im Klaren sein, dass es nicht bloß auf die Vielfalt von Erfahrungen ankommt, sondern auch auf die *Qualität der ko-kreativen Erfahrungen*.

Wir erkennen es vor allem an den Spannungen, die sich zwischen dem tradierten Qualitätsmanagement von Produkten und Dienstleistungen (TQM – „Total Quality Management") und dem, was wir Qualitätsmanagement von Erfahrung (EQM – „Experience Quality Management") nennen wollen, ergeben. Das produktorientierte TQM lehrt uns, die Idee der Vielfalt zugunsten besserer Qualitätskontrolle zu verwerfen. Das EQM hingegen verlangt, die Heterogenität – also Vielfalt – mit einem hohen Qualitätsanspruch zu kombinieren. Derselbe Verbraucher, der eine einzigartige personalisierte Erfahrung erwartet, will gleichzeitig zuvorkommend, prompt und zuverlässig bedient werden – und das auf sämtlichen Kanälen.[17] Wie können wir diese auf den ersten Blick widersprüchlichen Erwartungen erfüllen, damit die Interaktion zwischen dem Kunden und uns zu einem für ihn positiven Ereignis wird?

Die Antwort liegt in der klaren Unterscheidung zwischen Vielfalt in der Verbrauchererfahrung – dem Zugang zu vielen verschiedenen Kanälen, Produkten und Dienstleistungen – und Vielfalt in den ihr zugrunde liegenden Prozessen. Erstere ist unsere Verbündete, Letztere unsere Feindin. Der Trick besteht in der Konfiguration einer ganzen Bandbreite von Ressourcen, mit der wir eine Vielzahl von möglichen Erfahrungen schaffen, während wir zugleich die Qualität der Prozesse sichern, die die einzelnen Erfahrungen stützen. Mit anderen Worten: Das Erfahrungsnetzwerk muss so gestaltet sein, dass es einerseits eine Vielfalt von Erfahrungen bereithält und andererseits die Versorgungsprozesse, die dafür aktiviert werden müssen, so wenig wie möglich variiert.

Das Neuland des Qualitätsmanagements von Erfahrungen, das wir beim Übergang zu Erfahrungsnetzwerken betreten, ist in Tabelle 6-1 umrissen.

Das Neuland des Qualitätsmanagements von Erfahrungen		
	Klassisches Qualitäts-management (TQM)	**Qualitätsmanagement von Erfahrungen (EQM)**
Qualitätsbegriff	Qualität wird mit Produkten, Dienstleistungen und Prozessen assoziiert.	Qualität wird mit individuellen ko-kreativen Erfahrungen und den Infrastrukturen assoziiert, die diese Erfahrungen ermöglichen. Die Qualität von Produkten, Dienstleistungen und Prozessen ist wichtig, reicht aber allein nicht aus für positive Erfahrungen.
Zielsetzung	Die Abschaffung der Vielfalt in den Prozessen zugunsten einer verbesserten Qualität von identischen Produkten und Dienstleistungen.	Heterogenität der Verbrauchererfahrungen; Erfahrungsvielfalt bei identischen Produkten und Dienstleistungen.
Methoden	Interne Disziplinen und Prozesse (z.B. Six Sigma); Kundenumfragen zur Zufriedenheit.	Ko-Kreationsprotokolle, Disziplinen und Regeln zum Engagement; DART-Bausteine der gemeinsamen Wertschöpfung und Erfahrungsprüfung.
Ergebnisse	Vorhersehbar und messbar anhand fester Kriterien.	Einzigartig aufgrund einer kontextgebundenen Interaktion zwischen dem einzelnen Verbraucher und dem Erfahrungsumfeld.

Tabelle 6-1

Sehen wir uns einige Beispiele an. Bei REI erkennen wir die Erfahrungspotenziale, die sich aus den unterschiedlichen Interaktionsmöglichkeiten ergeben. REI setzt bei der kontextgebundenen Erfahrung des einzelnen Verbrauchers an und macht von hier aus eine

Vielzahl unterschiedlicher Verbrauchererfahrungen möglich. Damit die Qualität konsistent bleibt, hat REI eine robuste Infrastruktur für die gemeinsame Wertschöpfung entwickelt, die Zugang, Dialog und Risikominderung vorsieht (zum Beispiel indem man sich den Rat eines einschlägig bewanderten Verkäufers einholt, wenn man ein Fahrrad sucht, das sich für eine spätherbstliche Tour durch die Rocky Mountains eignet). Während das klassische Qualitätsmanagement wie etwa bei Six Sigma den Firmen hilft, hochwertige Produkte herzustellen, kann konsistente Qualität von Erfahrungen nur gewährleistet werden, indem man neue Methoden erfindet, ein effektives Erfahrungsnetzwerk aufzubauen.

Deere geht ähnlich vor, da das Unternehmen neue Erfahrungsumfelder aufbaut und neue Erfahrungsräume für die Farmer schafft, die ihre Landwirtschaftssysteme benutzen. Doch die Qualität dieser neuen Erfahrungen steht und fällt mit der Infrastruktur, die Manager, Mitarbeiter, Händler, Deere-Produkte und -Services und die Farmer gemeinsam in ein Erfahrungsnetzwerk einbindet.

Der Übergang zu Erfahrungsnetzwerken: Schlüsselkonzepte und Herausforderungen

Im Folgenden fassen wir nun einige der Schlüsselkonzepte und organisatorischen Herausforderungen zusammen, die es beim Aufbau von Erfahrungsnetzwerken zu berücksichtigen gilt:

- Das Unternehmen muss an den einzelnen Interaktionspunkten kontinuierliche gemeinsame Wertschöpfungserfahrungen anbieten, wobei die Produkte, Vertriebskanäle, Technologien und Mitarbeiter als Pforten zu den Erfahrungen gesehen werden müssen.
- Das Erfahrungsumfeld sollte Räume schaffen, innerhalb deren die Verbraucher nach Bedarf Erfahrungen initiieren können.
- Entscheidend ist, dass der Heterogenität der Verbraucher Rechnung getragen wird. Unternehmen müssen sowohl deren zahlreiche

Ursachen und Erscheinungsformen durchschauen als auch begreifen, was diese für die ko-kreativen Erfahrungen bedeuten.

- Das Erfahrungsnetzwerk sollte den Verbrauchern verschiedene
  Zugangsebenen und -formen zu den Informationen bieten, den
  Dialog mit dem Unternehmen und anderen Verbrauchern öffnen
  und Wege zum Risikomanagement aufzeigen.

- Die Logistikinfrastruktur sollte eng mit dem Erfahrungsumfeld
  vernetzt sein und das Verbraucherbedürfnis nach Informationszugang gleichermaßen befriedigen wie das Kontrollbedürfnis des
  Unternehmens. Um das Vertrauen der Verbraucher zu gewinnen,
  sollten die unternehmensseitigen Informationsinfrastrukturen hinlänglich transparent sein.

- Manager müssen imstande sein, schnell zu reagieren, was die
  Fähigkeit zur zügigen und flexiblen Rekonfiguration von Ressourcen miteinschließt.

- Infrastrukturen sollten grundsätzlich eine technische und eine soziale Seite aufweisen. Ein effektives Erfahrungsnetzwerk braucht
  technische wie soziale Potenziale.

- Die strategische Architektur von Erfahrungsnetzwerken ist eine
  kreative Kombination von angemessenen technischen und sozialen Erfahrungspotenzialen nebst selektiver Aktivierung von
  Kompetenzen, die individuelle Erfahrungen für eine heterogene
  Verbrauchergemeinschaft erleichtern.

Wie wir also gesehen haben, braucht die Personalisierung von ko-
kreativen Erfahrungen ein robustes Erfahrungsnetzwerk. Der Übergang von der firmenzentrierten Versorgungskette zum verbraucherzentrierten Erfahrungsnetzwerk ist in Tabelle 6-2 zusammengefasst.

Der Übergang zu Erfahrungsnetzwerken

Von: Firmenzentrierten Versorgungsketten	Motivation für den Wandel	Zu: Verbraucherzentrierten Erfahrungsnetzwerken
Verbraucher sind passive Empfänger des Firmenangebots.	**Die Interaktion zwischen Verbrauchern und Unternehmen ist der Schauplatz der Wertschöpfung.**	Verbraucher sind aktiv an der Wertschöpfung beteiligt.
Unternehmen ziehen Gewinn aus der Interaktion mit den Verbrauchern.		Die Interaktion zwischen Verbrauchern und Unternehmen ist der Schauplatz gemeinsamer Schöpfung (und des gemeinsamen Gewinns) von Wert.
Im Mittelpunkt steht das Qualitätsmanagement von Produkten, Services und Prozessen.		Im Mittelpunkt steht das Qualitätsmanagement von Erfahrungen.
Wert basiert auf Produkten und Dienstleistungen. Sie repräsentieren den Wert, den die Firma und ihre Versorgungskette erbringen.	**Individuelle ko-kreative Erfahrungen bilden die Basis für Werte.**	Individuelle ko-kreative Erfahrungen bilden die Basis für Werte. Produkte und Dienstleistungen sind nur ein Teil des Erfahrungsumfelds.
Kanäle stehen für den Vertrieb von Produkten aus der Versorgungskette. Das Unternehmen führt Bestellungen von Produkten aus.	**Vielfältige Kanäle sind vielfältige Pforten zu Erfahrungen.**	Kanäle sind Pforten zu Erfahrungen. Die Verbraucher engagieren sich in der personalisierten Ko-Kreation von Erfahrungen. Firmen, die als Knotenpunkte fungieren, ermöglichen die gemeinsame Schöpfung einzigartiger Werte.
Die Infrastruktur zielt auf das Management von Mitteln, Prozessen, Ressourcen und Effizienz innerhalb des Unternehmens.	**Infrastrukturen müssen die heterogenen Wertschöpfungserfahrungen fördern.**	Infrastrukturen sollen das Erfahrungsumfeld stützen, indem sie die vier Bausteine DART, Zugang zu Kompetenzen, zügige Rekonfiguration der Ressourcen und Effizienz beinhalten, um Erfahrungspotenziale zu bieten.
Die Kompetenzen liegen beim Unternehmen, seinen Zulieferern und Partnern. Versorgungsketten funktionieren nach einer vorgegebenen Reihenfolge und bringen Produkte hervor.	**Das erweiterte Netzwerk ist der Schauplatz der eigentlichen Kompetenz.**	Kompetenz lebt im erweiterten Netzwerk, zu dem auch die Verbrauchergemeinschaften gehören. Die Knotenpunktfirmen aktivieren diese Kompetenzen selektiv für die einzigartige gemeinsame Wertschöpfung.

Tabelle 6-2

Wie verändern die neuen Rahmenstrukturen für die Wertschöpfung und der Übergang zu Erfahrungsnetzwerken unseren Begriff von „Markt"? Ist der traditionelle Markt nach wie vor der Schauplatz für den Austausch zwischen Firmen und Verbrauchern? Ist er immer noch der Ort, an dem Unternehmen Gewinn aus der Interaktion mit den Verbrauchern ziehen? Inwiefern verändert sich die Bedeutung des „Markts" im Lichte der neuen Paradigmen für die gemeinsame Wertschöpfung? Diesen Fragen wollen wir uns im nächsten Kapitel zuwenden.

Kapitel 7

Der Markt als Forum

Das neue Paradigma der gemeinsamen Wertschöpfung stellt den Verbraucher in den Mittelpunkt. Den Unternehmen kommt dabei die Rolle zu, Erfahrungsumfelder zu gestalten und stützende Erfahrungsnetzwerke aufzubauen, innerhalb deren eine Vielzahl von Verbrauchern ihre Erfahrungen aktiv mitbestimmt. Firmen können nicht mehr autonom Werte für den Austausch schaffen. Was aber heißt das für den Markt?

Das Marktkonzept

Das Wort Markt wird mit zwei unterschiedlichen Bildern assoziiert. Zum einen ist der Markt der Ort, an dem Firmen Waren und Dienstleistungen gegen das Geld der Verbraucher tauschen, zum anderen versteht man unter Markt die Gesamtheit aller Verbraucher.

Das traditionelle Marktkonzept

Das traditionelle Marktkonzept war unternehmenszentriert. Die Verbraucher waren passiv und die Firmen richteten sich mit ihrer Kundenpolitik an feste Zielgruppen. Die Interaktionen zwischen Unternehmen und Verbrauchern fanden auf dem Markt statt und dienten einzig der unternehmensseitigen Extraktion von Wert. Entsprechend hatte der Markt für Unternehmen und Verbraucher jeweils eine andere Bedeutung. Tausch oder Extraktion von Wert waren die vorrangigen Funktionen des Markts und losgelöst vom Wertschöpfungsprozess, wie Abbildung 7-1 zeigt.

Abbildung 7-1

Das traditionelle Konzept wird infrage gestellt

Wenngleich Unternehmen ihre Kundenbeziehungen durchaus pflegen, so tun sie es nach Gesichtspunkten traditioneller Wertschöpfung. Der Markt ist der Zielort des Austauschs von Unternehmensprodukten und -dienstleistungen. Wir sind nun an die Grenzen dieses Konzepts gestoßen, denn die produktzentrierte Vorstellung von „einheitlichen Segmenten" greift nicht mehr.[1]

Der Jäger ist zum Gejagten geworden, weil informierte, vernetzte und aktive Verbraucher immer besser begreifen, dass auch sie beim traditionellen Tausch Wert extrahieren können. Online-Auktionen für Hotelzimmer und Flugreservierungen sind nur ein Beispiel für dieses Phänomen. Die Beliebtheit von Unternehmen wie eBay signalisiert den zunehmenden Wunsch der Verbraucher, die Preise für Waren und Dienstleistungen aktiv mitzubestimmen. Aus Verbrauchersicht sind die Vorteile der Auktion, dass der Preis den eigentlichen Nutzen für den Verbraucher zu einem bestimmten Zeitpunkt reflektiert. Das muss nicht notwendigerweise heißen, dass die Preise automatisch niedriger ausfallen, sondern dass die Verbraucher nach dem Nutzen zahlen, den ihnen die Produkte oder Services bringen, anstelle des Preises, den die Produktionskosten der Unternehmen diktieren.

Die traditionelle Preisgestaltung wird natürlich nicht ganz von der Bildfläche verschwinden. Es wird auch zukünftig Umstände geben, unter denen sie der bequemste und angemessenste Weg sein wird, Preise festzulegen. Doch je bewusster sich die Verbraucher ihrer Verhandlungsmacht in den verschiedenen Branchen werden – von der Autoindustrie bis zur Schönheitschirurgie –, umso mehr geraten die Unternehmen unter den Druck, sich auf implizite (wenn nicht gar explizite) Verhandlungen einzulassen. Die Auktion stellt nur einen möglichen Weg dar, mit Verbrauchern in einen Verhandlungsprozess zu treten. Gewappnet mit dem Wissen, das die zunehmende Transparenz des Wirtschaftsumfelds ihnen verleiht, sind die Verbraucher heute gewillt wie nie zuvor, mit den Unternehmen über Preise von Produkten und Dienstleistungen zu verhandeln. Es entsteht eine Welt, in der die Verbraucher ihren Wert für die Unternehmen erkennen und dieses Wissen bei den Verhandlungen nutzen. Manager müssen sich daher mit dem Gedanken anfreunden, dass sie sowohl Preis*akzeptierer* wie auch Preis*gestalter* sind.

Vor allem aber wird sich Wert mehr und mehr danach bestimmen, welche Wertschöpfungserfahrungen der Einzelne macht. Somit wird sich die Zahlungsbereitschaft des einzelnen Verbrauchers danach richten, welche ko-kreativen Erfahrungen er macht. Wie wir bereits betont haben, sind Produkte und Dienstleistungen *nicht* die Basis für Werte. Vielmehr ergibt sich Wert aus den Erfahrungen, die der Einzelne in einem Erfahrungsumfeld gewinnt, das die Unternehmen mit ihm gemeinsam gestalten. Entsprechend sieht die neue Rahmenstruktur die Interaktion zwischen Verbrauchern und Unternehmen im Zentrum der Wertschöpfung. Weil sich nun im System mehrere Interaktionspunkte ergeben (einschließlich des klassischen Tauschs), können wir davon ausgehen, dass jedwede Interaktion zum Schauplatz von Wertschöpfung wird.

Somit erschüttert unsere Sicht der gemeinsamen Wertschöpfung die bisherige Vorstellung von Markt, sowohl die von Markt als Tausch von Produkt- und Serviceangeboten als auch die von der geschlossenen Verbrauchergemeinschaft. Die traditionelle Wirtschaftswissenschaft ist einseitig auf den Austausch von Waren und Dienstleistungen zwischen Unternehmen und Verbrauchern ausgerichtet und sieht die vorrangige Aufgabe des Managements darin, Gewinn aus der auf Tausch fixierten Interaktion zu ziehen. Die gemeinsame Wertschöpfung hingegen sieht jedwede Interaktion zwischen Verbrauchern und Unternehmen als Möglichkeit der Wertschöpfung wie der Gewinnextraktion.

Auch die Vorstellung vom Markt als einer Ansammlung von Verbrauchern, die aus dem auswählen, was die Firmen ihnen anbieten, wird durch das Konzept der gemeinsamen Wertschöpfung infrage gestellt. Im neuen Wertschöpfungsraum haben die Manager zumindest teilweise die Kontrolle über die Erfahrungsumfelder und die Netzwerke, die sie aufbauen, um die ko-kreativen Erfahrungen zu ermöglichen. Aber sie können nicht kontrollieren, wie die Einzelnen ihre Erfahrungen mitgestalten. Die neuen Paradigmen zwingen uns also, uns von unserem bisherigen Bild des Markts als einer Ansammlung von Verbraucherzielgruppen für die Firmenangebote zu verabschieden.

Der Markt als Forum

Es entsteht ein neues Marktkonzept, in dessen Mittelpunkt die Interaktion zwischen Verbrauchern und Unternehmen steht – *die Rollen von Unternehmen und Verbrauchern fließen ineinander.*

Die Firmen und die Verbraucher sind sowohl Partner als auch Konkurrenten: Partner in der gemeinsamen Schaffung von Werten und Konkurrenten in der Extraktion von wirtschaftlichem Wert. Der Markt als Ganzes wird untrennbar mit dem Wertschöpfungsprozess verschmelzen, wie Abbildung 7-2 zeigt.[2]

Die gemeinsame Wertschöpfung wandelt den Markt in ein *Forum*, auf dem der Dialog zwischen Verbrauchern, Firmen, Verbrauchergemeinschaften und Firmennetzwerken stattfinden kann. Wir müssen ihn uns wie einen *Raum potenzieller Ko-Kreation von Erfahrungen* vorstellen, in dem individuelle Vorlieben und Befangenheiten über die Verbraucherbereitschaft entscheiden, für Erfahrungen zu bezahlen. Kurz: Der Markt ähnelt einem Forum für ko-kreative Erfahrungen.

Wir haben bereits festgestellt, dass die veränderte Rolle der Verbraucher den Wertschöpfungsprozess und das Marktkonzept beeinflusst. *Sich neu bildende Verbrauchergemeinschaften* bilden einen integralen Bestandteil der Erfahrungsnetzwerke für die gemeinsame Wertschöpfung. Um die Berührungspunkte zwischen Verbrauchern und Unternehmen zu nutzen, müssen Unternehmen die *Heterogenität der Interaktion* ansprechen. Außerdem müssen sie spannende Erfahrungsumfelder gestalten, die es den Einzelnen erlauben, die Interaktion zu personalisieren. Manager sollten dazu übergehen, mit den Verbrauchern *gemeinsam Erwartungen* zu formulieren. Und schließlich fällt den Verbrauchern die Rolle zu, mit den Unternehmen *gemeinsam Erfahrungen* zu gestalten. Für die neuen Möglichkeiten, die die „Erfahrung des Einzelnen" eröffnet, ist die gemeinsame Gestaltung von Erwartungen und Erfahrungen unabdingbar.

Das Marktkonzept, wie es sich gegenwärtig abzuzeichnen beginnt

Interaktion zwischen Firmen und Verbrauchern

(1) Interaktion ist der Schauplatz *gemeinsamer Wertschöpfung* und Extraktion ökonomischer Werte durch Verbraucher und Unternehmen.

(2) *Ko-kreative Erfahrungen* bilden die Basis von Werten.

Die Unternehmen: Partner in der gemeinsamen Wertschöpfung und Konkurrenten in der Extraktion ökonomischer Werte

Der Markt: *Gemeinsame Erfahrung der Schaffung einzigartiger Werte* im Kontext eines Einzelnen zu einem bestimmten Zeitpunkt

Die Verbraucher: Partner in der gemeinsamen Wertschöpfung und Konkurrenten in der Extraktion ökonomischer Werte

Der Markt ist integraler Bestandteil des Wertschöpfungsprozesses

Abbildung 7-2

Sich neu bildende Verbrauchergemeinschaften

Traditionelle Industriestrukturen machen den Dialog zwischen Verbrauchern und Unternehmen distanziert und schwierig. Groß- und Einzelhändler fungieren als Vermittler zwischen Produkten und Konsumenten, wobei sie sie eher trennen als verbinden. Automobilfirmen beispielsweise verkaufen Luxuslimousinen zum Preis von 40.000 Dollar aufwärts und haben zugleich wenig oder gar keinen direkten Kontakt zu ihren Kunden. Das Kundenverständnis der einzelnen Firmen variiert enorm, wenn es um die Einschätzung von Wünschen, Vorbehalten und Bedürfnissen geht. Und die Marktforschung ist bestenfalls ein indirekter Weg, etwas über die Verbraucher zu erfahren. Wenn überhaupt ein Dialog stattfindet, geht es meist um Problemlösungen, wie etwa in den Callcentern. Gerade weil sich die Firmen so zu einer Zeit nur an einen Verbraucher wenden, fehlt den traditionellen Konsumenten die Möglichkeit, mit anderen Verbrauchern zu kommunizieren. Die Verbraucher sind quasi voneinander isoliert.

Hier zeichnet sich ein deutlicher Wandel ab. Einige progressive Firmen fangen an zu begreifen, dass sie den Dialog mit Verbrauchernetzwerken initiieren müssen, in denen die Verbraucher aktiv an der Schöpfung und Extraktion von Wert teilhaben – als Ko-Entwickler, Partner, Investoren, Konkurrenten und Verhandler. In den kommenden Jahren wird sich dieser Trend weiter verstärken und sich über mehr und mehr Branchen ausweiten. Vernetzte, aktive, einflussreiche Verbraucher werden zunehmend den Dialog mit den Unternehmen und mit anderen Verbrauchern suchen.

Diese explosive Zunahme des Dialogs zwischen Firmen und Verbrauchern wie auch unter den Verbrauchern schafft Letzteren Möglichkeiten, ihrerseits zu *Initiatoren* des Dialogs zu werden, die nicht länger von den Firmen abhängig sind. Es findet also eine Verschiebung statt, weg von den Firmen, die sich ihre Konsumenten nach dem Kriterium der potenziellen Gewinnerwartung aussuchen hin zu einem Markt als Forum, auf dem vernetzte Verbrauchergemeinschaften zur treibenden Kraft werden.[3]

In gewisser Weise ist das eine nur natürliche Entwicklung. Menschen neigen instinktiv dazu, sich mit anderen zusammenzutun und nach einer Einbindung in soziale Netze zu streben. Sie möchten einzigartig sein, aber zugleich auch Teil einer Gemeinschaft (wenn ich ein Tiger-Woods-Golfhemd kaufe, drücke ich damit sowohl meinen persönlichen Stil aus als auch meine Zugehörigkeit zum weltweiten Netz der „Ich wär gern wie Tiger"-Gemeinde). Der Impuls an sich ist durchaus nicht neu, aber die vielfältigen Möglichkeiten, ihm nachzugeben, die sich den Verbrauchern heute bieten, sind es sehr wohl.

Sie haben mehr Gelegenheit denn je, ihre selbst geschaffene, von außen beeinflusste Position im sozialen Netz des Markts zu genießen.

Nehmen wir zum Beispiel die Hollywood Stock Exchange (HSE), eine simulierte Unterhaltungsbörse, an der „Filmaktien" und „Staranleihen" gehandelt werden, deren Wert in „Hollywood Dollars" (H$) gemessen wird. Über 850.000 Händler nutzen die HSE, um ihre Ansichten über Filme und Stars mitzuteilen. Wenn neue Filme herauskommen, sagen die Händler die Einspielergebnisse der ersten vier Wochen voraus und schließen Stellagegeschäfte ab, die ihre Erfolgs- oder Misserfolgserwartungen reflektieren.

HSE-Mitglieder sind mehr als nur Filmkritiker oder Filmfans. Ihre „Investitionsentscheidungen" fließen in die Fachpresse ein und die großen Filmstudios können es sich nicht leisten, diese Verbrauchergemeinschaft bei ihrer Planung zu ignorieren. In vielen Fällen erweisen sich die Voraussagen der HSE als erstaunlich exakt. Als beispielsweise im Herbst 2001 *Der Herr der Ringe: Die Gefährten* herauskam, lag der Filmwert an der HSE einen Monat vor Kinostart bei 233,89 Millionen H$. Das Einspielergebnis in den ersten vier Wochen belief sich auf 228,32 Millionen Dollar.[4]

Wir dürfen nicht außer Acht lassen, wie sehr sich die Verbraucher gegenseitig beeinflussen. Denken wir an die Kunden von Cisco Systems, dem führenden Hersteller für Computerzubehör. Das Unternehmen erkannte, über welche Kompetenz seine Kunden verfügen, und richtete die Cisco Connection Online ein, ein Servicenetzwerk, über das die Verbraucher Zugang zu Informationen, Ressourcen und Systemen von Cisco erhalten. Dieses Netzwerk macht es den Cisco-Kunden möglich, miteinander zu kommunizieren, sich bei Problemen gegenseitig zu helfen und die „Cisco-Erfahrung" eines jeden zu bereichern.

Zudem müssen wir uns darüber im Klaren sein, dass jeder einzelne Verbraucher mehreren Bezugsgruppen gleichzeitig angehört – eben den sozialen Netzwerken der Gegenwart, die sich mit der Zeit ebenso verändern und weiterentwickeln wie die Produkte, die er konsumiert.

Wie aber stellen es Unternehmen an, von einem dynamischen Verbrauchernetzwerk zu lernen? Wie finden sie den konstanten, aktiven Dialog mit diesen Verbrauchern? Wie und unter welchen Umständen sollten sie die Entwicklungen innerhalb der Netzwerke fördern? Dies sind die Fragen, mit denen Manager konfrontiert sind, die die Interaktionen mit den Verbrauchern in einem vernetzten Umfeld mitgestalten wollen.

Junge Manager haben sich gewöhnlich in einer bestimmten Branche nach oben gearbeitet. Sie haben bestimmte Werte übernommen, eine bestimmte Sprache gelernt und bestimmte Fähigkeiten erworben. Später lernen einige von ihnen, mit anderen Branchen zusammenzuarbeiten und Beziehungen zu ihnen aufzubauen, wobei die Spanne vom distanzierten Warentausch bis zum Jointventure reicht. Entsprechend variieren auch die erforderlichen sozialen Kompetenzen. Heute aber müssen Manager vollkommen neue soziale Fähigkeiten mitbringen, die sie in die Lage versetzen, sowohl mit dem einzelnen Verbraucher als auch mit Verbrauchergemeinschaften zu kommunizieren.

Einen Beweis dafür liefert der niederländische Konzern Philips Electronics mit seinem Produkt Pronto, einer intelligenten, universell einsetzbaren Fernsteuerung. Hacker begannen sich für die Pronto-Software zu interessieren und einer von ihnen richtete eine entsprechende Website ein, auf der die Hacker ihre bisherigen Erfolge zusammentragen konnten. Das war natürlich ein offener Angriff auf Philips, auf den die meisten Unternehmen gewiss mit Entrüstung reagiert hätten. Nicht so Philips. Das Unternehmen beschloss, mit den Hackern zu kooperieren, und sorgte für einen vereinfachten Zugang zu den Programmdateien, Codes und anderen Informationen. Zugleich ermöglichten sie anderen Herstellern von Audio-Video-Produkten, ihre Software-Codes zu veröffentlichen, um so Programmierzeit zu sparen.

Philips erkannte, dass die Hacker sowohl den Verbrauchern als auch dem Unternehmen helfen konnten, indem sie Wege aufzeigten, Pronto benutzerfreundlicher zu machen. Die Bemühungen des Unternehmens kamen nicht nur dem Image zugute, sondern bescherten ihm Erfahrungen, die seine Marktposition noch stärken konnten. Statt gegen die selbst bestimmte und unabhängige Pronto-Hacker-Gemeinschaft vorzugehen, hat Philips sich mit ihr zusammengetan, wovon alle Seiten profitierten.

Traditionell wird der Markt als etwas gesehen, das *außerhalb* der Wertkette liegt. In Zukunft aber müssen wir uns darauf einstellen, die Verbrauchergemeinschaften *in* den Wertschöpfungsprozess miteinzubinden. Zwischen Firmen, Mitarbeitern, Verbrauchern und Verbrauchergemeinschaften kann es innerhalb des Systems vielerlei Berührungspunkte geben. Daher muss man den Markt als eine das gesamte System durchziehende Größe betrachten.

Die Heterogenität von Interaktionen

Wir sprachen bereits ausführlich über die Heterogenität der Verbraucher, jene unbegrenzte Vielfalt von Dispositionen, die es für die Unternehmen so schwierig macht, personalisierte ko-kreative Erfahrungen für jeden einzelnen Verbraucher zu ermöglichen. Da wir diese Aufgabe dennoch bewältigen müssen, sollten wir uns einige der Faktoren genauer ansehen, in denen die Heterogenität wurzelt.

Sachkenntnis

In puncto Sachkenntnis trennen die Verbraucher bisweilen Welten. In diesem Zusammenhang hatten wir schon vorher das Beispiel der elektronischen Steuererklärung erwähnt. Wer in technischen und Finanzdingen versiert genug ist, um die betreffenden Protokolle zu meistern, wird das System wahrscheinlich als schnell und unkompliziert beschreiben. Für alle anderen kann es ein Alptraum sein.

Dasselbe gilt für die Navigationssysteme in den meisten Luxuswagen. Je nach Wissensstand des einzelnen Verbrauchers beherrscht man diese Systeme binnen fünf Minuten oder einer Stunde. Und die Tatsache,

dass nicht alle Funktionen für alle Verbraucher gleichermaßen relevant sind, macht die Personalisierung umso komplizierter. Der un-
bewanderte Verbraucher wird wohl eine ihm endlos erscheinende
Zeit damit zubringen, sich allein durch die verschiedenen Funktionen
zu arbeiten, die er nicht braucht und die ihn auch nicht interessieren,
während er verzweifelt nach ein paar erhellenden Informationen
darüber sucht, wie weit er noch kommt, bevor der Tank leer ist.

Die rasante Zunahme von Produkten oder Dienstleistungen, die eine
fachkundige Bedienung durch die Verbraucher voraussetzen – von
Fernsehgeräten über Telefone und Autos bis hin zu Heizungs- oder
Klimaanlagen und Alarmsystemen –, zeigt deutlich, welche Kluft
sich hier zwischen Unternehmen und Verbrauchern auftut. Die Unter-
nehmen sind daher gefordert, Räume vorzuhalten, in denen *jeder*
Verbraucher die Erfahrungen machen kann, die seinem jeweiligen
Kenntnisstand angemessen sind.

Dialogbereitschaft

Der „virtuelle Konsument" ist auf dem Vormarsch. So erhielt beispielsweise ein amerikanischer Krankenversicherer Anfragen aus einer
Kleinstadt in Südostasien. Nun beschränken sich die Aktivitäten des
Unternehmens vornehmlich auf den amerikanischen Raum, aber
potenzielle asiatische Kunden hatten die Website entdeckt und ihre
Anfragen per E-Mail geschickt. Ihre Kundenprofile waren dieser
Firma gänzlich unbekannt, doch sie konnte die Anfragen wohl schlecht
ignorieren. Dabei konnte es sich um einen Internet-Streich handeln,
jedoch ebenso gut um ein Neukundenpotenzial, mit dem das Unternehmen überhaupt nicht gerechnet hatte. Die Frage war, wie sie auf
die Anfragen reagieren sollten, und sie unterschied sich deutlich von
der gängigen Debatte darüber, wie man bei der Erschließung neuer
Märkte (wie den asiatischen) vorgehen sollte.

Heutzutage erhalten Unternehmen immer häufiger Anfragen von
Verbrauchern, die in der kalkulierten Zielgruppe gar nicht vorkom-

men. Während des Telekommunikationsbooms zwischen 1996 und 2000 zum Beispiel erhielten Anbieter wie Lucent Technologies Anfragen von Bataillonen von bekannten und unbekannten Jungunternehmen weltweit, die ihre Telekommunikationsprodukte und Services nutzen wollten. Bei diesen potenziellen Kunden bestand der einzige gemeinsame Nenner meist darin, dass sie am Boom teilhaben wollten, wobei sie oft nur über begrenzte Sachkenntnis verfügten.

Auf ein Managementteam, das daran gewöhnt ist, mit einer Hand voll großer, sachkundiger und etablierter Kunden zusammenzuarbeiten, wie etwa den Bell-Betrieben, muss dieser „Laienansturm" zwangsläufig befremdend wirken. Wie reagiert man auf einen thailändischen Investor, der innerhalb von sechs Monaten ein Handynetz aufbauen will? Gleichzeitig mussten die Lucent-Manager mit AT&T verhandeln, die alle möglichen Extras verlangten und jede noch so kleine technische Nuance haarklein aushandeln wollten.

Toleranz gegenüber Nervensägen

Verbraucher variieren ebenfalls, was ihre Toleranz von Problemen angeht. Nehmen wir das Beispiel Software. Technisch interessierte Menschen – Ingenieure, Hacker, Computerjunkies und andere Liebhaber – sind jederzeit willens, mit Beta-Versionen zu arbeiten, auch wenn sie eindeutige Schwächen aufweisen. Ja, sie sind bisweilen sogar bereit, für dieses Privileg zu zahlen. Solche Leute haben ihren Spaß daran, die Schwachstellen aufzuspüren oder Teil einer Gemeinschaft zu sein, die sich kollektiv der Ausmerzung dieser Schwächen verschreibt. Viele andere aber sehen die Software schlicht als ein notwendiges Übel und reagieren entsprechend gereizt, sobald irgendwelche Schwierigkeiten auftreten.

Ähnliche Unterschiede lassen sich in vielen anderen Bereichen ausmachen. Einige Häuslebauer genießen es förmlich, sich den komplexen Herausforderungen der Handwerkerkoordination zu stellen oder den Innenausbau von eigener Hand vorzunehmen; andere wiederum möchten, dass die Arbeit von Profis geplant und durchgeführt wird und sie selbst möglichst wenig belästigt werden. Einige Reisende lieben es, mit fremden Kulturen in Berührung zu kommen, und nehmen dafür manche Unbequemlichkeiten in Kauf, wohingegen andere nie und nirgends auf die Klimaanlage und den 24-Stunden-Service verzichten wollen. Solche Unterschiede prägen die individuellen Erfahrungen wesentlich mit, die Einzelne mit Produkten oder Dienstleistungen machen (um es vorsichtig zu formulieren).

Die Bereitschaft, Lieferanten oder Produkte zu wechseln

Von einem Lieferanten eines Produkts oder einem Serviceanbieter zu einem anderen zu wechseln, bringt immer Kosten mit sich. Manchmal kostet es Geld, etwa wenn ich meinen Laptop gegen den eines anderen Herstellers (oder auch nur gegen ein anderes Modell) eintausche und mir neues Zubehör zulegen muss. Manchmal entstehen allerdings auch kognitive Kosten: Wenn eine neue Version eines Windows-Betriebssystems auf den Markt kommt, muss ich Energie und Gehirnzellen investieren, um mit den neuen Protokollen vertraut zu werden. Und in anderen Fällen wiederum ist der Preis ein rein emotioneller: Beispielsweise wenn der Arzt, der mich seit Jahrzehnten behandelt, mir sagt, ich würde mich demnächst von seinem Nachfolger betreuen lassen müssen, weil er in den Ruhestand geht.

Kosten wie diese erklären, warum Kunden manchmal bei ihren gegenwärtigen Lieferanten bleiben, selbst wenn sie mit ihnen nicht vollkommen zufrieden sind. Wie viele Negativaspekte es braucht, um einen Wechsel zu motivieren, variiert von Verbraucher zu Verbraucher.

Die gemeinsame Gestaltung von Erwartungen: Die sechs Stadien der Unternehmensentwicklung

Bei der Entwicklung hin zum Kooperieren mit den heterogenen Verbrauchern und ihren Erwartungen durchlaufen die Unternehmen mehrere Stadien. Im ersten und primitivsten Stadium stellen sie fest, dass sie die Verbrauchererwartungen nicht gezielt beeinflussen können. Wir bezeichnen dieses Stadium als „vage".

Darauf folgt das „reaktive" Stadium, in dem die Manager gelernt haben, auf die ausdrücklichen Bedürfnisse der Verbraucher zu reagieren, insbesondere auf Probleme, die sie erkennen. Während der Neunzigerjahre erreichten viele Unternehmen, denen die Wünsche der Verbraucher bis dahin nur vage bekannt waren, dieses Stadium.

In der dritten Stufe beginnen die Manager, sich „interessiert" zu zeigen. Ein interessiertes Unternehmen reagiert nicht einfach auf das Feedback der Kunden. Es arbeitet auch unaufgefordert kontinuierlich daran, die eigenen Leistungen zu verbessern und durch freiwillige Aktionen zu demonstrieren, dass ihm an der Kundenzufriedenheit gelegen ist. Ein interessiertes Unternehmen würde etwa von sich aus defekte Produkte zurückrufen oder gratis eine Nachbesserung solcher Produkte anbieten.

Im reaktiven wie im interessierten Modus dreht sich für die Unternehmen nach wie vor alles um die eigenen Produkte oder Dienstleistungen. Über diesen Fokus bewegen sie sich erst im vierten, dem „vorwegnehmenden" Stadium hinaus.

Überraschenderweise stellen sich nur wenige Firmen der Aufgabe, die Kundenbedürfnisse vorwegzunehmen. Den Beweis dafür können wir leicht antreten, indem wir einfach auf die Lückenhaftigkeit des gegenwärtigen Produkt- und Serviceangebots hinweisen. So sollte ein Manager, der sich mit aktuellen Statistiken befasst, wissen, dass in den USA der Anteil alter Menschen im Bevölkerungsdurchschnitt immer stärker zunimmt. Einige lobenswerte Ansätze wurden bereits unternommen, deren Bedürfnisse im Produkt- und Serviceangebot zu berücksichtigen, zum Beispiel Depends-Unterwäsche (mit Schutzeinlagen) und Viagra (ein „Lifestyle-Medikament", das sich besonders an ältere Männer richtet). Warum aber bietet kein einziger Nahrungsmittelhersteller ein Sortiment von wohlschmeckenden Fertiggerichten an, die für alte Menschen unkompliziert zuzubereiten, zu kauen und zu verdauen sind? Warum gibt es keine Wagen, bei denen älteren Menschen das Ein- und Aussteigen weniger schwer fällt oder die größere Armaturenbrettanzeigen haben, die für Ältere besser zu erkennen sind? Warum gibt es keine Kleidung, die sie auch dann noch allein an- und ausziehen können, wenn sie nicht mehr voll beweglich sind?

Das nächste Stadium wäre die Gestaltung von Erwartungen, praktisch das Belehren der gegenwärtigen und potenziellen Verbraucher darüber, wie die Welt sein könnte. Es gibt nur wenige Unternehmen, die gute Arbeit im Antizipieren von Bedürfnissen leisten, und die Zahl derjenigen, die sich freiwillig ins „Gestaltungsstadium" aufschwingen, dürfte noch weit geringer sein. Die Unfähigkeit, Verbraucher auf die Technologien, Produkte, Dienstleistungen und Möglichkeiten der Zukunft vorzubereiten, ist schon manches Unternehmen teuer zu stehen gekommen. Firmen wie Monsanto beispielsweise haben es versäumt, die Laien in die Risiken und Vorteile von genetisch veränderten Nahrungsmitteln einzuweihen, und der gesamten Branche damit erheblichen Schaden zugefügt, insbesondere in Europa und Asien.

Schließlich müssen die Manager das Stadium erreichen, in dem sie mit den Verbrauchern gemeinsam Erwartungen gestalten. Dabei geht es um etwas gänzlich anderes als die traditionell einseitige Kommunikation wie etwa Pressemitteilungen, Publicity-Veranstaltungen und Werbung. Vielmehr müssen sie die gegenwärtigen und potenziellen Kunden für den Dialog und die öffentliche Debatte gewinnen. Das wiederum heißt für die Unternehmen, sie sollten offen sein, also nicht bloß die Verbraucher belehren, sondern sich selbst auch von ihnen belehren lassen. Kunden von Unternehmen, die diese Stufe erreicht haben, sind keine ruhig gestellten Nutzer von Produkten oder Dienstleistungen. Sie sind leidenschaftliche Verfechter der Unternehmen, wie etwa die Harley- oder Avon-Kunden, die die Produkte kaufen und verkaufen *und* darüber hinaus auch noch den Lebensstil verteidigen, für den Harley und Avon stehen. Auch bei Apple-Kunden ist die Tendenz zum eifrigen Missionieren für das Produkt unübersehbar.

Kehren wir noch einmal zum Film *Der Herr der Ringe: Die Gefährten* zurück. Kein Film in der Kinogeschichte wurde jemals einem größeren Publikum von gut informierten, leidenschaftlichen Fans vorgeführt – Millionen von Lesern hatten sich schon vorher von den Romanen J. R. R. Tolkiens in den Bann ziehen lassen. Diese Fans waren begeistert, als sie von den Dreharbeiten erfuhren. Aber sie waren nicht minder entschlossen, den Film in Grund und Boden zu stampfen, sollte er ihre Vorstellungen vom Phantasiereich Mittelerde enttäuschen.

New Line Cinema war weise genug, das weltweite Netzwerk von Tolkien-Fans nicht zu ignorieren, sondern in die Projektentwicklung mitaufzunehmen. Wie Gordon Paddison, Vizepräsident für internationales Marketing, bemerkte: „Es wäre arrogant gewesen, zu sagen, ‚Wir sind *Der Herr der Ringe*, kommt zu uns.‘"[5] Stattdessen spannte Paddison die größten Enthusiasten unter den Fans für sich ein, hing die Entscheidung für Top oder Flop doch ganz von ihnen ab. Er wandte sich an die über 400 inoffiziellen Websites zum Film, bat um Feedback zu den Details und bot ihnen Zugang zum Produktionsteam. Mithilfe des Geschäftsführers Peter Jackson wurde die Website www.LordoftheRings.net eingerichtet, auf der sich Rohentwürfe der Kostüme fanden, handgeschriebene Produktionsnotizen und weitere exklusive Inhalte. Millionen von Fans besuchten diese Website. Und wenngleich sie bis heute über die Verdienste des Films diskutieren, sind sie sich mehrheitlich einig darüber, dass die Filmemacher das Material respektvoll behandelt haben – ebenso wie sie, die Fans.

Wie diese Geschichte zeigt, wird der Kampf um die gemeinsame Gestaltung von Erwartungen den Unternehmen abverlangen, sich aktiv und überzeugend um die Unterstützung der Kunden zu bemühen. Manager von heute müssen diese Kunst beherrschen. Sie erfüllen eine wichtige Aufgabe, nämlich das Anleiten, Lehren und Gewinnen der Kunden für die Gestaltung neuer Erfahrungsräume. Sehen wir uns einige Beispiele an, in denen Manager genau das zu tun versuchen.

Als John Sculley CEO von Apple war, schwärmte er für den seinerzeit neuen Personal Digital Assistant (PDA). Seine Bekehrungsarbeit zugunsten des Konzepts half, das Interesse am Potenzial des PDAs zu wecken. Leider übertrieb er dabei in puncto Bedienerfreundlichkeit und Einfachheit der frühen PDAs. Bei Markteinführung blieb der Apple Newton weit hinter den Erwartungen zurück, die Sculley bei den Verbrauchern geschürt hatte, was bei den Kunden zu jeder Menge Frustration und Ärger führte.

Jeff Bezos hingegen konnte Amazon.com zunächst zum beliebtesten Online-Buchhandel unter den relativ computerkundigen und lesefreudigen Verbrauchern machen. Erst als er diese eher kleine Gemeinde für sich gewonnen hatte, weitete er das Geschäft auf die breite Masse der Verbraucher aus. Heute muss Amazon mit den unterschiedlichsten Erwartungen einer bunt gemischten Menge von Einzelkunden und Verbrauchergemeinschaften umgehen, die vollkommen verschiedene Voraussetzungen für den Online-Einkauf mitbringen. Dabei verlieren sie niemals die Qualität der Einzelerfahrungen aus den Augen. Als Amazon wuchs, wuchs mit ihnen die Komplexität der Verbraucherschnittstelle und der Interaktion zwischen Unternehmen und Verbrauchern. Sie meistern die Herausforderung, weil sich die Manager darüber im Klaren sind, welche Rolle der Verbraucher in der gemeinsamen Gestaltung von Erfahrungen spielt.

Abbildung 7-3 fasst die verschiedenen Stadien zusammen, in denen sich Unternehmen mit ihren Kunden der gemeinsamen Gestaltung von Erwartungen nähern, und zeigt zugleich, wie sich die heterogenen Erfahrungen der mitgestaltenden Kunden entwickeln.[6]

Das gemeinsame Gestalten von Erfahrungen

Wie in Abbildung 7-3 dargestellt, macht nicht nur das Lenken von Erwartungen mehrere Stadien durch, sondern auch das Lenken von heterogenen Verbrauchererfahrungen.

Im ersten und primitivsten Stadium, das wir ebenfalls „vage" nennen, bieten die Unternehmen undifferenzierte Produkte an. Bis vor kurzem taten das viele Branchen, zum Beispiel die Telekommunikationsdienste. Die Verbraucher erhielten alle dasselbe Produkt, hatten so gut wie keine Gelegenheit, ihre persönlichen Vorlieben anzubringen (Fern- oder Stadtgespräche, feiertags oder werktags, Haupt- und Neben- zeiten, Schwerpunkte auf „Spitzentage" wie etwa dem Muttertag), und zahlten alle denselben Preis, egal wie sie das Produkt nutzten.

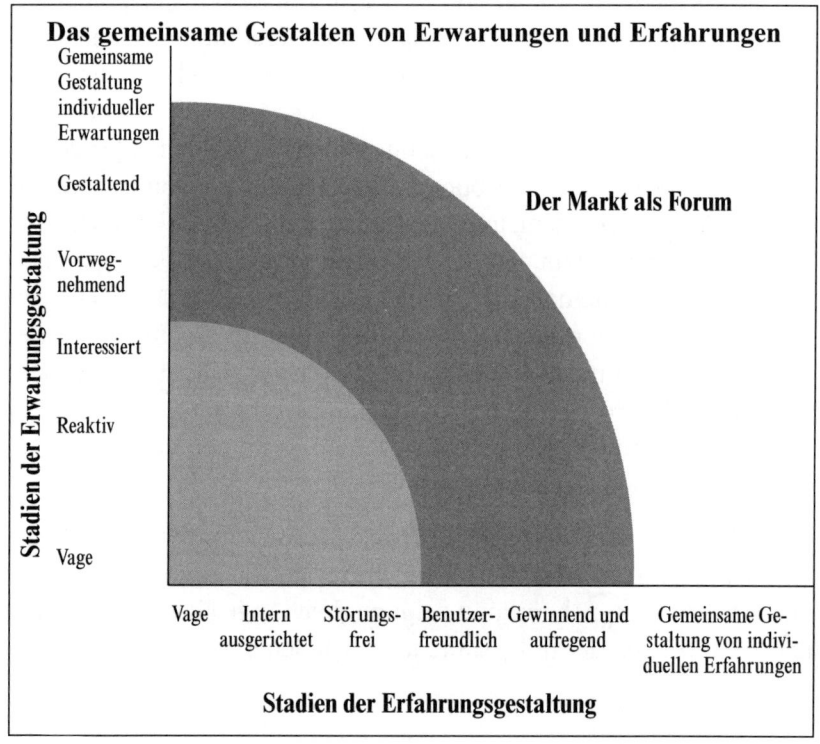

Abbildung 7-3

Als Nächstes kommt das „intern ausgerichtete" Stadium. Hier sind die Produkte zwar differenziert, aber die Kundenbedürfnisse und Produktfunktionen werden immer noch aus der Unternehmensperspektive betrachtet. Viele der heute gebräuchlichen elektronischen Produkte mit komplizierter eingebauter Software (zum Beispiel Handys und Fernsehapparate) wurden in diesem Stadium entwickelt. Sie weisen zwar ein ganzes Bündel an beeindruckenden Merkmalen auf, aber diese sind meist so entworfen, wie es am besten zu den internen Abläufen des Unternehmens passt und nicht zu dem, was sich die Verbraucher vorgestellt haben mögen.

Das dritte Stadium ist die Ebene der „störungsfreien" Produktleistungen. Hier beginnt die Produktentwicklung allmählich, sich nach außen zu orientieren, also zum Verbraucher hin, und der Verlässlichkeit wie der Haltbarkeit größeres Gewicht beizumessen.

Das vierte Stadium ist das „benutzerfreundliche". Jetzt orientieren sich die Unternehmen bei Produkten und Dienstleistungen an deren Benutzerfreundlichkeit, ganz gleich wie hoch entwickelt sie sein mögen. Ein klassisches Beispiel für ein solches Produkt war der Apple-Computer, der mit seinen einfallsreichen Icons und Menüs den Personal Computer revolutionierte und zugleich entmystifizierte. Beinahe zwei Jahrzehnte später schaffte der PalmPilot dasselbe im Bereich der PDAs – ein Newton-ähnlicher Organizer, jedoch mit einem kleineren und benutzerfreundlicheren Interface, das leichten Zugang und eine gute Synchronisation bot.

Einen Schritt weiter erreichen wir das „gewinnende und aufregende" Stadium, in dem die Unternehmen die Verbraucher anregen, mit ihren Angeboten in Erlebniswelten einzutauchen. Trotzdem sind die Firmen auch in diesem Stadium nach wie vor den unternehmenszentrierten Rahmenstrukturen für die Wertschöpfung verhaftet.

Nun müssen die Manager – wie wir bereits in Kapitel 5 und 6 gesehen haben – den Sprung hin zur „Mitgestaltung der Einzelerfahrung" schaffen, der den aktiven Dialog mit dem Verbraucher ebenso voraussetzt wie dessen Einbindung in die gemeinsame Gestaltung seiner einzigartigen Erfahrungen. Der Schwerpunkt verschiebt sich also in Richtung „Erfahrungspersonalisierung".

Verstehen wir den Markt als Forum, so besteht die Herausforderung darin, die wirklich ko-kreativen Erfahrungen der Kunden zu erfassen und in Erfahrungspotenziale zu investieren, aus denen sich langfristig immer wieder Positives gewinnen lässt. Dieses Paradigma weist einen neuen Weg zum Wettbewerbsvorteil mittels technischer Kapazitäten und Forschung und Entwicklung. Aber es weist ebenso einen neuen Weg, was das Denken über und das Schaffen von Marken angeht. Der Wertschöpfungsprozess und die Marke werden untrennbar miteinander vernetzt.

Die Erfahrung *ist* die Marke

Marken stehen traditionell im Mittelpunkt der Firmenkommunikation mit den Verbrauchern. Unternehmen, insbesondere solche, die abgepackte Waren herstellen wie Procter & Gamble oder Unilever, kommunizieren ein ganzes Bündel von Vorteilen durch ihre Markenpositionierung. Im Kampf um Marktanteile wurde die Differenzierung von Produkt und Markt so gesteuert, dass verschiedene Segmente innerhalb des Produktbereichs angesprochen werden. Die gesamte Werbeindustrie entstand zu dem Zweck, die vorbestimmten Verbrauchergruppen mittels kontrollierter Kommunikation von einem Image oder einer Persönlichkeit zu überzeugen, die mit einem Produkt assoziiert wird.[7]

Der erste Riss im System tat sich mit der Machtverschiebung auf Kanäle wie Wal-Mart, Tesco, Ahold und Carrefour auf, der zugleich den aufkommenden Privatlabels zu ungeahnten Erfolgen verhalf. Später dann, als das Internet und die Dot.coms auf den Plan traten, mussten die Werber feststellen, dass jene Überzeugungsmethoden, die zu Zeiten des passiven Publikums so zuverlässig funktioniert hatten, rapide an Wirksamkeit einbüßten, was das traditionelle Markensystem zusätzlich schwächte.[8]

Das Aufkommen des aktiven Verbrauchers hat das alte unternehmenszentrierte Modell der Markenschaffung in seinen Grundfesten erschüttert. Die Werbung wurde durch die Mundpropaganda innerhalb der Verbrauchergemeinschaften ersetzt, die durch die Vernetzung der Verbraucher untereinander in Riesenschritten voranschritt und immer noch schreitet. Heute haben die Verbraucher Zugang zu allen Informationen, die sie brauchen, um überlegte Entscheidungen zu treffen, Werte nach eigenen Maßstäben zu bemessen, die Erwartungen anderer Verbraucher zu beeinflussen und selbst zu entscheiden, wie sie mit einem Unternehmen verhandeln wollen. Infolgedessen schrumpft die Macht der Werbung unaufhaltsam, was die Schaffung und Erhaltung von Produkt- oder Firmenimages betrifft.

Einst fand der Kommunikationsfluss fast ausschließlich vom Unternehmen zum Verbraucher statt. Heute beginnt das Verbraucherfeedback die Unternehmensstimmen zu übertönen. Aktive Verbrauchergemeinschaften beobachten, bewerten und diskutieren, was die Unternehmen tun, und fällen ihre eigenen Urteile über das, was sie sehen und hören. Mehr und mehr Unternehmen „stehen nackt da" wie der Kaiser in dem berühmten Märchen – und genauso wie er erkennen viele noch gar nicht, dass ihre „neuen Kleider" eine Täuschung sind.

Unbeirrbar sprechen Firmen davon, sie „hätten Kunden" oder „hätten Kundenbeziehungen". Solche Überzeugungen halten sich in vielen Unternehmen hartnäckig, obwohl sie von der Realität so offensichtlich widerlegt werden. Beispielsweise gibt es eine Customer-Relationship-Management-Software, die noch knietief in dem alten unternehmenszentrierten Denken steckt und Kunden als passive „Ziele" bezeichnet. In der Welt der gemeinsamen Wertschöpfung aber zielen die Unternehmen nicht mehr auf Kunden, sondern suchen den Dialog mit ihnen, der eine vollkommen andere Kommunikationsinfrastruktur erforderlich macht.

Früher konnten Unternehmen durch Werbung und andere Kommunikationswege Marken schaffen, doch diese Zeiten sind vorbei. Heute *entstehen Marken durch Erfahrungen.*

Denken wir nur an die wenigen Großen, die die Dot.com-Dekade überlebten: Yahoo!, AOL, Amazon, eBay. Sie alle sind Marken, die

aus individualisierten Erfahrungen einer beständig größer werden-
den Anzahl von Einzelnen innerhalb eines sozialen Geflechts entstanden sind. Einzelne legitimierten diese Marken und verliehen
ihnen ihre Bedeutung. Und erst hinterher nutzten die Firmen die
Werbung, um ihre bereits vorhandene Identität, die sich vor allem
durch Mundpropaganda innerhalb der Interessengemeinschaft verbreitete („Virusmarketing"), zu stärken und zu stützen. Dieses Phänomen ist nicht wirklich neu, denn ältere Unternehmen wie Disney,
Harley-Davidson und Starbucks haben schon auf ähnliche Weise davon profitiert, dass die Verbraucher andere mit ihren positiven Berichten ansteckten. Allerdings war diese Form der Markengestaltung
bisher eher die Ausnahme, während sie in Zukunft zur Regel werden wird. Die Unternehmen werden darauf angewiesen sein, ihre
Produkte mittels ko-kreativer Erfahrungen zu vermarkten, und zwar
in *Kooperation* mit den Verbrauchergemeinschaften.

Die Marke und die ko-kreative Erfahrung werden untrennbar miteinander verwoben sein, denn letztlich *ist die ko-kreative Erfahrung
die Marke.* Solange es den Unternehmen gelingt, ständig neue spannende Erfahrungsumfelder zu schaffen, wird sich die Marke halten.
Sie steht und fällt mit den Erfahrungen.

Die Tatsache, dass die Marke mehr und mehr in den Erfahrungen
des Einzelnen wurzeln wird, trifft das traditionelle Markenmanagement in seinem Kern. Eine Erfahrung ist das Ergebnis der Interaktion
eines Einzelnen mit einem Erfahrungsumfeld, also subjektiv. Entsprechend wird sie von einem zum anderen variieren. Sie kann weder
vorausgesetzt, noch durch einen Werber „forciert" werden.

Und welche Rolle fällt dann dem Unternehmen im Markenmanagement zu? Sie wird darin bestehen, die konsistente Qualität der ko-
kreativen Erfahrung zu gewährleisten. Schließlich ist es die kollektive Erfahrung der Verbraucher, die Vertrauen schafft und die Marke
definiert. Konsistente Qualität wiederum bedeutet, eine einheitliche
Erfahrung über mehrere Kanäle zu ermöglichen, im Banking, im Buch-

handel, im Reisegeschäft und in zahlreichen anderen Branchen. Hierin liegt die neue Herausforderung an die Unternehmen. Sie können es sich nicht leisten, die Vielfalt der Kanäle ausschließlich als Möglichkeit zu sehen, ihre Werbung aggressiver zu betreiben, denn wenn sie das tun, wird dabei bestenfalls eine Reihe fragmenthafter und widersprüchlicher Erfahrungen für die Kunden herauskommen. Manager müssen sich vielmehr der Aufgabe stellen, eine kanäleübergreifende Qualität zu schaffen und zugleich personalisierte ko-kreative Erfahrungen für jeden einzelnen Verbraucher zu ermöglichen.

Der Übergang zum Markt als Forum

Im Markt als Forum verschwimmen die Grenzen zwischen Unternehmen und Verbrauchern. Ihre jeweiligen Rollen lassen sich nicht mehr sicher voraussagen. Zudem beobachten wir einen ständigen Wandel der Rollenmuster. Die Spieler im System – Verbraucher, Konkurrenten, Lieferanten, Mitarbeiter und Investoren – lassen sich nicht länger in feste Kategorien einordnen, da sich ihre Rollen mit den Umständen verändern. Beim Aufbruch zum Neuland der gemeinsamen Wertschöpfung können wir also von folgender Gleichung ausgehen: *Unternehmen = Konkurrent = Partner = Investor = Verbraucher.* Der gemeinsame Nenner für die Wertbestimmung ist die ko-kreative Erfahrung.

Mit dem Markt als Forum haben sich auch die konventionellen Vorstellungen von Angebot und Nachfrage überholt. Traditionell wurde die Nachfrage immer aus Sicht des Unternehmens gesehen, sprich: Für welche unserer Produkte oder Dienstleistungen ist die Nachfrage wie groß? Dann trafen die Firmen die Voraussagen für die zukünftige Nachfrage unter der Maßgabe, was sie zu welchem Preis verkaufen können. Entsprechend verbrachten Manager einen Großteil ihrer Zeit damit, Nachfrageprognosen zu erstellen und anhand dieser den Vertrieb zu organisieren. Die Lagerbestände zeigen, dass sowohl die Nachfrage rückläufig war als auch die Prognosen fehlerhaft. In der

Automobilindustrie beispielsweise stehen Wagen bei den Händlern, auf den Eisenbahnwaggons und den Autotransportern, deren Gesamtwert dem Umsatz von über zehn Wochen entspricht.

Je mehr SKUs (Medienvorstufen) aufkommen und je größer die Auswahl wird, die die Unternehmen den Kunden anbieten können, umso problematischer werden die Nachfrageprognosen. Firmen wie Dell Computer reagierten darauf, indem sie ihre Produkte nur noch auf Bestellung fertigen. Diese Methode hat natürlich enorme Reize. Sie macht praktisch Schluss mit der Lagerhaltung und erlaubt es Dell, mit negativem Kapital zu arbeiten, indem sie von ihren Kunden bezahlt werden, bevor sie ihre Lieferanten zahlen.

Überhaupt stellt die gemeinsame Wertschöpfung die traditionelle Unterscheidung von Angebot und Nachfrage auf den Prüfstein. Wenn die Erfahrung mit dem ihr inhärenten Wert gemeinsam gestaltet wird, kann das Unternehmen immer noch ein physisches Produkt fertigen, doch der eigentliche Schwerpunkt verschiebt sich auf die Merkmale des gesamten Erfahrungsumfelds. Mithin entsteht die Nachfrage aus dem Zusammenhang. Und da die Verbraucher ihre Erfahrungen nicht voraussagen können, spricht einiges dafür, dass die Nachfrageprognose insgesamt obsolet geworden ist. An ihre Stelle tritt die Planung von Kapazitäten, die Fähigkeit von Erfahrungsnetzwerken, sich Schwankungen anzupassen, und das Vermögen des Systems, Ressourcen kurzfristig zu rekonfigurieren, um die sich ständig wandelnden Verbraucherwünsche erfüllen und die ko-kreativen Erfahrungen immer wieder aufs Neue auf sie abstimmen zu können. Solch ein System mag auf den ersten Blick enorm anspruchsvoll wirken, verspricht dafür aber unglaubliche Effizienzgewinne.

Der Markt als Forum bringt also die traditionelle Wirtschaftstheorie ins Wanken, nach der Firma und Verbraucher zwei getrennte Einheiten mit klar vorbestimmten Rollen sind. Danach wären auch Angebot und Nachfrage getrennt, wenngleich sie in den Tauschprozessen zwischen Firmen und Verbrauchern zusammenzufließen scheinen.

Der Übergang zum Markt als Forum	
Der Markt als Ziel	**Der Markt als Forum**
Firma und Verbraucher sind zwei getrennte Einheiten mit fest vorgegebenen Rollen.	Firma und Verbraucher verschmelzen miteinander, wobei die „Momentrollen", die sie in einem bestimmten Kontext einnehmen, sich nicht vorhersagen lassen.
Angebot und Nachfrage sind aufeinander abgestimmt und der Preis fungiert als Verrechnungsmechanismus. Die Nachfrage richtet sich nach der Prognose, wie viele Produkte oder Dienstleistungen das Unternehmen anbieten kann.	Angebot und Nachfrage ergeben sich aus dem Kontext. Das Angebot steht für die Fähigkeit, eine einzigartige Verbrauchererfahrung auf Nachfrage zu ermöglichen.
Wert wird von Firmen in Wertketten geschaffen. Produkte und Dienstleistungen werden mit den Verbrauchern ausgetauscht.	Wert wird in der Interaktion gemeinsam geschaffen. Er basiert auf der ko-kreativen Erfahrung.
Firmen bestimmen, welche Informationen die Verbraucher erreichen.	Verbraucher und Verbrauchergemeinschaften können von sich aus den Dialog untereinander initiieren.
Firmen entscheiden, welche Verbrauchersegmente sie bedienen und welche Vertriebskanäle sie für ihr Angebot nutzen wollen.	Verbraucher entscheiden, mit welchen Firmen sie zusammenarbeiten und mit welchen Erfahrungsumfeldern sie interagieren wollen, um für sich einen Wert zu schaffen. Die gewählte Firma, ihre Produkte und Dienstleistungen, Mitarbeiter, Kanäle und Verbrauchergemeinschaften tun sich zusammen, um ein Erfahrungsumfeld zu gestalten, in dem die Einzelnen ihre eigenen Erfahrungen mitgestalten.
Firmen werben einen Kundenüberschuss an. Die Verbraucher sind die „Beute", ob als „Gruppe" oder als „Einzelne". Sie wollen den Kunden durchleuchten, selbst aber im Dunkeln bleiben. Firmen wollen Kundenbeziehungen „haben" und mit ihnen einen lebenslangen Wert.	Verbraucher können aus einem Firmenüberschuss wählen, mit wem sie gemeinsam Wert schöpfen wollen. Die Verbraucher erwarten absolute Transparenz. Vertrauen und Loyalität erwachsen aus den Erfahrungen. Verbraucher sind Konkurrenten in der Wertgewinnung.
Unternehmen entscheiden, definieren und erhalten die Marke.	Die Erfahrung *ist* die Marke. Sie wächst mit den Erfahrungen.

Tabelle 7-1

Wir glauben, dass sich schon bald neue Ansätze und Instrumente auftun werden, die zu einer neuen *erfahrungsbasierten Sicht der ökonomischen Theorie* passen. Einige der Schlüsselmerkmale haben wir in Tabelle 7-1 zusammengefasst.

Die neue Rahmenstruktur der Wertschöpfung, die die Interaktion zwischen Verbrauchern und Unternehmen als den Schauplatz der ko-kreativen Gewinnung von Werten sieht, bringt das bisherige Marktverständnis ins Wanken. Zugleich schafft sie neue Wettbewerbsräume und Bedarf an neuem strategischem Kapital. Auf Letzteres werden wir im nächsten Kapitel eingehen.

Kapitel 8

Neues strategisches Kapital aufbauen

Beginnen wir mit einer Zusammenfassung der wichtigsten Erkenntnisse, auf die wir bisher gestoßen sind. Die Zukunft des Wettbewerbs wird von den Veränderungen geprägt sein, die sich für die Bedeutung von Wert, die Rollen der Verbraucher und der Unternehmen sowie deren Interaktionen abzeichnen – Veränderungen, die den Wertschöpfungsprozess vollkommen neu definieren.

Wie wir gesehen haben, bezieht sich der Wandel vor allem auf die Definition von Wert. Er siedelt nicht mehr in den Produkten und Dienstleistungen, die die Unternehmen anzubieten haben. Er entsteht vielmehr aus den Erfahrungen der Verbraucher. Weil diese Erfahrungen nicht nur von den Unternehmen beeinflusst werden, sondern auch vom einzelnen Verbraucher sowie den Verbrauchergemeinschaften, werden Werte heute von Verbrauchern und Unternehmen gemeinsam geschaffen. Hinzu kommt, dass neben einzelnen Unternehmen auch ganze Unternehmensnetzwerke in die Wertschöpfung involviert sein können, die zusammen an der Gestaltung eines Erfahrungsnetzwerks arbeiten. Wert generiert sich daher aus der ko-kreativen Erfahrung des einzelnen Verbrauchers und kann nicht einseitig vom Unternehmen vorbestimmt werden. Der Markt ist das Forum für diese ko-kreativen Erfahrungen.

Wir fassen diese Perspektiveverschiebungen in Tabelle 8-1 zusammen.

Die Verschiebung des Wirkungsorts der Kernkompetenzen

Jene Verschiebungen, wie sie Tabelle 8-1 darstellt, gelten ebenfalls für den *Wirkungsort der Kompetenz.*

Die Wandlung des Wertschöpfungsprozesses		
	Unternehmens- und produktzentrierte Wertschöpfung	Individuen- und erfahrungszentrierte Wertschöpfung
Was ist Wert?	Der Wert definiert sich über das Angebot. Der Wettbewerbsraum orientiert sich an den Produkten und Dienstleistungen des Unternehmens.	Der Wert definiert sich über Erfahrungen. Produkte und Dienstleistungen ermöglichen individuelle und von Gruppen vermittelte Erfahrungen. Der Wettbewerbsraum orientiert sich an den Verbrauchererfahrungen.
Die Rolle des Unternehmens	Werte für den Verbraucher zu definieren und zu schaffen.	Den einzelnen Verbraucher in die Definition und die Schaffung von Wert miteinzubeziehen.
Die Rolle des Verbrauchers	Passive Nachfragehülle, in die das Unternehmen seine Angebote füllt.	Aktiver Spieler im Suchen, Schaffen und Extrahieren von Wert.
Was ist Wertschöpfung?	Wertschöpfung findet durch das Unternehmen statt; die Verbraucher haben die Wahl – eben die Vielfalt des Firmenangebots.	Wertschöpfung findet durch Verbraucher und Unternehmen gemeinsam statt.

Tabelle 8-1

Die Kernkompetenz des Unternehmens

Ungefähr bis 1990 dachten viele Manager, Unternehmen wären ein Portfolio von Geschäftseinheiten. Die Idee, dass die diversifizierte

Firma ebenfalls ein Portfolio von Kernkompetenzen sein könnte, war neu und wichtig.

Kernkompetenzen sind, vereinfacht ausgedrückt, einzigartige Fähigkeiten, die die einzelnen Geschäftsbereiche überspannen und tief im Unternehmen verwurzelt sind. Sie sind für die Konkurrenz schwer zu imitieren und werden von den Kunden als wertschaffend angesehen. Kernkompetenzen sind der Motor für das organische Wachstum. Das sind zum Beispiel die Miniaturisierung bei Sony, das Personalmanagement bei Marriott und die Warenumlauforganisation bei Cargill.

Je populärer die Idee der Kernkompetenzen während der Neunzigerjahre wurde, umso mehr betrachteten Manager ihre Unternehmen als Portfolios von Kernkompetenzen und wandten ihre prüfenden Blicke von der Geschäftseinheit ab und dem Unternehmen als Ganzem zu. Inzwischen findet hier eine erneute Verschiebung statt. Innerhalb des letzten Jahrzehnts wurden die Versorgungsnetzwerke *außerhalb* der Unternehmen ebenfalls zu wichtigen Kompetenzquellen.

Das erweiterte Unternehmen

Die Verschiebung des Wirkungsorts von Kompetenz auf das erweiterte Unternehmen können wir überall beobachten. Flugzeugbauer wie Boeing zum Beispiel haben gelernt, dass sie sich auf Zulieferer wie Honeywell nicht nur bei der Lieferung von Komponenten verlassen können, sondern auch bei der Vormontage, den Modulen und den Subsystemen bis hin zum komplett zusammengebauten Cockpit. Dementsprechend wachsen traditionelle wie weniger traditionelle Zulieferer und die Hersteller des Originalequipments (OEMs – „Original Equipment Manufacturers") in der Entwicklung von Produkten und Technologien immer weiter zusammen und entwickeln dabei gemeinsam Fähigkeiten, die erst die Kombination der Kompetenzen zweier oder mehrerer Firmen möglich macht. So konnte sich Toyota mithilfe des Elektronikgiganten Sony Zugang zu Daten über Verbrauchergewohnheiten verschaffen, die der Autohersteller in neue Hard- und Softwareangebote für seine Kunden übersetzte. Unlängst kündigten Toyota und Sony ein experimentelles Auto an, das sich den Fahrgewohnheiten des Besitzers anpasst statt andersherum.

Während der Neunzigerjahre begann man erstmals, sich mit den Kompetenzen außerhalb der diversifizierten Firma zu befassen, sprich: den Blick auch mal zu den Lieferanten schweifen zu lassen. Seither ist der Zugang zu einer globalen Lieferkette zu einem wesentlichen Faktor für die optimale Nutzung von Ressourcen und somit die Wertschöpfung geworden.

Verbraucher als Kompetenzquelle

Wenn die Lieferanten zu einem wesentlichen Bestandteil der Kompetenzbasis geworden sind, warum dann nicht auch die Verbraucher?[1] Gegenwärtig zeichnet sich eine neuerliche Ausweitung unseres Verständnisses von verfügbaren Kompetenzquellen ab: Manager beginnen, das kollektive Wissen aller im Gesamtsystem zu nutzen – der Lieferanten, Hersteller, Partner *und Verbraucher.*[2]

Sehen wir uns ein paar Beispiele an:

– Durch seine InnoCentive-Initiative verschaffte sich das Pharmaunternehmen Eli Lilly Zugriff auf das Wissen von über 8.000 Wissenschaftlern, die ihm helfen, medikamentenbezogene Probleme von unterschiedlicher Komplexität zu lösen. Lilly weitet seine Forschungs- und Entwicklungskapazitäten aus, indem das Unternehmen auf externe Kompetenzen zurückgreift, die allerdings der sorgfältigen Kontrolle durch das Unternehmen unterliegen.

– Sony öffnete seine PlayStation-Spielkonsole für das Linux-Betriebssystem. Indem sie Linux die Mittel zur Entwicklung von PlayStation-Anwendungen lieferten, sorgten sie für eine größere Verbraucherresonanz – das heißt, es fließt mehr Verbraucherkompetenz zurück – und stärkten PlayStation als die Kernplattform für Computerspiele (anders als bei Eli Lilly, wo die Produktentwicklung lediglich Anregungen von externen Wissenschaftlern annimmt, spannt man also bei Sony die Verbraucher direkt in den Entwicklungsprozess mit ein).

– Ebenso bezieht auch Lego Mindstorms die Verbraucher in den Innovationsprozess mit ein. Mindstorms-Benutzer haben ganze Software-Entwicklungsumfelder geschaffen, wie etwa NQC („Not Quite C" – „Nicht ganz C") oder individuelle Versionen der beliebten Computersprachen, einschließlich PERL und Java. Diese Experimente wie auch die neuen Robotersteuerungen der Verbraucher haben Mindstorms enorm bereichert.

Technologische Veränderungen ermöglichen den Zugang zu einem globalen Wissensnetzwerk. Denken wir allein an die Research Archives (Forschungsarchive) des Los Alamos National Laboratory in New Mexico. Sie bieten jedem weltweit Zugang zu den wissenschaftlichen Forschungen und zu einer Gruppe von herausragenden Wissenschaftlern, womit sie alle ökonomischen, sozialen und geopolitischen Grenzen sprengen. Jeder kann jederzeit seine Arbeiten dorthin schicken, selbst ohne sie vorher Korrektur zu lesen. Die Resonanz ist überwältigend: Mehr als 35.000 neue Examensarbeiten gehen dort jährlich ein und wöchentlich klicken über 2 Millionen Besucher die Archive an.[3]

Auch die soziale Infrastruktur der Archive von Los Alamos ist neu. Im traditionellen Forschungsbetrieb müssen Examensarbeiten aus weniger bekannten Ländern zunächst gegen unzählige verschleierte und offene Vorurteile bestehen, ehe sie an einer amerikanischen Einrichtung veröffentlicht werden. Bei den Los-Alamos-Archiven ist das anders. Etwa zwei Drittel der eingereichten Arbeiten kommen aus dem Ausland, zum Beispiel aus Bulgarien, Kolumbien, Kuba, der Ukraine, dem Iran, Indien, Rumänien, Russland, Israel, Tschechien und Sambia. Lubos Motl, ein Physikstudent aus Prag, verfasste eine Forschungsarbeit über die String-Theorie, die die etablierten Wissenschaftler so beeindruckte, dass sie ihm prompt ein Stipendium in den USA verschafften, wo er nun seine Dissertation macht. Dank des Zugangs und der Transparenz der Archive wurden multinationale Gemeinschaftsforschungen möglich, die der Wissenschaft nur zugute kommen.

Ein anderes Beispiel ist Minh Le, ein begeisterter Computerspieler, der beschloss, Half-Life zu verändern, ein Actionspiel, bei dem sich ein Wissenschaftler den Weg aus einem staatlichen Forschungslabor, in das Mutanten eingedrungen sind, freischießen muss – ein „Todesspiel", um es in der Spielersprache auszudrücken. Kleinere Spielemodifikationen sind nichts Ungewöhnliches, doch Minh Le und ein loses Netzwerk von Freunden verwandelten Half-Life zu etwas vollkommen Neuem, mit neuen Themen (Terrorbekämpfungseinheiten kontra Terroristen), kooperativem Teamspiel, verbessertem Graphik- und Sounddesign sowie einem virtuellen Wirtschaftssystem. Die Spieler können sich Geld verdienen, mit dem sie sich neue Waffen kaufen. Das Spiel wurde umbenannt in „Counter-Strike" und hat mittlerweile eine große Fangemeinde gewonnen. Zu Spitzenzeiten wurden 90.000 Mitspieler gezählt (gegenüber 1.200 bei Half-Life).

Um Counter-Strike spielen zu können, muss man immer noch Half-Life kaufen. Modifikationen wie Counter-Strike steigern also den Umsatz und gewinnen neue Kunden für die Half-Life-Produkte. Valve, die Softwarefirma, die Half-Life erfunden hat, kaufte die Rechte an Counter-Strike und die 40 Millionen Dollar Umsatz, die damit erzielt wurden. Wie Gabe Newell, der Geschäftsführer von Valve, sagt: „Les Interesse an Half-Life war das Beste, was dem Spiel passieren konnte."[4]

In der Welt der Computerspiele gibt es mehrere solcher kreativen Zusammenschlüsse von Verbrauchern und Firmen. Electronic Arts, die sich das Ziel gesetzt haben, zu einem der weltweit größten Unterhaltungsunternehmen zu werden, ermutigten die Spieler, ihren Bestseller „Sims", bei dem die Spielenden virtuelle Figuren durch ihren Alltag begleiten, zu verändern. Über 30.000 Sims-Modifikationen sind derzeit erhältlich. Electronic Arts konnte also auf einen riesigen Pool von Kreativität und Spielfertigkeiten zurückgreifen, als sie Sims Online einführten, ein Forum für soziale Interaktion und gemeinsame Gestaltung von neuen Erfahrungswelten, das dem Unternehmen ermöglichte, seine Kompetenzbasis zu erweitern und Verbrauchergemeinschaften in den Entwicklungsprozess einzubinden.[5]

Immer mehr Unternehmen erkennen, dass ihre Verbraucher eine praktisch unerschöpfliche Kompetenzquelle darstellen. Zwar werden einige auch weiterhin die absolute Kontrolle behalten und behalten müssen, wie beispielsweise Eli Lilly beim InnoCentive-Programm, und andere werden sich zumindest eine Quasi-Kontrolle erhalten wollen, wie etwa Sony. Aber Lego, Los Alamos und Counter-Strike sind Paradebeispiele dafür, wie weit man in anderen Branchen die Kontrolle aus der Hand geben kann. Was wir aus ihren Geschichten lernen, ist so simpel wie bahnbrechend: Der Wirkungsort von Kompetenzen muss sich heute über das gesamte Netzwerk erstrecken, vom Zulieferer bis hin zum Verbraucher. Abbildung 8-1 illustriert diesen Wandel.

Die meisten Firmen befinden sich irgendwo zwischen der ersten und der zweiten Stufe, manche auch schon im Übergang zur dritten. Die ersten Hürden, die sie zu nehmen haben, sind die internen Barrieren. Die herkömmliche Abgrenzung zwischen den einzelnen Geschäftsbereichen aufzuheben ist die Voraussetzung für den Zugang zu allen verfügbaren Kompetenzen.

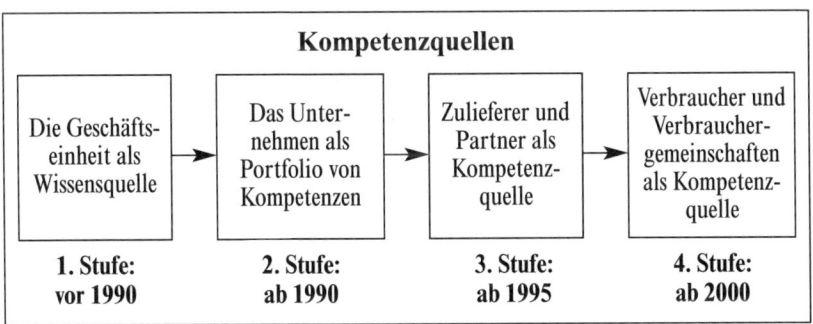

Abbildung 8-1

Viele glauben, es wäre einfacher, sich auf die Zusammenarbeit mit Zulieferern und Partnern einzulassen, als die internen Barrieren zu beseitigen, was je nach Fall durchaus zutreffen mag. Die mit Abstand größte zu nehmende Hürde dürfte allerdings sein, die Grenzen zwischen Verbrauchern und Unternehmen aufzuweichen. Das lässt sich nur bewerkstelligen, indem man sich der Idee der vier DART-Bausteine verschreibt – Dialog, Zugang, Risikoeinschätzung und Transparenz.

Die gute Nachricht dabei ist, dass die Firmen nicht mehr alles allein machen müssen. Kein einzelnes Unternehmen kann in allem Weltklasse sein, also müssen Manager lernen, die Kompetenzen anderer kreativ zu nutzen, und dazu zählen nun mal auch die der Verbraucher.

Das „Wir haben es nicht erfunden"-Syndrom kann für sie eine gefährliche Bremse sein. Manager sind nicht daran gewöhnt, Ideen zu akzeptieren, zu fördern und zu verbreiten, die nicht aus ihren eigenen Abteilungen kommen oder gar nicht einmal aus der eigenen Firma. Sie müssen komplett umdenken. Was ein Unternehmen zu leisten vermag, wird sich in Zukunft ebenso auf die internen Kompetenzen beziehen wie auf die externen, zu denen es sich den Zugang sichern muss – und Letzteres ist für viele etwas vollkommen Neues.

Bei Verhandlungen über Partnerschaften lautet die erste Frage oft: „Wer kriegt die Mehrheitsanteile?" Die 51 gilt als magische Prozentzahl. Doch was wir stattdessen diskutieren sollten, ist, wer in welchem Maß Zugang wozu bekommt und welche Investitionen diesem Zugang angemessen sind. Die Wertschöpfungsphilosophie muss unter dem Motto stehen: *Weniger Investitionen mit größerer Wirkung.* Gehen wir nach dieser Maxime vor, können wir gar nicht umhin, die Zulieferer, Partner und Verbraucher als zusätzliche Kompetenzquellen einzubinden. Und je effektiver wir externe Kompetenzen mobilisieren, umso größer wird der Wert für alle Beteiligten.

Zweifellos werden die Manager auch mit Spannungen umzugehen haben. Unsere Zulieferer, Partner und Verbraucher sind im selben Maß Verbündete wie Konkurrenten, denn Zulieferer wollen einen höheren Preis bekommen und Verbraucher einen niedrigeren zahlen. Sie erwarten naturgemäß, dass sich ihre Bereitschaft, ihre Kompetenzen in den ko-kreativen Prozess einzubringen, in wirtschaftlichem Gewinn niederschlägt.

Wie sich die Kompetenzen verteilen, zeigt Abbildung 8-2.[6]

Zahlreiche Unternehmen haben bereits von ihren engen Beziehungen zu Zulieferern profitiert. Aber betrachten sie sie nur als eine Quelle von günstigen und schnell verfügbaren Komponenten oder auch als Quelle von Kompetenzen? Sich Zugang zu deren Kompetenzen zu verschaffen, kann nämlich bedeuten, dass sie zunächst einmal mehr investieren müssen. Sie brauchen beispielsweise mehr Mitarbeiter, die den Kontakt zu den Zulieferern pflegen, und sie müssen Zeit und Mühe aufbringen, wenn sie herausfinden wollen, was ihre Lieferanten alles „drauf haben".

Die Verschiebung der Kernkompetenzen			
	Das Unternehmen	Unternehmens-familie/-netzwerk	Erweitertes Netz-werk
Analysebereich	Das Unternehmen	Das erweiterte Unternehmens- und Wertenetzwerk – das Unternehmen, dessen Zulieferer und Partner	Das gesamte System – das Unternehmen, die Lieferanten, die Partner *und die Verbraucher*
Ressourcen	Was im Unternehmen verfügbar ist	Zugang zu den Kompetenzen und Investitionskapazitäten der Unternehmen im Netzwerk	Zugang zur Verbraucherkompetenz sowie Zeit und Energie der Verbraucher zusätzlich zu den anderen Ressourcen
Kompetenzzugang	Interne, unternehmensspezifische Prozesse	Vorrangiger Zugriff auf die Unternehmen im Netzwerk	Eine Infrastruktur für den aktiven, fortlaufenden Dialog mit den unterschiedlichen Verbrauchern
Mehrwert, den die Manager erbringen	Kompetenzen fördern und ausbauen	Kooperative Partnerschaften fördern	Die Kompetenz der Verbraucher nutzen, personalisierte Erfahrungen und Verbrauchererwartungen mitgestalten
Wertschöpfung	Autonom	Kooperativ	Ko-kreativ
Mögliche Spannungen	Zwischen der Autonomie einzelner Geschäftsbereiche und dem besseren Ausnutzen von Kompetenzen	Zwischen den Partnern, die sowohl Verbündete als auch Konkurrenten um Wert sind	Zwischen Unternehmen und Verbrauchern, die sowohl Verbündete als auch Konkurrenten um Wert sind.

Tabelle 8-2

Und was die Kundenbeziehungen angeht, verlassen sich viele Unternehmen wahrscheinlich noch auf spezielle Softwareprogramme, deren einziges Ziel es ist, mehr zu verkaufen. Das ist an sich ja auch nichts Schlechtes, aber bekommen wir dadurch Zugang zu den Kompetenzen einzelner Verbraucher und Verbrauchergemeinschaften? Nein, denn dafür müssen wir das Experimentierfeld für Innovation auf den Erfahrungsbereich der Kunden ausdehnen.

Das Experimentierfeld für Innovationen ausdehnen

Die Verschiebung der Wertschöpfung vom Produkt auf die personalisierte Erfahrung ist ein andauernder Prozess. Der Übergang zu einem erweiterten Experimentierfeld für Innovationen findet in mehreren Schritten statt, vom Produktfeld über das Lösungsfeld hin zum Erfahrungsfeld.

Das Produktfeld

Die traditionelle Orientierung am Produkt prägt die Arbeitsvorgaben für Manager. So verbringen wir als Manager beispielsweise eine Menge Zeit damit, Pläne für die Entwicklung neuer Technologien und Produkte zu entwerfen. Wir beschreiben Merkmale und Funktionen und setzen fest, in welcher Abfolge sie entwickelt werden müssen. Wir denken darüber nach, welche Technologien und Produktmerkmale oder -funktionen sie unterstützen könnten. Und wir beschäftigen uns mit Zulieferern, Logistik, Herstellung, Auslastungsfaktoren, neuen Maschinenkapazitäten, Fabrikationsänderungen und Ähnlichem, um die neuen Produkte mit möglichst geringem Kostenaufwand zu fertigen. Innovation im Produktfeld bedeutet also kosteneffektive Rekonfigurierung der Herstellung und Logistik.

Spannungen tun sich hier vor allem durch die Notwendigkeit auf, die Merkmale auf die Verbrauchersegmente abzustimmen. Interne

Debatten kreisen darum, wie und wann neue Merkmale ins System integriert werden sollen. Und wir bringen eine Menge Zeit damit zu, neue Anwendungen für existierende Produkte zu ersinnen, um größeren Nutzen aus unseren Forschungs- und Entwicklungsinvestitionen zu ziehen. Der Wettbewerbsvorteil hängt ganz davon ab, wie viel besser wir in den Bereichen Kosten, Effizienz, Qualität und Vielfalt gegenüber der Konkurrenz sind.

Das Lösungsfeld

Die Autoteileindustrie bietet gleich zwei Beispiele dafür, wie sich Unternehmen erfolgreich vom Produktfeld auf das Lösungsfeld vorwagen. Ehedem verkauften Autoteilehersteller spezifische Komponenten an Autobauer, die diese dann in ihre Systeme integrierten. Hier tut sich nun einiges.

Zwei der größten Autoteilehersteller, Johnson Controls und Lear, haben sich darauf verlegt, statt einzelner Komponenten komplette Systeme anzubieten und gehen damit in die Verantwortung für neue Konzepte, Designs, Herstellung und Lieferung. Anstelle von Autositzen bietet Johnson Controls heute „Sitzlösungen" an, zu denen Heizsysteme, Sicherheitsgurte, Unterhaltungskomponenten und viele andere Elemente gehören. Sie sind also ins Lösungsfeld vorgedrungen.

Natürlich kann ein einzelner Hersteller nicht alle Teile fertigen, die für diese Lösungen erforderlich sind. Entsprechend müssen Zulieferer wie Johnson und Lear mit anderen zusammenarbeiten, sprich: die Hierarchien aufheben und Netzwerke von Lieferantenbeziehungen aufbauen.

Einzigartig an diesen Lösungen ist, dass das Wissen der Zulieferer, das diese aus der Fertigung der einzelnen Komponenten ziehen, in sie einfließt. Im Lösungsfeld geht es daher nicht mehr um Produktmerkmale und Funktionen, sondern auch um Wissen.

Dieser Ansatz setzt sich gegenwärtig mehr und mehr durch. IBM hat einen eigenen Geschäftszweig für globale Lösungen aufgebaut, der mittlerweile zu ihren am schnellsten wachsenden Unternehmensbereichen zählt. Sie verkaufen Hard- und Software, die sowohl aus dem eigenen Haus stammen als auch aus externen Quellen, wobei der Schwerpunkt auf der bestmöglichen Lösung für den Kunden liegt. Auf Wunsch finanzieren sie diese Lösungen sogar.[7]

Herman Miller, ein Möbelhersteller, schuf Miller SQA („Simple, Quick, and Affordable" – „Einfach, schnell und bezahlbar"), Modullösungen, mit denen er Kleinunternehmen schlichte Qualitätsmöbel zu einem vernünftigen Preis anbietet. Die Kunden können selbst aussuchen, welches Material, Design, Furnier etc. sie wollen. Die Einzelhändler fungieren als Berater für Büroausstattung und präsentieren den Kunden mögliche Lösungen auf 3-D-Bildern. Sobald sich diese entschieden haben, wird ihnen ein festes Lieferdatum genannt. Sollten sie einen früheren Liefertermin wünschen, bietet ihnen der Berater machbare Alternativen an.[8]

Ist ein Auftrag erteilt, kommt das transparente Miller's Supply Net zum Einsatz, das allen Involvierten Zugang zur Fertigung gibt. Auf diese Weise können sie den Einkauf vereinfachen, die Lagerhaltung minimieren und die Produktionsprozesse verschlanken, was kürzere Lieferfristen möglich macht. Der gesamte Herstellungsprozess konnte damit auf durchschnittlich fünf Tage reduziert werden – gegenüber den branchenüblichen zwei Monaten. Zudem kann Miller dank der kürzeren Lieferfristen Schwankungen in der Nachfrage besser abfedern und mindert so das Risiko für alle.

Am Miller-Beispiel erkennen wir, wie wichtig der Aufbau einer Verbraucher-zum-Unternehmen-zum-Verbraucher-Beziehung ist. Die Herausforderung dabei ist allerdings die, effizient mit der Heterogenität der Verbraucher umzugehen. Lösungen hier verlangen beispielsweise, dass wir dem Einzelverbraucher die freie Wahl der Kanäle (Telefon, Internet oder persönliches Gespräch) überlassen, statt ihm die Präferenzen des Unternehmens aufzunötigen.

In vielen Branchen ergibt sich der Übergang zum Lösungsfeld beinahe von selbst und wird von den Unternehmen nur halb bewusst wahrgenommen. Diese „natürliche" Entwicklung birgt jedoch den Nachteil, dass heute viele Unternehmen ihr Wissen umsonst weitergeben, statt es mit einem angemessenen Preis zu versehen. Ein Manager formulierte es einmal sehr treffend: „Wir haben immer noch eine Kistenmentalität. Wir machen die ganze Systemintegrationsarbeit, aber bezahlt werden wir nur für Kisten."

Dieser Widerspruch ist in vielen Unternehmen eine der Hauptursachen für Spannungen. Die Kunden verlangen nach Lösungen, wollen aber nur für Produkte bezahlen. Die Manager wiederum müssen diese Spannung erkennen und mit ihr leben. Da sich die zusätzliche Arbeit und die damit verbundenen Kosten aber innerhalb der Lieferkette anhäufen, kann es sich keine Firma mehr leisten, alles allein zu machen. Infolgedessen entscheidet sich der Wettbewerb im Lösungsfeld danach, wie viel Zugang wir uns zu den Kompetenzen und Investitionen anderer sichern. Darüber hinaus wird diese Entwicklung dazu führen, dass wir zunehmend spezialisierte Verkäufer brauchen werden, die den Umsatz entsprechend den größeren Investitionen ankurbeln.

Ein positiver Aspekt hingegen ist, dass Lösungen sich schwerer imitieren lassen als Produkte. Die weichen Komponenten von Lösungen, das Wissen und die Kompetenz vieler, können nicht mehr einfach kopiert werden. Unternehmen, die Lösungen anbieten, gewinnen also einen klaren Wettbewerbsvorteil.

Das Erfahrungsfeld

Der Schritt vom Lösungsfeld zum Feld der personalisierten Erfahrungen dürfte den meisten Firmen ungleich schwerer fallen als der vom Produkt- zum Lösungsfeld. Kompliziert gestaltet er sich zunächst einmal dadurch, dass er eine neue Auffassung des Terminus *Differenzierung* voraussetzt.

Manager, die die vier DART-Bausteine berücksichtigen wollen, müssen „anders differenzieren". Um heterogene Verbrauchererfahrungen zu ermöglichen, müssen Manager kontinuierlich Ressourcen rekonfigurieren, mit Verbrauchergemeinschaften interagieren, dynamische Preisgestaltungen akzeptieren, Innovationen im Kontext der Verbraucher anstreben und sensibel für die Wechselwirkungen zwischen den Erfahrungen vieler einzelner Verbraucher sein. Wie gut diese neuen Fähigkeiten entwickelt werden können, steht und fällt mit der Infrastruktur, auf die sich die Manager bei der Erkundung der Verbraucherbedürfnisse stützen. Wir brauchen demnach *eine Infrastruktur für Erfahrungen und eine Methodologie für Manager*, um die Kunden und Kundengemeinschaften weltweit in die Unternehmensprozesse einzubinden.

Beim Übergang vom Lösungs- zum Erfahrungsfeld ist vor allem das gehobene Management gefordert, einige Grundsatzentscheidungen zu fällen. Das wird nicht einfach, aber dafür winken enorme Wettbewerbsvorteile als Lohn. Der Trend zur Wertschöpfung durch das Managen von Erfahrungsfeldern wird das gesamte Wirtschaftssystem verändern, und wer diesen Wandel anführt, sichert sich damit einen gewaltigen Vorsprung vor der Konkurrenz.

Der neue Wettbewerbsraum

Eine Vorstellung vom neuen Wettbewerbsraum gewinnen wir, indem wir uns vergegenwärtigen, dass die Verschiebung von Kompetenzen und die Erweiterung des Innovationsfelds ein neues Erfahrungsfeld öffnen.

Zahlreiche Firmen befinden sich nach wie vor auf dem Produktfeld. Sie konzentrieren sich auf die Kompetenzen, die ihnen innerhalb des Unternehmens zur Verfügung stehen, und beschränken den Wettbewerb auf die Bereiche Qualität, Kosten und Vertrieb von Produkten und Dienstleistungen. Zugleich aber machen sich andere Firmen bereits auf, vermehrt externe Quellen zu aktivieren, globale Lieferketten aufzubauen und ins Lösungsfeld vorzudringen. Am Ende werden sie alle im Erfahrungsfeld ankommen müssen, die Frage ist eben nur: Wie schnell?

Auch die Kunden entwickeln sich weiter. Während sich einige noch mit Produkten zufrieden geben, werden andere schon Lösungen verlangen und wieder andere erwarten, mit den Unternehmen einzigartige personalisierte Erfahrungen zu gestalten. Unternehmen müssen sich parallel zu ihren Kunden entwickeln.

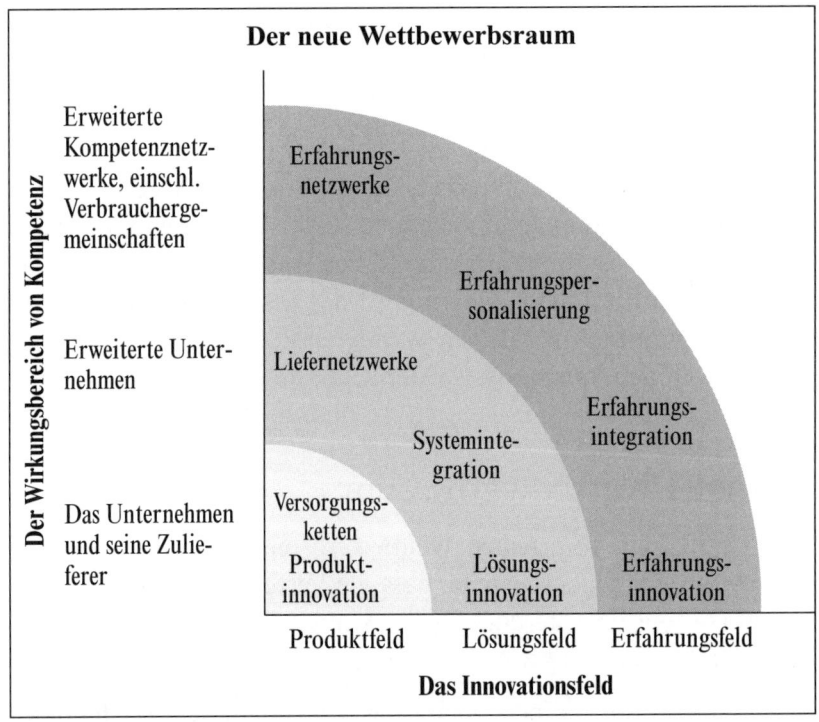

Abbildung 8-2

Für einige Firmen war der Übergang vom Produkt- zum Lösungsfeld weitestgehend schmerzlos – wie eine schrittweise und kaum wahrnehmbare Weiterentwicklung. Das Fortschreiten zum Erfahrungsfeld wird ihnen deutlich mehr abverlangen. Die Voraussetzungen für die gemeinsame Wertschöpfung lassen sich nicht ohne weiteres in traditionelle Managementsysteme integrieren. Desgleichen gilt für die Auswirkungen, die es auf die Bereiche Forschung und Entwicklung, Unternehmenswachstum, Marketing, Kostenkontrolle, Logistik, Preisgestaltung, Markengestaltung und andere haben wird.

Bisweilen wird eine Verbesserung des bestehenden Systems nicht ausreichen, sondern man muss alles verwerfen, was man weiß. Über Generationen hinweg wurden Segelboote verbessert, indem man zusätzliche oder bessere Segel entwarf, neue Rümpfe baute, die Navigationssysteme modernisierte und so fort. Doch mit der Erfindung des Dampfschiffs wurden die meisten dieser bahnbrechenden Verbesserungen wertlos. Heute haben wir immer noch Segelboote, aber sie bringen keinen wirtschaftlichen Nutzen mehr für den kommerziellen Transport.

Die Moral von der Geschichte ist klar: Es wird eine Zeit kommen, da das Investieren in die Effizienzsteigerung bestehender Modelle sinnlos sein wird. Wir brauchen dann ein komplett neues Modell. Mit der gemeinsamen Wertschöpfung sind wir an einem solchen Wendepunkt angekommen, an dem die Manager sich fragen müssen: Werde ich es weiter versuchen, indem ich meinem Boot noch mehr Segel verpasse, oder werde ich ein Dampfschiff bauen?

Wir hoffen, Sie wollen ein Dampfschiff bauen. Wir glauben nämlich, dass der neue Wettbewerb, wie wir ihn beschrieben haben, danach verlangt. Deshalb schlagen wir vor, dass Manager, die es mit der „Zukunft des Wettbewerbs" ernst meinen, bei der ko-kreativen Erfahrung anfangen. Die Fähigkeiten, die uns in puncto Produkte und Lösungen noch zunutze sein konnten, werden uns in Zukunft nicht mehr weiterbringen. Wir brauchen *neues strategisches Kapital* – eine neue Wettbewerbstheorie, die auf Erfahrungen aufbaut und entsprechende andere Fähigkeiten erfordert.

Neues strategisches Kapital aufbauen

Beim neuen strategischen Kapital geht es darum, die traditionellen Auffassungen von Wettbewerb und Wertschöpfung infrage zu stellen. Wir brauchen neue Denkweisen im Bezug auf Möglichkeiten, Zugang zu Kompetenzen, Nutzung und Rekonfiguration von Ressourcen, Einbindung des Unternehmens als Ganzes und das Konkurrieren um ko-kreative Werte, die auf Erfahrungen basieren.

Die gegenwärtigen Fähigkeiten der Unternehmen, und zwar aller Unternehmen, spiegeln eine implizite Wettbewerbstheorie wider, die auf traditionellen Wertschöpfungssystemen beruht. So werden beispielsweise Manager, die sich von Kosteneffizienz einen Wettbewerbsvorteil versprechen, Infrastrukturen aufbauen, die möglichst kosteneffektiv zu lenken sind. Zweifellos waren Kosteneinsparungen und Effizienz in den letzten 100 Jahren zentrale Themen. Vom Colt-Revolver bis hin zur Fließbandproduktion des Model T bei Ford lagen dem Management vor allem die Standardisierung von Komponenten, die vertikale Integration und die Effizienz der Abläufe am Herzen. Später dann gerieten Manager unter den Druck, differenzierte Produkte anzubieten, wodurch sie gezwungen waren, neue Wege zu finden, die Kosten im Griff zu behalten: Restrukturierung von Abläufen, Outsourcing, Modularität, Nutzung gemeinsamer Plattformen und integrierte Software. Der Wunsch nach Einsparungen durch erhöhte Produktion trieb die Expansionen auf den nationalen, regionalen und globalen Märkten an. Und stets fußten die Strategien auf dem Kostenimperativ – der Grundannahme, dass sich Wert nur aus der Differenz zwischen Kosten und Gewinn ziehen lässt.

Ebenso stützten sich auch alle größeren Initiativen von Firmen oder Branchen auf fragwürdige, wenngleich hartnäckig verfochtene Wertschöpfungsvorstellungen. So dominierte zum Beispiel in der Halbleiterindustrie der frühen Jahre die antizipatorische Preisgestaltung, die aus der „Erfahrungskurve" der Unternehmen abgeleitet wurde (mit der erwarteten Kostenreduktion).

An dem Wendepunkt, an dem wir gegenwärtig stehen, wird es für ein erfolgreiches Management vor allem darauf ankommen, den Zusammenhang von impliziten Wettbewerbs- und Wertschöpfungstheorien mit den Infrastrukturen und Verhaltensweisen zu erkennen.

Und wir stehen zweifellos an diesem Wendepunkt, denn sonst würden sich keine neuen Wettbewerbsräume auftun. Die Ideen, die wir in diesem Buch ausführen, stehen für eine neue Bedeutung der Begriffe „Wert" und „Wertschöpfungsprozess". Somit wird unsere Aufmerksamkeit automatisch auf *neue Quellen für Wettbewerbsvorteile* gelenkt. Die Manager von heute sollten einen Schritt zurücktreten, die täglichen Probleme für einen Moment beiseite lassen und fragen: Was bedeutet die neue Wertschöpfung für uns? Wie wird sie unsere Wettbewerbsmethoden beeinflussen?

Der Bedarf an neuem strategischem Kapital ist offensichtlich. Um es jedoch in einer Welt der Ko-Kreation aufzubauen, werden wir mehrere Stadien durchlaufen müssen.

Brücken bauen zwischen Managern und Konsumenten

Obwohl sich die Unternehmen seit Jahrzehnten bemühen, die Kunden zu verstehen und kundenorientierter zu arbeiten, trennen Manager und Kunden nach wie vor Welten. Die Gründe sind offensichtlich. Manager in großen Unternehmen haben nur wenige bis gar keine Möglichkeiten, ihr Geschäft aus der Verbraucherperspektive zu sehen. Seltene und geplante Besuche bei besonders großen Kunden erhellen das Dickicht nicht wirklich. Denken wir allein daran, wie viel Zeit wir alle in den Warteschleifen der Callcenter verbringen. Wie viele Fragen uns derweil eine Computerstimme stellt und wir per Tastendruck beantworten, ist für die Qualität unserer Erfahrung eher unerheblich.

Verbrauchererfahrungen finden für die meisten Manager in einer anderen Hemisphäre statt, insbesondere für Angehörige des gehobenen Managements. Zudem sind Manager ebenso wie Verbraucher eine heterogene Gruppe, in der jeder Einzelne auf dieselben Stimuli unterschiedlich reagiert. Die IT-Systeme jedoch gehen davon aus, alle Manager würden an einem bestimmten Punkt dieselben Informationen brauchen. In Wirklichkeit aber *hat jeder Manager seine eigene*

Vorstellung vom Managen, was zu beträchtlichen Unterschieden in der „Sensibilität" für Kundenerfahrungen führt.

Weil die Mitarbeiter in der vordersten Front den Kunden am nächsten sind, verstehen sie deren Sorgen auch am ehesten. Bei einer Fluggesellschaft, in einem Hotel, im Einzelhandel, beim Finanzdienstleister, im Versorgungsbetrieb oder in der Behörde sind die Verkäufer, Callcenter- und Kundendienstmitarbeiter diejenigen mit dem engsten Kontakt zum Verbraucher. Und welchen Einfluss haben sie auf die Unternehmenspolitik? Wie oft werden sie zu Kundenerfahrungen befragt? Einige wenige Firmen verfügen über Systeme, die den Mitarbeitern ermöglichen, ihre Erfahrungen aus dem direkten Kundenkontakt einzubringen, aber wie viel Beachtung finden diese Informationen im gehobenen Management?

Um neues strategisches Kapital aufzubauen, werden Unternehmen eine Brücke zwischen Managern und Konsumenten schlagen müssen. Mit diesem Punkt werden wir uns in Kapitel 9 näher beschäftigen.

Kontinuierlicher Wissenserwerb

Weil der ko-kreative Prozess in einem sich entwickelnden und kontinuierlich verändernden Milieu stattfindet, müssen Manager ihr Handeln ebenfall kontinuierlich neu überdenken. Vor allem aber müssen sie in Echtzeit reagieren und handeln. Daher wird es notwendig sein, eine Kultur des kontinuierlichen Wissenserwerbs und der fortwährenden Bemühung um Konsens zu begründen.

Eine solche Konsensbildung setzt sowohl die richtigen technischen wie sozialen Infrastrukturen voraus. Die technischen Infrastrukturen ermöglichen den Zugang zu Informationen und deren Transparenz, während die sozialen den Zugang zum Mitarbeiterwissen und dessen Transparenz sichern. Hier kommen wieder die vier DART-Bausteine ins Spiel (Dialog, Zugang, Risikoeinschätzung und Transparenz), die im internen Management genauso fest verwurzelt sein müssen wie in der ko-kreativen Verbrauchererfahrung.

Um neues strategisches Kapital aufzubauen, müssen Unternehmen die Voraussetzungen für den kontinuierlichen Wissenserwerb schaffen. Ein „Management-Erfahrungsumfeld" ist ein integraler Teil des Prozesses. Auf dieses Thema werden wir in Kapital 10 näher eingehen.

Strategie als Entdeckung

Traditionell wird Strategie als die Beherrschung des Wettbewerbsspiels und seiner Regeln angesehen. Die Tatsache, dass Firmen festen Strategien folgten, vermittelte den Eindruck, Spiel und Spielregeln wären klar. Hilfsmittel wie Branchen- und Versorgungskettenanalysen legten den Schluss nahe, das Ziel der Strategen wäre die Positionierung der Firma innerhalb der Rahmenstrukturen eines bekannten Spiels.

Über 30 Jahre lang hat man Strategie genau so wahrgenommen, doch ungefähr 1990 begann sich das Wettbewerbsspiel zu verändern. Weit greifende Diskontinuitäten wie die Deregulierung und die Verschmelzung von Branchen und Technologien ließen alte Wettbewerbstaktiken zusehends an Relevanz einbüßen. Wie wollte sich ein Versorgungsbetrieb oder eine Fluggesellschaft nach der Deregulierung im Wettbewerb bewähren? Vorher waren die Regeln klar. Der Manager eines Versorgungsbetriebs sah sich in den anderen Branchen um und guckte sich von ihnen ab, was Wettbewerb hieß. Gerade die Versorgungsbetriebe haben extreme Wandlungsprozesse durchgemacht – doch ob es sich nun um Vertikalisierung (die Trennung der Energiegewinnung von der Weiterleitung und dem Vertrieb), Marktsegmentierung oder Globalisierung handelte, es gab immer Parallelen zu anderen Branchen, die ähnliche Prozesse durchgemacht hatten. So war das Spiel für die Versorgungsbetriebe zwar neu, seine Regeln aber durchaus den Strategen und Managern anderer Branchen geläufig.

Wir erleben heute eine Zeit, in der das *nicht mehr* gilt. Wie will sich ein Hersteller von Computerzubehör oder ein Krankenkassenversorgungsträger auf dem neu entstehenden weiten Feld der „Wellness", auf dem es zu einer Vermischung aller möglichen Branchen und Produkte kommt, gegen die Konkurrenz behaupten? Wie sieht der Konkurrenzkampf in einer vernetzten Welt aus, in der Software oder das Internet zu jenen Intelligenzträgern werden, als die zuvor Hauptplatinen oder Geräte fungierten? Wie kann man konkurrieren, wenn die Verbraucher keine passiven Rezipienten mehr von Produkten und Dienstleistungen sind? Wie geht man damit um, dass sich die Bedeutung von Wert verschiebt? Wie gewinnen Unternehmen die Verbraucher für die gemeinsame Wertschöpfung? Wie differenzieren sie sich in einem ko-kreativen Umfeld von anderen? All dies sind Fragen, die die alten Spielregeln nicht beantworten können.

Ko-Kreation von Wert setzt voraus, dass Manager die Bedeutung von Ressourcen und den Zugang zu ihnen vollkommen neu überdenken. Wie wir gesehen haben, stellen Verbraucher, Partner, Mitarbeiter auf allen Ebenen und andere Beteiligte im Erfahrungsnetzwerk sämtlichst Ressourcen dar. Wollen sich Manager vorrangigen und zeitnahen Zugang zu diesen Ressourcen verschaffen, müssen sie sich vor allem um die Beziehungen innerhalb des Netzwerks bemühen, also verlässliche Infrastrukturen schaffen. Deren Verlässlichkeit wiederum hängt davon ab, wie gut Manager die Spannungen innerhalb der Infrastrukturen handhaben, da es sich ja bei allen Beteiligten um Verbündete und Konkurrenten zugleich handelt. Zudem können gerade die inhärenten Spannungen zum Wettbewerbsvorteil genutzt werden. Wir haben in diesem Buch beschrieben, wie das neue Spiel aussehen wird und welche neuen Regeln und Strategien man dafür erfinden muss. Da die Entwicklungen erst am Anfang stehen, können wir weder vollständig vorhersagen noch erkennen, wie es am Ende ausgehen wird. Wir können lediglich auflisten, welche Elemente sich heute abzuzeichnen beginnen, insbesondere jene Kräfte, die das neue Spiel der gemeinsamen Schaffung einzigartiger Werte antreiben. Unter den neuen Gegebenheiten kann die Strategie kein Spiel mit bekannten Regeln und Optionen sein. Daher ist der Stratege von heute gefordert, sich möglichst effektiv durch den Nebel zu navigieren. Entsprechend gehört zum Entwerfen von Strategien das Entdecken, das Experimentieren, das Analysieren, das Konsolidieren von Gewinn und weiteres Experimentieren. Diesem Thema wenden wir uns in Kapitel 11 zu.

Neue Kompetenzen für die Zukunft aufbauen

Das Neuland der Schaffung einzigartiger Werte auf Basis der personalisierten ko-kreativen Erfahrungen stellt einige der bisher für heilig gehaltenen Managementpraktiken infrage, angefangen bei der Forschung und Entwicklung, der Marktforschung und Werbung bis hin zur Herstellung und Logistik. Keine einzige der funktionellen Disziplinen wird vom Wandel unberührt bleiben. Trotzdem werden einige stärker betroffen sein als andere – und keine so sehr wie das Management der Human Resources.

Manager sollten damit anfangen, ihre traditionellen Sichtweisen daraufhin zu überprüfen, inwieweit sie die gemeinsame Wertschöpfung und damit die neue Wettbewerbsform fördern oder behindern. Unternehmen werden ihre Infrastrukturen prüfen müssen, bevor sie sich auf das Neuland begeben. Und während die Firmen neue Kompetenzen für den Wettbewerb ausbauen, wird ihnen die gemeinsame Wertschöpfung abverlangen, neue Führungsqualitäten zu entwickeln. Nur so können sie sich die Möglichkeiten erschließen, die sich ihnen bieten. Im Zeitalter der gemeinsamen Wertschöpfung tun sich so viele bewegliche Teile und inhärente und offene Spannungen auf, dass das Management vor einer gänzlich neuen Herausforderung steht. Das Aufbauen von *funktionellen, infrastrukturellen und Führungskompetenzen* für die Zukunft erläutern wir im letzten Kapitel dieses Buchs (Kapitel 12).

Im nächsten Kapitel werden wir uns die gewandelte Rolle des Managers in der gemeinsamen Wertschöpfung ansehen. Doch bevor wir weiterschreiten, sollte sich jeder Manager der Herausforderungen und Möglichkeiten innewerden, mit denen der neue Wettbewerbsraum sein Unternehmen konfrontiert. Wie setzt sich das strategische Kapital zusammen, das das Unternehmen aufbauen muss? Welche neuen Fähigkeiten werden erforderlich sein, um dieses Dampfschiff zu bauen? Mit diesen Fragen beziehen wir einen sinnvollen Ausgangspunkt für die folgenden Kapitel.

Kapitel 9

Der Manager als Verbraucher

Für die Ko-Kreation einzigartigen Werts braucht das Management neue Kompetenzen: die Fähigkeit, die Verbraucherinteraktionen im Erfahrungsnetzwerk nachzuvollziehen. Manager müssen lernen, die wirtschaftlichen Abläufe so wahrzunehmen, *wie die Verbraucher sie sehen,* und nicht nur als abstrakte Zahlengebilde.[1]

Wie aber erlangt der Manager eines mittelständischen oder sogar großen Unternehmens dasselbe emotionelle Verständnis für seine Kunden, wie es die Betreiber kleiner Eckläden auszeichnet? Wie kann ein leitender Angestellter nachfühlen, welche Sorgen, Wünsche und Ambitionen den Verbraucher umtreiben? Wie machen Manager ihre Erfahrungen zu denen der Kunden, noch dazu zeitnah und kontinuierlich?

Die Welt der gemeinsamen Wertschöpfung, wie sie derzeit in der Entstehung begriffen ist, wird jeden Mitarbeiter, der die Fähigkeit besitzt, die Kundenerfahrungen direkt zu beeinflussen, zum *leitenden Angestellten* machen. Unternehmen müssen daher Informationsinfrastrukturen aufbauen, die es allen Managern, insbesondere im mittleren Management, erlauben, das laufende Geschäft aus der Verbraucherperspektive zu sehen und so zu einer höheren Ebene der *persönlichen Effizienz* zu gelangen.

Eine Infrastruktur für das Qualitätsmanagement von Echtzeiterfahrungen schaffen: Das Beispiel Notfallambulanz

Nehmen wir das Beispiel einer Notfallambulanz in einem großen städtischen Krankenhaus. Für gewöhnlich kommen über 40 Prozent aller Krankenhauspatienten über die Ambulanz ins Kliniksystem. Aus der Managerperspektive kommt es vor allem darauf an, die Patienten so schnell wie möglich durch die Ambulanz zu schleusen, ohne dass dabei die Versorgungsqualität leidet. Andererseits lässt sich nie vorhersagen, wie groß der Patientenansturm sein wird. Entsprechend gibt es auch keine festen Vorgaben für die Behandlungsabläufe. Der Versorgungsbedarf unterscheidet sich von Fall zu Fall – eine Schusswunde, ein Herzinfarkt und ein gebrochener Arm müssen jeweils unterschiedlich behandelt werden. Doch sie alle erfordern die Zusammenarbeit von mehreren Ärzten, Pflegepersonal und Technikern, ebenso wie das Durchlaufen zahlreicher Untersuchungen, Tests und Behandlungen.

Ja, auf den Notfallstationen geht es genauso verrückt und chaotisch zu, wie wir es aus den Fernsehserien kennen. Welche Stadien ein Patient durchläuft und wie die aktuelle Aufnahmekapazität aussieht, wird auf Zetteln eingetragen, in Computer eingegeben und an großen Wandtafeln angeschlagen. Oft ist ein Patient zu krank, um zu sprechen, und die Freunde oder Verwandten stehen ängstlich vor der Tür und warten darauf, dass ihnen das Personal zwischendurch Informationen zukommen lässt.

Stellen wir uns einmal vor, wir wären der Manager einer Notfallambulanz. Woher wissen wir, was gerade vor sich geht? Die Analyse der Daten aus den vorangegangenen zwei Tagen wird uns nicht helfen, die gegenwärtigen Probleme zu lösen, und schon gar nicht wird sie die Qualität der Patientenerfahrungen verbessern. Um die Patientenpflege in Echtzeit zu optimieren, müssen die Manager *spezifische Fragen* beantworten können: Sind die Wartezeiten an einem bestimmten Punkt zu lang für die Patienten? Werden die Kapazitäten voll ausgeschöpft? Stehen zu viele Patienten vor dem Röntgen an?

Wie bringt man den Managern auf den verschiedenen Stufen in der Hierarchie, von der Oberschwester über den Oberarzt bis zum Verwaltungsdirektor, nahe, was die Patienten, ihre Angehörigen, die einzelnen Ärzte und Schwestern sowie die Techniker erleben? Wartet die Patientin „Hilda Schmidt" schon über 45 Minuten? Wie können wir verstehen, welche ko-kreative Erfahrung sie im Erfahrungsnetzwerk des Krankenhauses macht?

Und wie reagieren wir als leitende Angestellte darauf? Was zum Beispiel tut eine Oberschwester, in deren Nachtschicht sich zwei Schwestern krank melden, und das gerade dann, wenn infolge eines Großbrands unzählige Patienten mit Rauchvergiftungen und Verbrennungen in die Ambulanz eingeliefert werden? Oder stellen wir uns vor, wir wären der Oberarzt der Notfallstation. Können wir genügend Personal herbeirufen, ohne dabei die Qualität der Versorgung auf anderen Stationen zu beeinträchtigen?

Unterdes hat der Verwaltungsdirektor der Klinik, der sich meist weit weg von der Notfallstation aufhält, ganz andere Fragen. Wie ist die durchschnittliche Wartezeit für Patienten? Wo treten Engpässe auf, bei der Ankunft und Registrierung, beim Warten auf einen Arzt, ein Bett oder einen Test? Und wer kommt für die Behandlungskosten auf? Werden die Kassen die Erstattungen für Behandlungen erhöhen oder senken? Arbeitet die Notfallstation kostendeckend oder macht sie zunehmend Verluste? Warum?

Ein effektives Informationssystem hat nicht zum Ziel, eine Krankenschwester, einen Techniker oder einen Arzt zu ersetzen, sondern schwache Signale zu verstärken, die der Klinik helfen, die Verbraucher(Patienten-)erfahrungen zu verbessern. Das bedeutet, es muss den jeweiligen Kontext der ko-kreativen Erfahrung reflektieren. Die persönliche Effizienz eines Managers in einer solchen Situation hängt von seiner Fähigkeit ab, Hypothesen zu Patientenproblemen zu entwerfen und entsprechende Reaktionen in Gang zu setzen.

Deshalb muss das Informationssystem beim *Ereignis* (der Ankunft des Patienten, der Registrierung, dem Röntgen) und dessen Metrik (der Wartezeit, der Zeit bis zur Diagnose und der des Gesamtaufenthalts) ansetzen. Diese ereignisbezogenen Informationen müssen dem leitenden Angestellten jederzeit zugänglich sein. Zum Beispiel: „Mittwochmorgens warten Patienten 45 Minuten, bis sie beim Röntgen drankommen", oder: „Es dauert über eine halbe Stunde, bis einem Patienten ein Bett zugeteilt wird."

Als Manager sollte ich in der Lage sein, Erfahrungen aus unterschiedlichen Perspektiven nachzuvollziehen, etwa aus der des überlasteten Arztes, des ängstlichen Patienten oder des überarbeiteten Technikers. Ich sollte außerdem in der Lage sein, mit den anderen zu kommunizieren und mit ihnen gemeinsam „angemessene Vorgehensweisen" zu erarbeiten, um auftretende Probleme schnellstmöglich zu lösen. So wie es für Verbraucher wichtig ist, auf Verbrauchergemeinschaften zurückgreifen zu können, sollten Manager auf Führungsverbände zurückgreifen können, um mit ihnen gemeinsam ihr Wissen zu erweitern und bessere Verbrauchererfahrungen ermöglichen zu können.

Als Manager sollte ich die Interaktionen zwischen Verbrauchern und Unternehmen in dem Moment erfassen, da sie stattfinden, und zwar mitsamt all ihren Implikationen. Aus dem Kontext gerissene Informationen sind für mich praktisch wertlos, weshalb mir ein effektives Informationssystem die Möglichkeit geben muss, Ereignisse zu rekonstruieren. Eine Intervention in Echtzeit ist etwas anderes als eine Analyse spezifischer Erfahrungen, anhand derer ich im Nachhinein bestimmte Muster ausmachen, Hypothesen formulieren und das Gelernte kodifizieren will. Damit Manager zu ko-kreativen Beteiligten werden, sollten sie beides können, sowohl direkt intervenieren als auch im Nachhinein die Fakten analysieren.

In einer Notfallambulanz müssen Manager diese Fähigkeiten mitbringen und dazu gehört auch, dass sie alle Mitarbeiter in die Schaffung einer positiven Verbraucher(Patienten-)erfahrung einbinden – die Ärzte, die Schwestern und Pfleger, die Labortechniker, den Mann am Empfangsschalter und den Pflegediensthelfer, der die Patienten hin und herbringt.

Haben die Manager der heutigen Notfallstationen Zugang zu all den Kompetenzen, von denen wir sprachen? Normalerweise nicht, was allerdings nicht auf technische Gründe zurückzuführen ist, sondern darauf, dass unsere Managementsysteme den Änderungen in der Wertschöpfung hinterherhinken – *den zahlreichen Punkten, an denen Interaktion zwischen Verbrauchern und Unternehmen stattfindet.* Die Frage ist demnach: Wie schaffen wir das Managementäquivalent zu integrierter Intelligenz, wie wir sie etwa in intelligenten Produkten wie dem Herzschrittmacher bereits haben? Wir erreichen es nur, indem wir den Managern das Lernen und Handeln ermöglichen, das *Wachsen und Sich-Weiterentwickeln* mit den Verbrauchererfahrungen an *allen* Punkten, an denen Interaktion zwischen Verbrauchern und Unternehmen stattfindet.

Manager mit „integrierter Intelligenz" ausstatten

Zur Veranschaulichung sehen wir uns einmal an, was ein Außendiensttechniker von Bell Canada, einem Telekommunikationsunternehmen, das in der Erprobung der Mitarbeiter-Verbraucher-Interaktion steckt, braucht. Die Außendiensttechniker des Unternehmens „tragen" eine Menge Geräte mit sich herum, vom vernetzten Kleincomputer über den Flachbildschirm bis hin zum Handy. Diese Hilfsmittel sichern ihnen beim Kundenbesuch den Zugriff auf das Firmenwissen. Sie können beispielsweise Rechnungen ausdrucken oder Aufträge einsehen. Und so wie Cemex seine Zementlaster jederzeit umdirigieren kann, wenn eine Bestellung geändert wird, kann auch Bell Canada seine Techniker jederzeit zu einem Notfall schicken. Ebenso kann jeder Techniker jederzeit Daten abrufen, wenn er zum Beispiel prüfen will, wie groß ein Sturmschaden an einem Telefonmasten ist. Er klickt sich einfach in die technischen Aufzeichnungen des Unternehmens ein, die ihm einen besseren Überblick verschaffen und bei der Problemlösung helfen.[2]

Im Verlaufe des Experiments mit neuen Technologien entwickeln sich ständig neue Kompetenzen, die direkt in der Praxis getestet

werden, wobei jeder einzelne Problemfall in seinem eigenen idio-
synkratischen Zeit- und Raumkontext steht. Stellen wir uns vor, jeder Techniker hätte Zugriff auf das Fachwissen anderer Techniker
und Mitarbeiter im Unternehmen. Er könnte dieses Wissen nutzen
und zugleich um die Erfahrung bereichern, die ihm dessen Anwendung in einem bestimmten Kontext beschert. Stellen wir uns außerdem vor, ein leitender Angestellter wollte bei einem Kundenbesuch
intervenieren. Auch dafür öffnen die technologischen Fortschritte
und mobilen Kommunikationsmittel ständig neue Möglichkeiten.
Bell Canada entwickelt seine Informationsinfrastruktur kontinuierlich weiter und gestaltet nicht nur einzigartige Verbrauchererfahrungen, sondern erhöht zugleich die Produktivität. Der Punkt ist, dass
alle Unternehmen Managementumfelder schaffen müssen, innerhalb
deren einzelne leitende Angestellte lernen und effektiver handeln können. Manager lernen voneinander, von den Kunden, von den Lieferanten und von größeren Interessens- und Fachverbänden. Der Technologie fällt dabei die Rolle zu, diese Lernprozesse zu unterstützen.

Die systematische Gewinnung neuen Wissens im Kontext von Ereignissen stellt eine große Herausforderung dar. Zunächst einmal
gilt es, die „Lernresistenz" zu überwinden, die sich in so vielen oberen Etagen von Unternehmen breit gemacht hat. Damit Lernen in
der Praxis funktioniert, müssen wir verstehen, wie Manager voneinander lernen wollen und welche technischen Infrastrukturen erforderlich sind, um diese Bereitschaft zu fördern. Auch hier brauchen
wir wieder die vier DART-Bausteine – Dialog, Zugang, Risikoeinschätzung und Transparenz.

Der Manager als Verbraucher: Die Grundvoraus-setzungen

Drei Grundvoraussetzungen müssen erfüllt sein, damit Manager an
den Erfahrungen von Verbrauchern und anderen Mitgestaltenden im
ko-kreativen Prozess teilhaben können:

- Manager müssen so viele und so zeitnah wie möglich ereignisbezogene Daten über die Verbrauchererfahrungen bekommen.
- Manager müssen jederzeit Einblick und Interventionsmöglichkeiten in einzelne Kundenereignisse haben, während sie gleichzeitig den Gesamtbetrieb im Auge behalten. „Wie wird Hilda Schmidt bei uns behandelt?", ist eine ebenso wichtige Frage wie: „Welche Umsatzergebnisse können wir in dieser Woche weltweit vorweisen?"
- Manager müssen in der Lage sein, Ressourcen nach Bedarf zu mobilisieren und zu rekonfigurieren.

Zusammenfassend kann also gesagt werden, dass die effektive gemeinsame Wertschöpfung *agile* Manager voraussetzt. Agilität ist die Fähigkeit, schnell zu handeln, das heißt den Zyklus der Managementaktionen zu verkleinern. Agilität ist mithin eine Kompetenz, die heute wichtiger ist denn je. Bislang galt das Hinterherhinken des Managements hinter den Ereignissen als eine Art notwendiges Übel, das sich in zusätzlichen Ausgaben und verpassten Profitchancen niederschlägt. Sind Manager beispielsweise außerstande, prompt auf rückläufige Umsätze zu reagieren, kommt es zu einem Warenstau in den Lagerhäusern. Schaffen sie es andererseits nicht, auf eine erhöhte Nachfrage zu reagieren, verpassen sie die Chance auf größere Umsätze. Worauf aber baut unternehmerische Agilität auf? Welchen Einfluss übt das Managementumfeld auf das Streben nach Agilität aus? Und kann unsere bestehende Informationsinfrastruktur Agilität fördern?[3]

Wir glauben, dass Agilität von der Bereitschaft der leitenden Angestellten abhängt, bei Bedarf schnell auf Veränderungen einzugehen. Dabei dürfen wir nicht vergessen, dass Manager eine ebenso heterogene Gruppe sind wie Verbraucher. Keine zwei Manager verhalten sich bei einem bestimmten Ereignis gleich. Daher sollte Agilität zu den integrierten Kompetenzen eines Managementumfelds gehören, das auf die unterschiedlichen Bedürfnisse der einzelnen Manager abgestimmt ist.

Ein Managementumfeld aufbauen

Wie aber bauen wir ein Managementumfeld auf, das den unterschiedlichen Bedürfnissen der einzelnen Manager gerecht wird? Im Folgenden finden sich einige zentrale Überlegungen.

Zügige Rekonfiguration von Ressourcen

Wie wir bereits in Kapitel 6 geschrieben haben, erfordert das Qualitätsmanagement von Erfahrungen (EQM) Flexibilität in der Rekonfiguration von Ressourcen (wie an den Beispielen Cemex, Zara, REI und Reflect.com veranschaulicht wurde). Diese Kompetenz wirkt sich zwangsläufig auf die Logistik- und Herstellungsinfrastrukturen aus. Außerdem kann sie es notwendig machen, Lagerbestände von einem Ort zum anderen zu verschieben, die Produktion zu erhöhen, mehr Verkäufer einzustellen, Kommunikationsprogramme zu stoppen oder neu zu gestalten und einen Handel zwischen den Geschäftseinheiten zu ermöglichen. Es geht also ebenso um die Förderung der *internen* Kooperation in der gemeinsamen Wertschöpfung wie um die Kooperation mit den Lieferanten und den Verbrauchern.

Die Verkleinerung der Reaktionszyklen von Managern steht und fällt mit deren Fähigkeit, Probleme in ihrem Ereigniszusammenhang zu erkennen und mit allen Beteiligten einen Konsens über die erforderlichen Aktionen zu finden. Das setzt voraus, dass Manager jederzeit Zugang zu Informationen in ihrem jeweiligen Kontext haben.

Zugang zu Informationen in ihrem jeweiligen Kontext

Um handeln zu können, brauchen Manager Informationen. Doch Informationen ohne Kontext sind wenig wert. Der Kontext wiederum definiert sich über ein bestimmtes Problem oder eine bestimmte Frage, die Handlungsbedarf weckt.

Denken wir beispielsweise an eine „Global Sales"-Managerin. Sie wird wissen wollen, in welcher Zweigstelle des Unternehmens die

Umsätze unter 80 Prozent der Wochenerwartungen waren. In diesem Fall wäre der Kontext dreidimensional: das Thema (Umsatz kontra Erwartung), die Zeit (letzte Woche) und der Ort (die weltweiten Niederlassungen). Die Managerin wird weiterhin wissen wollen, welche Werbeaktionen ihre Firma in diesen Märkten durchgeführt hat und wie die Werbung der Hauptkonkurrenten aussah. Und schließlich wird sie erfahren wollen, ob die Diskrepanz zwischen Umsatzerwartung und tatsächlichem Umsatz ein einmaliges Ereignis ist oder Teil eines seit längerem anhaltenden Trends.

Wie das Beispiel illustriert, brauchen Manager Zugang zu Informationen, die ihnen helfen, eine ganze Reihe Fragen zu beantworten, von denen manche klar formuliert sind und regelmäßig auftreten, andere hingegen eher vage Aussagen beinhalten. Unsere Verkaufsmanagerin fragt sich vielleicht: „Hat uns die Werbeaktion des größten Konkurrenten Kunden gekostet? Kann der unerwartete Kälteeinbruch schuld an dem Problem sein? Oder spielen langfristige Veränderungen wie demographische Trends eine Rolle?"

Der Bedarf an kontextuellen Informationen geht also weit über Transaktionsdaten hinaus. Entsprechend müssen wir dafür sorgen, dass geschäftsbezogene wie nicht geschäftsbezogene Daten nahtlos ineinander fließen – und genau an dieser Stelle werden sich in den Unternehmen einen Menge technische und soziale Hindernisse auftürmen.

Nehmen wir das Fallbeispiel „Naturkundemuseum als Branche". Weltweit haben die naturkundlichen Museen über 3 Milliarden Exemplare von Tieren, Insekten und Pflanzen in ihren Sammlungen. Derzeit sind die meisten Museen dabei, ihre Sammlungen digital zu katalogisieren und diese Kataloge online zur Verfügung zu stellen. Einige Museen in den USA, Kanada und Mexico haben sich darauf geeinigt, ihre Daten im XML-Format untereinander auszutauschen. Der Zugang zu diesen Datenspeichern ermöglicht umfassende Forschungen über die weltweite Artenvielfalt.[4]

Nun stellen wir uns vor, wir wären ein Museumskurator (also ein Manager), an den die Bitte herangetragen wurde, eine Ausstellung über asiatische Käfer mit besonders langen Greifwerkzeugen in Asien mitzugestalten. Die Käferart, um die es dabei geht, hat früher einmal den Baumbestand in Chicago gefährdet. Die Anfrage des asiatischen Museums stellt für mich als Manager einen ganz bestimmten Kontext her. Die vernetzten Datenbanken, die mir Zugang zu vielen anderen naturkundlichen Museen geben, ermöglichen mir den schnellen Zugriff auf eine Vielzahl von Ressourcen. Doch um eine interaktive Ausstellung mitzuorganisieren, die das Ökosystem des Käfers modellhaft nachzeichnet, brauche ich einige Antworten auf Fachfragen, die die verfügbaren Daten eventuell nicht hergeben. Ich weiß, dass es in meinem Museum einige Experten gibt, vor allem aber in anderen Museen. Ich brauche also Zugang zu den externen kontextspezifischen Wissensquellen, und zwar schnellstmöglich. Doch um das volle Potenzial der zugänglichen Wissensquellen nutzen zu können, muss in meinem Managementumfeld noch ein weiteres Element enthalten sein.

Die Fähigkeit, neues Wissen zu schaffen und neue Erkenntnisse zu gewinnen

Zugang zu Informationen in ihrem jeweiligen Kontext zu haben ist wichtig, reicht aber allein nicht aus, um Agilität zu fördern. Manager brauchen darüber hinaus die Fähigkeit, nach ihren Vorstellungen mit den Informationssystemen zu kommunizieren, neue Fragen aufzuwerfen und neue Hypothesen aufzustellen. Und das bringt uns zu der Frage: Wie schaffen wir Informationsinfrastrukturen, die die „Intuition von Managern" fördern und ihnen ermöglichen, Ideen zu testen?

Erschwerend kommt hinzu, dass leitende Angestellte in großen Unternehmen selten allein agieren. Normalerweise müssen sie sich mit einer ganzen Reihe von Kollegen über teils große räumliche Distanzen hinweg abstimmen. Sie müssen mit anderen Managern kommunizieren, auf ihre Fähigkeiten und ihr Fachwissen zugreifen können und mit ihnen gemeinsam Schlussfolgerungen erarbeiten, was die Risiken betrifft. Sprich: Sie müssen sowohl im Hinblick auf die Problemdiagnose als auch auf den Handlungsbedarf zu einem Konsens mit anderen finden.

Um das bewerkstelligen zu können, brauchen sie ein Informationssystem, das sie durch einen Wust von Datenspeichern und Anwendungen navigiert und zu den Antworten auf ihre Fragen führt, die bisweilen vielleicht nur „schwammig" formuliert sind. In der Welt der Informationssysteme allerdings ist die Beantwortung von schwammigen Fragen alles andere als einfach. Will man beispielsweise in einer weltweit operierenden Firma, die durch Firmenaufkäufe und Fusionen groß wurde, die Umsatzzahlen mit den Umsatzerwartungen vergleichen, muss man unter Umständen auf 25 verschiedene Datenspeicher und Anwendungen zugreifen. Leitende Angestellte, denen das System keine Möglichkeit gibt, zeitnah Antworten auf ihre Fragen zu finden, werden diese voraussichtlich nicht weiterverfolgen und entsprechend auch keine Hypothesen zur Problemlösung aufstellen. Niemand möchte seine Einfälle oder Mutmaßungen an einen Analysten weitertragen und dann drei Tage auf die Ergebnisse warten. Wie aber können leitende Angestellte das System nutzen, um neues Wissen zu erwerben, damit sie auf Herausforderungen schneller reagieren können?

Das Problem wird nicht eben kleiner, wenn wir bedenken, dass Manager auch um die Kooperation und den Konsens mit externen Quellen (wie kritischen Verbrauchern oder Lieferanten) bemüht sein sollten. Der Museumskurator zum Beispiel muss mit Fachleuten außerhalb seines Instituts zusammenarbeiten. Wie schaffen wir ihm eine Basis für den Dialog? Wie kann er das Wissen und die Erkenntnisse anderer Gruppen und Institute nutzen, die doch jeweils ihre eigenen Ziele, ihre eigenen Werte und ihre eigenen Interessen verfolgen? Die ko-kreative Erfahrung setzt voraus, dass leitende Angestellte nicht nur Zugang zu internen Informationen haben, sondern zum gesamten Netzwerk, das den Verbraucher miteinschließt.

Die Heterogenität des Managements

Wie wir bereits erwähnten, handelt es sich bei Managern um eine ebenso heterogene Gruppe wie bei den Verbrauchern. Sie unterscheiden sich in ihrem Zugang zu Informationen, in ihrer Lernfähigkeit und in ihren Methoden. Dennoch neigen IT-Gruppen dazu, bei der Entwicklung von Informationssystemen für Manager diese Unterschiede zu ignorieren oder das Problem herunterzuspielen. Die Informationen etwa, die Verkaufsmanager brauchen (eine funktionell und hierarchisch klar definierte Gruppe), werden als überall gleich angenommen, obwohl der Informationsbedarf des Verkaufsmanagers Rajid ein vollkommen anderer sein kann als der des Verkaufsmanagers Chen.

Und versuchen IT-Gruppe tatsächlich, Variablen in ihre Systeme einzubauen, dann geschieht das zumeist über eine Vielzahl von integrierten Merkmalen und Funktionen (erinnern Sie sich an Produktvielfalt). Leider werden die Systeme dadurch nur noch komplizierter, ohne die komplexen Bedürfnisse wirklich zu erfüllen.

„Individualisierung" heißt in diesem Zusammenhang etwas anderes als das Abstimmen des Systems auf eine bestimmte Benutzergruppe oder das Personalisieren einer Anwendung für eine bestimmte Unternehmensebene. Es geht vielmehr darum, sensibel für den „Momentkontext" zu sein und dafür, welchen Zugang die einzelnen Manager zu Informationen wollen. Das wiederum setzt voraus, dass man ihnen die Möglichkeit gibt, das System mitzugestalten und so den Wert mitzuschaffen, den es im Erfahrungsumfeld mit Lieferanten, Partnern und Verbrauchern gewinnt.

Um eine wirkliche Individualisierung zu erreichen, muss man begreifen, woher die Heterogenität der Manager rührt.

Bildung und Spezialwissen

Weil Manager in ihren Bildungsgraden und Fachkompetenzen variieren, kann ein Manager eine Stunde brauchen, um ein Informationssystem zu beherrschen, ein anderer zwei Tage. Und während sich der eine in Windeseile durch die Menüs zu den gewünschten Daten vorarbeitet, verbringt ein anderer Stunden damit, sich über Anwendungen zu ärgern, die er überhaupt nicht braucht und die ihn bloß aufhalten. Daher müssen IT-Systeme für Manager Rücksicht auf die unterschiedlichen Kenntnisse und fachlichen Voraussetzungen nehmen, die die Benutzer mitbringen.

Die Bereitschaft zum prompten Handeln

Kehren wir noch einmal zu Cemex zurück. Unter der Federführung von Lorenzo Zambrano wurde eine Unternehmensphilosophie begründet, die klare Managementstandards für alle weltweiten Niederlassungen vorgibt. In den Cemex-Fabriken werden automatische Qualitätskontrollberichte von Maschinen erstellt, die selbsttätig Zementproben entnehmen, sie analysieren und die Daten in das Computernetzwerk einfüttern, zu dem alle Manager Zugang haben. Dieses Computernetzwerk kann Zambrano zugleich nutzen, um die Umsatzzahlen oder Kiesofentemperaturen abzufragen und sich bei den Managern zu erkundigen, wie sie die Performance ihrer Einheit erklären. Dadurch hat sich der Druck auf die Manager enorm erhöht.

Als das neue Informationssystem eingeführt wurde, ging ein Aufschrei durch die Reihen der Cemex-Manager, wobei diejenigen besonders laut schrieen, die keinerlei Ehrgeiz hatten, auf alles und jedes in Echtzeit zu reagieren. Heute weiß jeder, der Cemex-Manager wird, was man von ihm erwartet, und kann sich entsprechend darauf einstellen.

Dialogbereitschaft und -bedarf

Die gemeinsame Wertschöpfung setzt voraus, dass Manager imstande sind, den Dialog im Kontext bestimmter Ereignisse zu suchen. Dazu brauchen sie Zugang sowohl zu fachbezogenen wie auch zu allgemeinen Informationen. Zudem muss ein effektives Informationssystem den kontextuellen Bedarf decken, der von Einzelereignis zu Einzelereignis erheblich variieren kann.

Zum Beispiel haben die Manager und Hauptlieferanten von Harley Davidson Zugang zu einem kooperativen Informationsumfeld namens „Ride", in dem sie sich über Design und Entwicklung austauschen können. Trotzdem werden die Dialoge zwischen den einzelnen Beteiligten und den jeweiligen Kontexten variieren. Bei der Entwicklung des elektronischen Einspritzmotors (EFI – „Electronic Fuel-Injected engine") für das V-Rod-Modell mussten die Harley-Ingenieure und -Manager mit ihrem Hauptlieferanten Delphi Automotive und europäischen Firmen, einschließlich Porsche und Magneti Marelli, zusammenarbeiten. Als Delphi später einen vergeblichen Versuch unternahm, ein Motorrad mit Selbstantrieb zu bauen, musste das Team das Design für das gesamte System neu entwerfen – was bedeutete, dass sie die Entwicklungsdaten einer wichtigen Komponente bekannt geben mussten. Entsprechend erhöhte sich natürlich der Dialogbedarf mit dem Fortschreiten des Projekts erheblich.[5]

Die Bereitschaft zum Experimentieren

Die Experimentierfreude variiert ebenfalls von Manager zu Manager, teils auch abhängig davon, welchen Stellenwert sie jeweils der Gleichgewichtung von Effizienz und Innovation beimessen. Manager sind traditionell darauf fixiert, die Effizienz von Transaktionen und betrieblichen Abläufen stetig zu verbessern. Nun verlangt Agilität zugleich die Bereitschaft zum Experimentieren, was normalerweise die Effizienz hemmt (zumindest kurzfristig). Ob und wie ein bestimmter Manager die Effizienz des Experimentierens bewertet, hängt vom jeweiligen Kontext ab.

Letztlich müssen Effizienz und Innovation gleichermaßen im Vordergrund stehen. Bei der Entwicklung des EFI-Motors für das V-Rod-Modell von Harley war das Experimentieren unumgänglich. Die Ingenieure innerhalb wie außerhalb der Firma brauchten einen direkten Zugang zu den Plänen, Daten, Bildern und Audio- und Video-

clips ebenso wie die Möglichkeit, beständig neues Wissen zu erwerben. Doch der ko-experimentelle Prozess und die letztlich positiven Erfahrungen, die damit gemacht wurden, haben das Vertrauen
innerhalb des Netzwerks gestärkt und so zu einer höheren Effizienz
in der Produktentwicklung geführt.

Risikopräferenzen

Was in den Diskussionen über Managemententscheidungen immer
wieder gern übersehen wird, ist die Tatsache, dass unterschiedliche
Manager unterschiedliche Risikopräferenzen haben. Sollte das
Unternehmen seine Produktionspläne ändern, wenn die Umsätze in
einem kleinen Markt, wie etwa Chile, in der vergangenen Woche
unter 90 Prozent der Erwartungen lagen? Oder sollte die Produk-
tionsmenge beibehalten werden, weil man davon ausgehen kann,
dass ein einmaliger Rückgang durch eine Umsatzsteigerung in einer
der kommenden Wochen ausgeglichen wird? Der chilenische Um-
satzeinbruch kann bei einigen Managern als Signal für sofortigen
Handlungsbedarf aufgefasst werden, während andere ihn gar nicht
weiter beachten.

Merkmale des Managementumfelds

Nachdem wir nun hinlänglich klargemacht haben, dass man ein
Managementumfeld schaffen muss, das die Heterogenität von
Managern und mithin ihre unterschiedlichen Verhaltensweisen berücksichtigt, können wir einige Grundmerkmale formulieren, die ein
solches Echtzeit-Informationssystem aufweisen sollte.

Konsistenz des dezentralisierten Handelns

Okay, alle Manager sind anders. Sie reagieren unterschiedlich auf
Probleme. Sie brauchen Autonomie, also die Möglichkeit, ihr Handeln selbst zu bestimmen. Zugleich aber sollte ihr Handeln über die
einzelnen Unternehmensebenen hinweg konsistent sein und im Ein-

klang mit den Direktiven des Unternehmens stehen. Daher müssen Kommunikationsstrukturen geschaffen werden, die ein Gleichgewicht zwischen Personalisierung und Konsistenz herstellen.

Visualisierung von Erfahrungen

Manager müssen die Kundenerfahrungen emotionell nachvollziehen können, das heißt die Realität der Kunden gewissermaßen „spüren". Dieses Gespür erwerben sie nicht, indem sie Umfrageberichte lesen. Informationssysteme sollten auch Film- und Audiomaterial bereithalten, möglichst integriert in die Textdaten, anhand deren in Echtzeit zu beobachten ist, was an einem bestimmten Ort vor sich geht.

Diese Art der Information macht es den Managern möglich, konkretere Fragen zu den Aktivitäten zu formulieren, die sie kontrollieren. Der Manager der Notfallambulanz sollte Zugang zu Video- und Audiodaten haben, die ihn beispielsweise zu der Überlegung veranlassen: „Ich sehe, dass es auf der Schwesternstation 2 ein Problem gibt: Der Hauptcomputer, über den die Patientendaten aufgerufen werden, ist abgestürzt. Kümmert sich jemand darum? Taucht das Problem häufiger auf oder wird es nur heute Morgen die Qualität der Pflege beeinträchtigen?"

Das erinnert uns an die Filmfigur, die Tom Cruise in Steven Spielbergs 2002 erschienenem Film *Minority Report* spielt. Darin ist es sein Job, Verbrechen zu verhindern, bevor sie begangen werden. Dazu muss er fortwährend Ereignisse prüfen und rekonstruieren (in diesem Fall Verbrechen), nach Mustern suchen, Hypothesen aufstellen und schnell handeln. Stellen wir uns vor, als Manager wären wir in der Lage, Verbrauchererfahrungen zu rekonstruieren und entsprechend effektiv auf Probleme zu reagieren sowie neue Möglichkeiten zu erkennen. Hier geht es um Entdecken und Handeln. Anders als Tom Cruise in *Minority Report* müssten Manager das im selben Moment können, in dem die Verbraucher ihre Erfahrungen mitgestalten. Mit dieser Fähigkeit könnten sie aktiv an den Erfahrungen teilhaben, die der Kunde aus der Interaktion mit ihrem Unternehmen zieht.

Bündelung und Gliederung von Ereignissen

Manager brauchen Zugang zu Informationen in unterschiedlicher Konzentration. Angenommen, auf einer Notfallstation taucht das Problem auf, dass die Röntgenbilder von orthopädischen Verletzungen nicht schnell genug da sind. Wäre ich der Manager, müsste ich in der Lage sein, dieses Ereignis in seine einzelnen Komponenten aufzusplitten, um zu sehen, an welcher Stelle genau das Problem verursacht wird. Ist es der Röntgenraum, die Entwicklung der Filme oder der anschließende Informationsfluss? Die Lösung des Problems wird jeweils eine vollkommen andere sein. Bin ich hingegen der Verwaltungsleiter, interessieren mich die Details wahrscheinlich nicht, sondern vielmehr, wie die Abläufe beschleunigt und wie viele Patienten durchschnittlich innerhalb einer Stunde behandelt werden können. Ich brauche also lediglich eine grobe Darstellung der Ereignisse.

Ein System, vielfältige Erfahrungen

Unterschiedliche Manager in demselben Unternehmen brauchen unterschiedliche Informationen. Sie haben beispielsweise je nach Position eine unterschiedlich große Verfügungsgewalt und müssen dementsprechend auch unterschiedlich eng mit anderen Managern kooperieren. Die Entscheidung, vier neue Ambulanzräume einzurichten, ist etwas anderes, als einem soeben eingetroffenen Schlaganfallpatienten eine bestimmte Schwester zuzuteilen. Demzufolge sollten Manager ein und dasselbe Ereignis auch aus verschiedenen Perspektiven betrachten können.

Dennoch ist es wichtig, dass der Kontext in jedem Fall gleich vermittelt wird. Schließlich können die Rollen variieren, die ein Manager einnimmt. An einem Tag widmet er sich dem Tagesgeschäft, am nächsten der Optimierung der Ressourcen, tags darauf der Lokalisierung und Planung neuer Ressourcen. Das System muss also Kontinuität und Konsistenz gewährleisten, während es dem Manager zugleich erlaubt, nur die jeweils für ihn relevanten Informationen abzurufen.

Die Möglichkeit, neue und außerhalb der Routine liegende Fragen zu stellen

Eine der wichtigsten Aufgaben von Managern ist, neue und außerhalb der Routine liegende Fragen zu stellen. Diese fallen häufig recht vage aus, da sie sich gleichermaßen auf Intuition wie auf harte Fakten stützen. Leider sind die meisten traditionellen Informationssysteme darauf ausgerichtet, nur standardisierte Fragen zu beantworten.

So ist es beispielsweise einfach, eine traditionelle Analyse von Umsatzerwartungen und tatsächlichen Verkaufszahlen vorzunehmen, einschließlich einer Auswertung der Diskrepanz zwischen beiden. Selbstverständlich sind solche Dinge durchaus von Belang. Aber sie bringen selten neue Erkenntnisse. Manager sollten die Möglichkeit haben, auch *hypothetische* Fragen zu stellen, wie: Haben wir während der Weihnachtsfeiertage mehr Notfallpatienten als sonst? Wenn ja, ist die Zahl der Schlaganfallpatienten überdurchschnittlich hoch? Sind es vornehmlich ältere Patienten oder solche aus allen Altersgruppen? Stammen sie vornehmlich aus sozial schwachen Kreisen oder verteilt sich die Zahl gleichmäßig über alle sozialen Schichten? Entstehen uns Verluste, weil die weniger kranken Patienten wieder gehen, wenn die Wartezeiten zu lang sind?

Ein gut gemachtes Informationssystem muss die Antworten auf solche Fragen finden. Es sollte in der Lage sein, Managern die Möglichkeit zur Kooperation mit anderen zu geben, die diese hypothetischen Fragen aufgreifen und sie vielleicht aus einer anderen Perspektive angehen. Neues Wissen lässt sich nur generieren, wenn auf Hypothesen schnell reagiert wird und die Beteiligten möglichst zügig zu einem Konsens finden.

Unseres Erachtens erstreckt sich das Nachvollziehen von Verbrauchererfahrungen bei Managern über drei Ebenen, wie in Abbildung 9-1 dargestellt. Manager auf der untersten Ebene, auf der die ko-kreative Erfahrung stattfindet, stellen die interessantesten, intuitivsten Fragen, auf die es zumeist keine klaren Antworten gibt. Dies ist die Stufe, auf der Hypothesen entwickelt werden. Hier müssen die Manager den Kontext der ko-kreativen Erfahrung erfassen und den Konsens mit der unmittelbaren Umgebung über die zu erfolgenden Handlungen suchen. Dialog und Transparenz sind auf dieser Ebene unentbehrlich. Alle Beteiligten brauchen denselben Zugang zu denselben Informationen, die die hypothetischen Fragen aufgeworfen haben. Auf dieser Ebene ist *Qualitätsmanagement von Erfahrungen* gefragt. Zugleich finden wir hier die größte Variabilität von Managementhandeln.

Wenn die Hypothesen nicht greifen und das Problem weiter besteht, kommt die zweite Ebene ins Spiel, die *Prüfung der Geschäftsaktivitäten*, wie sie etwa bei der Prüfung der Performance von Callcentern zum Einsatz kommt. Falls weitere Prüfungen notwendig sind, muss man die automatisierten Prozesse sowie die Routineanalysen und -berichte miteinbeziehen und hat damit die dritte Ebene erreicht, das *Management der betrieblichen Abläufe*.[6]

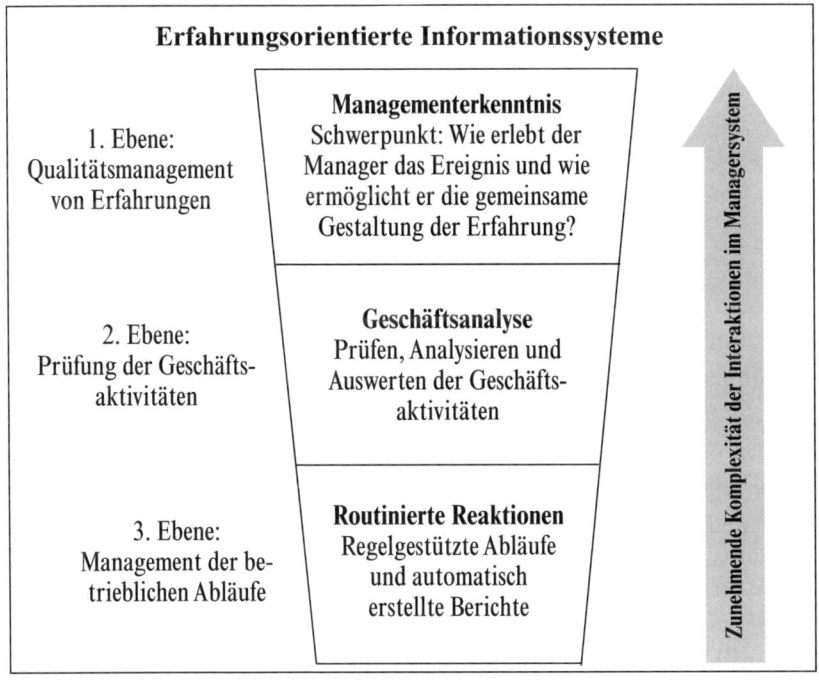

Abbildung 9-1

Das Problem der meisten Informationssysteme ist, dass sie sich an den unternehmenszentrierten Abläufen orientieren (dritte Ebene), statt beim einzelnen Manager anzusetzen (erste Ebene). Ein leitender Angestellter kann die betrieblichen Abläufe nicht aus der Kundenperspektive beurteilen, solange das Unternehmen ihm nicht die nötigen Mittel zur Hand gibt, wie sie die erste Ebene vorsieht. Um die Erfahrungen der Kunden nachvollziehen zu können, müssen Manager die Möglichkeit haben, den Kontext der Ereignisse zu erfassen, die der ko-kreativen Erfahrung zugrunde liegen, und ihre eigenen Interpretationen einbringen sowie formulieren können, welche wirtschaftlichen Folgen ein bestimmtes Ereignis haben kann und welcher Handlungsbedarf deshalb besteht. In den meisten Unternehmen von heute wird der ersten Ebene so gut wie keine Beachtung geschenkt, der dritten hingegen wird überzogen große Aufmerksamkeit gewidmet. Einige Unternehmen haben erkannt, wie wichtig die zweite Ebene ist (das Prüfen, Analysieren und Auswerten von Geschäftsaktivitäten), um die Routineprüfungen der dritten Ebene verlässlicher und aussagekräftiger zu machen. Diese Unternehmen sollten ebenfalls erkennen, wie effektiv die erste Ebene zur Verbesserung der Prüfung von Geschäftsaktivitäten beitragen kann, die es dann wiederum den Managern ermöglichen, die *Qualität der ko-kreativen Erfahrung* zu steigern. Unternehmen, die sich an den Kundenerfahrungen orientieren wollen, müssen sich vor allem auf ihre leitenden Angestellten konzentrieren und deren persönliche Effektivität in der gemeinsamen Wertschöpfung mit den Kunden fördern.

Ko-Evolution: Wie Manager sich mit den Verbrauchererfahrungen weiterentwickeln

Das Ziel der Manager, die das Geschäft in Echtzeit miterleben, ist *Null-Latenz*. Als Manager bin ich vielleicht nicht angetan von den langen Wartezeiten in der Notfallstation, über die sich ein Patient bei mir beklagt; und ich werde gewiss nicht begeistert sein, wenn ich am Ende des Monats Berichte auf den Tisch bekomme, nach denen 40 Prozent aller Patients über eine halbe Stunde warten mussten, bevor sich ein Arzt um sie gekümmert hat. Ich will in dem *Moment* handeln, wenn der Patient eintrifft und Beschwerden hat.

Daher müssen Unternehmen die Schlüsselelemente der ko-kreativen Erfahrung erkennen (nennen wir es *erfahrungszentriertes Fachwissen*) und Systeme aufbauen, die es den einzelnen Managern möglich machen, sich mit den Verbrauchererfahrungen weiterzuentwickeln:

– *Personalisierte Warnsysteme* – Manager brauchen personalisierte Warnsysteme, die sie in dem Augenblick auf ein Ereignis aufmerksam machen, in dem es sich zuträgt. Um auf das Ambulanz-Beispiel zurückzukommen: Ein Manager wird es eventuell nicht dulden, dass 10 Prozent der Patients länger als 10 Minuten irgendwo warten müssen. Ein anderer Manager hingegen wird andere Standards vorgeben und sollte seinen Kriterien entsprechend alarmiert werden.

– *Kontextuelle Information* – Manager brauchen Zugang zu Informationen und deren Präsentation in ihrem jeweiligen Kontext, damit sie effektivere Entscheidungen treffen können.

– *Kooperation in Echtzeit* – Manager müssen imstande sein, Hypothesen zu entwickeln und zu erproben, mit anderen in Echtzeit zu kooperieren und einen Konsens zu erprobten Hypothesen herzustellen sowie einen entsprechenden Handlungsplan zu entwerfen.

– *Zügige Rekonfiguration von Ressourcen* – Manager müssen die Möglichkeit haben, Ressourcen flexibel zu rekonfigurieren, damit sie auf Nachfragen reagieren können, die sich aus der ko-kreativen Erfahrung ergeben.

– *Echtzeit-Prüfung* – Manager müssen Geschäftsaktivitäten überwachen können, damit sie von ihnen eingeleitete Maßnahmen prüfen und bei Bedarf korrigieren können.

– *Erfahrungsbasierte Regeln und Abläufe* – Geschäftsregeln und standardisierte Abläufe stützen sich in den meisten Unternehmen auf interne Vorstellungen von Effizienz und Kommunikationsbedarf zwischen Unternehmen und Verbrauchern. Um zu einem erfahrungszentrierten Unternehmen zu werden, müssen die leitenden Angestellten autorisiert sein, neue Regeln und Abläufe einzuführen, die zugleich neue Möglichkeiten der Umsatzsteigerung bieten (etwa durch Konzentration auf ko-kreative Erfahrungen, für die die Verbraucher zu zahlen bereit sind) und gleichzeitig die Effizienz steigern, indem sie die Kosten für die Maßnahmen reduzieren, die nicht unmittelbar zur Verbrauchererfahrung beitragen.

Die Botschaft ist ziemlich klar: Wer ein ko-kreatives Wertparadigma will, muss Informationsinfrastrukturen bereithalten, die die Bedeutung der Managererfahrung in den Mittelpunkt stellen. Wir müssen also Manager wie Verbraucher behandeln. Und wie Verbraucher sollten sie die Möglichkeit haben, das Geschäft so zu personalisieren, wie sie es wollen, um den ko-kreativen Wert zu steigern. Das Umfeld des individuellen Managers ist ein Subsystem innerhalb eines großen ko-kreativen Netzwerks, das von der einzelnen Firma ausgeht. Entsprechend ist das Managementumfeld Teil jenes großen „Wissensumfelds", das wir im nächsten Kapitel beschreiben.

Kapitel 10

Neues Wissen schnell erwerben

Wissensumfelder für Manager ähneln den Erfahrungsumfeldern für Verbraucher. Innovation im Wissensumfeld muss die ganze Vielfalt der Managererfahrungen reflektieren, wie die Innovation im Erfahrungsumfeld die Intensität der Verbrauchererfahrung reflektiert. Abbildung 10-1 fasst die Wahrnehmung des ko-kreativen Prozesses von Managern und Verbrauchern zusammen.

Um kontinuierlich gemeinsam Wert zu schöpfen, müssen wir kontinuierlich gemeinsam neues Wissen erwerben. Die Möglichkeiten, die sich uns dazu bieten, reichen von der Lösung eines bestimmten Problems (zum Beispiel Verringerung der Akkuladezeiten für ein bestimmtes Handy) bis hin zum Erkennen großer Möglichkeiten, die sich auftun (wie etwa das explosive Wachstum des Handy-Markts in China und Indien). Um sie zu nutzen, brauchen wir Wissensumfelder, die die Entdeckung und Umsetzung neuer Ideen im neuen Wettbewerbsraum fördern.

Das Konzept des Wissensumfelds

Wenn heterogene Verbraucher mit einer Firma interagieren, werden sie Forderungen stellen, die sich nicht voraussagen lassen. Das ist eine der inhärenten Herausforderungen bei der gemeinsamen Wertschöpfung. Wenn ein Kunde zu einem Mitarbeiter sagt: „Helfen Sie mir, das Problem zu lösen", richtet sich diese Aufforderung nicht nur an den einzelnen Mitarbeiter, sondern an das gesamte Unternehmen. Wie aber bekommt der angesprochene Mitarbeiter Zugang zu dem Wissen seiner Kollegen, das er braucht, um dem Kunden zu helfen? Wie kann das Unternehmen die Erfahrungen und Fähigkeiten seiner Mitarbeiter so kombinieren, dass daraus neues Wissen entsteht? Um diese Herausforderungen zu meistern, muss die Firma ein Umfeld entwickeln, in dem Wissen gemeinsam erworben und kontinuierlich ausgetauscht wird.[1]

Das Verschmelzen von Unternehmen und Verbraucher: Das ko-kreative Umfeld

Managerperspektive: Wissensumfeld

Verbraucherperspektive: Erfahrungsumfeld

Interaktion zwischen Unternehmen und Ver-brauchern (DART):
  Ko-kreative Erfahrung des Managers
  Managergemeinschaft
  Heterogenität der Manager

Einzelner Manager:
  Thematische Managergemeinschaften
  Experimentieren und Lernen
  Kooperation und Konkurrenz

Umfeldmerkmale:
  Technische und soziale Potenziale
  IT-Infrastruktur und -Geräte
  Erfahrungsintegration

Gemeinsame Wertschöpfung

Interaktion zwischen Verbraucher und Unternehmen (DART):
  Ko-kreative Erfahrung des Verbrauchers
  Verbrauchergemeinschaften
  Heterogenität der Verbraucher

Einzelner Verbraucher:
  Thematische Verbrauchergemeinschaften
  Lernen und Experimentieren
  Kooperation und Konkurrenz

Umfeldmerkmale:
  Technische und soziale Potenziale
  IT-Infrastruktur und -Geräte
  Erfahrungsintegration

Abbildung 10-1

Neues Wissen schnell zu erwerben erfordert zweierlei: die Fähigkeit des einzelnen Managers, neue Erkenntnisse zu gewinnen, sowie die Fähigkeit, diese Erkenntnisse mit anderen zu teilen, um mit ihnen einen Konsens über das weitere Vorgehen zu finden. Ein interaktives, kooperatives Umfeld, das den Managern Zugang zu Wissen in einem spezifischen Kontext gibt, ist daher ein Schlüssel zur Agilität.

Wissensumfelder verlangen nach neuen sozialen und technischen Infrastrukturen. Die Instrumente der technischen Infrastrukturen müssen die Entwicklung sozialer zulassen.

Der erste Schritt ist, das Wissensumfeld nicht nur dem Topmanagement zu öffnen, sondern dem Gros der Unternehmensbevölkerung – die sich bei einem Unternehmen wie General Motors auf bis zu 50.000 Mitarbeiter beläuft. Natürlich geht das vielen gegen den Strich. Manager sind daran gewöhnt, ihren Informationszugang mit Zähnen und Klauen zu verteidigen. Es wird Zeit, dass sie umdenken. Einige Mitarbeiter werden den Zugang zu Informationen missbrauchen, andere wiederum werden damit nichts anzufangen wissen. Das ist egal. Wenn viele Menschen Zugang zu Informationen bekommen, werden ihn auch viele nutzen. Und je mehr Leute in themenbezogenen Gemeinschaften auf der ganzen Welt miteinander kommunizieren, umso mehr werden sich die besten Vorgehensweisen in allen möglichen Bereichen verbreiten. Es setzt sich eine Sozialisation des Lernens und Teilens durch, die vertikale und geographische Grenzen sprengen wird.

Neue Gemeinschaften werden sich über geographische Grenzen hinweg bilden, und zwar sowohl branchenbezogen als auch branchenübergreifend. Daraus werden sich Möglichkeiten ergeben, die weit über das hinausgehen, was unser gegenwärtiges, auf Branchen beschränktes Unternehmensdenken erahnen lässt. Denken wir zum Beispiel über folgende Fragen nach: Wie bietet ein Unternehmen seinen Kunden weltweite Garantien? (Kann ein Kunde, der in Miami einen Camcorder kauft, ihn in Peru zur Reparatur geben?) Wie öffnet ein Unternehmen seine Kundendateien für andere? (Wenn ein Kunde einen Laptop kauft, ist er dann ein potenzieller Kunde für eine Digitalkamera?)

In zahlreichen globalen Unternehmen von heute wird man auf diese Fragen keine schnellen Antworten finden – aber bald. Überall treten so genannte „Wissensfäden" auf, die vertikale wie horizontale Grenzen überspannen. Das Netz, das sie spinnen, birgt den eigentlichen Wert des gemeinsam erworbenen Wissens auf Basis der Verbrauchererfahrungen.

Welche Merkmale muss ein wirksames Wissensumfeld aufweisen? Da die Kompetenzen innerhalb des Netzwerks weit gestreut sind, lassen sich weder Richtung noch Intensität vom Wissens- und Informationsfluss vorbestimmen. Mit der Zeit werden sich Muster ergeben, die sich allerdings immer wieder verändern werden. Daher sollten Manager eher diesen Fluss fördern, statt ihn lenken zu wollen, und den flexiblen Zugang zu Kompetenzen sichern, statt ihn vorstrukturieren zu wollen.

Die Macht des Wissensumfelds am Beispiel der Buckman Laboratories

Die Buckman Laboratories, ein 300-Millionen-Dollar-Chemieunternehmen mit Hauptsitz in Memphis, Tennessee, beschäftigen an die 1.300 Mitarbeiter in über 100 Ländern. In ihren acht Fabriken produzieren sie mehr als 1.000 Spezialchemikalien, was bedeutet, dass sie in zahlreichen Branchen konkurrieren müssen, von der Papierherstellung über die Wasseraufbereitung bis hin zur Lederverarbeitung, Landwirtschaft und Kosmetik. Wie alle typischen multinationalen Unternehmen operiert auch Buckman mit vielen Tochterunternehmen in vielen verschiedenen Ländern. Doch im Gegensatz zu den meisten anderen multinationalen Konzernen können sie es sich leisten, eher klein zu bleiben, weil ihr Wettbewerbsvorteil darin besteht, dass sie das Wissen *all* ihrer Mitarbeiter in alle Geschäfte mit ihren Kunden einbringen. Möglich macht das ein Netzwerk namens K'-Netix.[2]

Die folgende Geschichte veranschaulicht, wie K'Netix genutzt wird. Eine Managerin von Buckman Labs in Singapur – nennen wir sie Mary – erhält eine Anfrage für ein Harz-Kontrollprogramm von einer indonesischen Papiermühle. Harz ist eine Chemikalie, die während der Herstellung des Rohpapierbreis aus dem Holz austritt. Die Zusammensetzung variiert je nach verarbeiteter Holzart und Umweltbedingungen. Wird das Harz nicht ausgefiltert, beeinträchtigt das die Papierqualität und kann Probleme bei der Weiterverarbeitung verursachen. Deshalb brauchen Papiermühlen ein zuverlässiges Trennsystem.

Mary loggt sich bei K'Netix ein und fragt den aktuellen Stand der Harz-Kontrollprogramme weltweit ab. Drei Stunden später bekommt sie eine Antwort aus Memphis, die sich auf die Magisterarbeit eines indonesischen Studenten in den USA zum Thema Harzkontrolle bei tropischen Harthölzern bezieht und einige Vorschläge enthält, welche Buckman-Chemikalien für eine solche Anwendung infrage kämen. Ungefähr eine Stunde später schickt ein kanadischer Manager eine Nachricht, in der er Mary von seinen Erfahrungen bei der Lösung des Harzproblems in British Columbia berichtet. Später gehen Mary noch Daten aus Schweden, Neuseeland, Spanien und Frankreich zu sowie ein Angebot der Forschungs- und Entwicklungsabteilung der Firmenzentrale, ihr mit wissenschaftlichem Rat zur Seite zu stehen. Insgesamt erhält Mary elf Nachrichten aus sechs Ländern, die sämtlichst für alle Beteiligten einsehbar sind und jedem neue Erkenntnisse bringen. Das Ergebnis: Das kontextuelle Wissen, das dabei erworben wurde, hilft Mary, einen 6-Millionen-Dollar-Auftrag von einer indonesischen Papiermühle zu bekommen.[3] Das wäre schon interessant genug, wenn Buckmans Netzwerk nur die technischen Experten des Unternehmens einbände, doch jeder im Unternehmen hat Zugang zu demselben System, vom CEO bis hinunter zum kleinen Angestellten.

Oder nehmen wir eine andere Geschichte. Einer von Buckmans Papierkunden in Michigan stellt fest, dass das von ihm verwendete Peroxid, mit dem er die Tinte aus alten Zeitungen entfernt, nicht mehr richtig wirkt. Ein Buckman-Verkaufsleiter wendet sich mit dem Problem an das Wissensnetzwerk. Binnen zwei Tagen melden sich Verkäufer aus Belgien und Finnland, die die mögliche Ursache entdeckt haben: Bakterien im Papierbrei produzieren ein Enzym, das die Wirkung des Peroxids beeinträchtigt. Daraufhin empfiehlt der Verkaufsleiter aus Michigan seinem Kunden eine Chemikalie, mit der diese Bakterien kontrolliert werden können, und das Problem ist gelöst.[4] Nun stellen wir uns vor, wie sich ein Kunde fühlt, der mit Buckman Geschäfte macht. Für ihn schafft der gemeinsame Wissenserwerb von Unternehmen und Verbrauchern eine solide Vertrauensbasis, die für alle Beteiligten von Wert ist.

Ein Wissensumfeld aufbauen

Das Buckman-Beispiel hilft uns, einige wesentliche Voraussetzungen und Anforderungen auszumachen, die dem Konzept eines Wissensumfelds zugrunde liegen:

– Die Diskontinuitäten im Wettbewerb geben dem Wissenserwerb eine vollkommen neue Gewichtung.
– Mit der Globalisierung wird der Zugang zu allen verfügbaren Kompetenzen innerhalb des Unternehmens zu einem Muss, denn findet kein Austausch von Wissen zwischen den Niederlassungen statt, erhöhen sich die Kosten, ohne dass sich die Verbrauchererfahrung verbessert.
– Wissen ist etwas anderes als Informationen. Wissen ist, wie Erfahrung, *dem Einzelnen inhärent* und kann daher nicht von der Person getrennt werden.
– Der Erwerb neuen Wissens setzt den Zugriff auf Kompetenzen voraus, nicht bloß auf Daten. Beim Wissensumfeld geht es ebenso sehr um Menschen wie um Technologien.

- Die sozialen und technischen Möglichkeiten, die für den Wissenserwerb geschaffen werden, müssen die Heterogenität von Managern und Mitarbeitern berücksichtigen.
- Das Wissensumfeld muss in die Unternehmenskultur eingewoben sein. So wie Wissen immer mit Menschen assoziiert wird, sollte das Wissensumfeld mit dem Unternehmen assoziiert werden können, wie es bei den Buckman Laboratories der Fall ist.

Wissensumfelder entwickeln sich mit der Zeit. Wir brauchen daher Mechanismen, die das Spannen von Wissensnetzen und die zügige Generierung neuen Wissens ermöglichen. Solche Mechanismen oder „Wissenskatalysatoren" sind wesentlich für die Integration der Informationsinfrastruktur, innerhalb der explizite Informationen (strukturierte wie unstrukturierte Daten) zu einem wirkungsvollen Umfeld für den Wissenserwerb zusammengefasst werden.

Genauso wie sich Erfahrungspotenziale auf technologische Möglichkeiten für die Schaffung spannender Erfahrungsumfelder stützen (wie in Kapitel 4 beschrieben), sind die Wissenskatalysatoren darauf ausgerichtet, effiziente Wissensumfelder für Manager zu schaffen.

Sehen wir uns nun einige Merkmale und deren Anforderungen an die Unternehmen genauer an.

Katalysieren verborgenen Wissens im Gegensatz zum Management von expliziten Informationen

Um den Unterschied zwischen Wissen und Informationen zu veranschaulichen, sehen wir uns ein Museum an, das eine außergewöhnliche Sammlung erhalten hat, wie etwa die Benny-Sammlung von indischen Miniaturen im San Diego Museum of Art. Für den Wissenserwerb stellt der Kauf dieser Sammlung eine besondere Herausforderung dar. Die Museumsmitarbeiter müssen die Sammlung prüfen, katalogisieren und ausstellen, was ihnen umso schwerer fällt, da ihnen indische Kunst wenig vertraut sein dürfte. Eventuell erhalten sie mit der Sammlung ein paar Informationen bezüglich Herkunft, Wert und

Geschichte, doch sie müssen einen Kontext gestalten, der den Objekten Bedeutung verleiht und die Sammlung ins richtige Licht rückt. Diesen kontextuellen Hintergrund können allerdings nur Individuen bieten. Und ihre Interpretation der Kunst ist per se subjektiv, da jeder Einzelne die verfügbaren Informationen mit seinem jeweiligen Vorwissen vermischt.

Wie das Beispiel illustriert, ist Wissen von Natur aus *verborgen*. Obwohl so viel von „Wissensmanagement" geredet wird, behaupten wir, dass Wissen *nicht* gemanagt werden kann. Man kann es nicht in Daten- oder sonstigen Speichern katalogisieren. Wissen ist dem Einzelnen inhärent und tritt immer nur dann an die Oberfläche, wenn sich dieser Einzelne in einem bestimmten situativen Kontext befindet.[5]

Managen lassen sich explizite Informationen, die sich aus dem kontinuierlichen Generieren von Wissen im Kontext spezifischer Probleme ergeben. Sobald sich aber ein Problem verändert und der Einzelne gefordert ist, den Kontext umzugestalten, wird *neues* Wissen generiert.

Kompetenzen für den Wissenserwerb zugänglich machen

Kehren wir zu unserem Museumsbeispiel zurück. Ein Kurator, der eine neue Ausstellung planen soll, muss eine Menge Entscheidungen treffen, angefangen damit, welche Exponate wie zusammengestellt werden sollen, über die erklärenden Beschriftungen, den Katalog, das Ambiente für die Besucher bis hin zur Präsentation des Ausstellungsthemas. Progressive Museen arbeiten darüber hinaus mit Display-Technologien, die ebenfalls in den Ausstellungsrahmen integriert werden müssen.

Ausschlaggebend ist in einem solchen Fall, dass die Museumsmitarbeiter Zugang zu Kompetenzen *durch Individuen* haben, und das nicht nur durch die Mitarbeiter im eigenen Haus. Sie sollten auch die Kompetenzen anderer Museumsmitarbeiter weltweit nutzen können, um neues Wissen zu erwerben, insbesondere dann, wenn die Ausstellung Exponate enthält, mit denen das Museum bisher wenig Erfahrung hat. Das Internet macht den globalen Austausch zwischen Kuratoren und Experten möglich. Heute können Sammlungen online angesehen werden (einschließlich Beschreibungen, Bildern, Forschungsnotizen und sonstigen Materials), Kuratoren können virtuelle Ausstellungen veranstalten, Ideen sammeln und auswerten sowie sich den Rat von Experten (und Kunstliebhabern) auf der ganzen Welt einholen – alles, bevor sie die „echte" Ausstellung eröffnen.[6]

Das gemeinsame Gestalten und Kodifizieren von Wissen

Während Wissen kontinuierlich geschaffen wird, können die Informationen, die dem Wissen einer Person zugrunde liegen, kodifiziert und expliziter gemacht werden, beispielsweise indem man die Wirkung von Enzymen beim Bleichen von Papierbrei auf das Peroxid beschreibt, wie es im Bucknam-Beispiel geschah.

Das Kodifizieren verborgenen Wissens *als* explizite Information ist hingegen häufig sehr schwierig. Plant die NASA zum Beispiel einen Shuttle-Flug, muss sie das gesamte verborgene Wissen ihrer Wissenschaftler in explizite Informationen konvertieren, um die nötigen Experimente für den Flug durchführen zu können. Dabei müssen die Ziele der Experimente von vornherein klar sein. Jeder Testvorgang und jede Berechnung wird schriftlich dokumentiert. Die Astronauten, die für die Experimente verantwortlich sind, werden trainiert. Oft dauert es Jahre, bis die Experimente perfektioniert sind und alle Beteiligten das gewonnene Wissen dokumentiert haben.

Wenngleich der Zeitaufwand, die Kosten und der hohe Personaleinsatz, den die NASA braucht, in keinem Verhältnis zu dem stehen mögen, was die meisten Manager aufwenden müssen, lässt sich dieses Beispiel insofern auf das Management übertragen, als es auch hier nicht darum geht, *alles* verborgene Wissen zu expliziten Informationen zu kodifizieren, sondern ein Gleichgewicht zwischen beiden herzustellen. So wie bei der effizienten Erfahrungsinnovation, die wir in Kapitel 4 vorgestellt haben, müssen wir beim effizienten Wissenserwerb lernen, uns gleichermaßen auf die Gestaltung eines Wissensumfelds wie auf die Gewinnung von Effizienz mittels Kodifizierung zu konzentrieren. Auf diese Weise ermöglichen wir es dem einzelnen Mitarbeiter, neues Wissen in einem bestimmten Kontext mitzugestalten und zugleich die nötigen Informationen zu kodifizieren, die wir zur Entwicklung neuer Routinen brauchen.

Vielfältige Wissensströme aufeinander abstimmen

Das Verschmelzen von Branchen und Technologien erhöht den Druck auf die Unternehmen, Wissenserwerb zu ermöglichen und verborgenes Wissen nutzbar zu machen. Dabei kommt es vor allem darauf an, vielfältige Wissensströme aufeinander abzustimmen. Beispielsweise muss die Branche der Körperpflegemittel-Hersteller mit der Pharmaindustrie zusammenarbeiten, da Cremes, Shampoos und Seifen zunehmend pharmazeutische Funktionen aufweisen, wie beispielsweise Faltenglättung (Retinol), Haarwuchsförderung (Rogaine) oder Beschwerdelinderung (Kräuterzusätze). In der Biotechnologie braucht man gigantische Computersysteme, und die Autoindustrie erkennt, dass Autos mehr und mehr zu „Computern auf Rädern" werden, die immer bessere Fernkommunikationsmöglichkeiten bieten müssen.

Vom Standpunkt des Wissenserwerbs aus bedeutet das, dass die *intellektuelle Vielfalt* (wenn zum Beispiel innerhalb eines Teams Chemikalien, Software und Elektronik kontrolliert werden müssen) das Management vor eine ähnlich schwierige Aufgabe stellt wie die Anforderung, unterschiedliche ethnische, Geschlechter- und Altersgruppen miteinander in Einklang zu bringen. Nehmen wir beispielsweise die Mikroelektronik. Um Muster auf einen Silikon-Wafer zu reproduzieren, wird dieser normalerweise mit einem dünnen Film aus ultraviolettempfindlichem, lichtresistentem Polymer überzogen, wobei hochgiftige Lösungsmittel wie Glykol-Äther verwendet werden. Andererseits lassen sich aus Polymeren, die sich in flüssigem Kohlendioxid lösen, dünne und harmlose Überzüge machen, die das Umweltrisiko mindern. Doch um solche Polymere herzustellen, muss man genau wissen, welche Oberflächenspannung und welche Viskosität das flüssige Kohlendioxid für einen besonders dünnen Überzug haben muss. Hier müssen also nicht nur das Wissen über die Oberflächenspannung und das Wissen über die Viskosität aufeinander abgestimmt werden, sondern man muss diverse Experten zusammenbringen, die sich gemeinsam das neue Wissen erarbeiten.[7]

Hinzu kommt, dass die Lösungsmittel verdampfen, sobald sie aufgetragen werden, was sich wiederum auf die Filmdichte auswirkt. Deshalb müssen die Leute, die Experimente bezüglich des Übergangs von flüssigem zu gasförmigem Kohlendioxid durchführen, und die wissenschaftlichen Theoretiker zusammengebracht werden. Wir müssen also lernen, wie wir uns Zugang zu den individuellen Kompetenzen verschaffen, die intellektuellen Barrieren zwischen den technischen Disziplinen überwinden und mit der intellektuellen Vielfalt umgehen. Dies sind die Aufgaben, mit denen wir konfrontiert sind, wenn wir vielfältige Wissensströme aufeinander abstimmen wollen.

Das gesamte Unternehmen einspannen

Um effektiv zu sein, muss in ein Wissensfeld das gesamte Unternehmen, also sämtliche Ebenen und Funktionen, eingespannt werden. Die soziale Infrastruktur darf keine internen Grenzen aufweisen, wenn wir leistungsfähige thematische Praxisgemeinschaften bilden wollen.

Wie solche Gemeinschaften aussehen, zeigen uns die Buckman Laboratories. Das Unternehmen hat nicht immer so kundenzentriert gearbeitet wie heute. Vor 1978, also bevor Bob Buckman CEO wurde, konzentrierte man sich auf Produkte. In den Labors tummelten sich jede Menge technische Talente. Die meisten von ihnen waren promovierte Wissenschaftler, die ihre Aufgabe einzig darin sahen, neue Chemikalien zu kreieren.

Zudem herrschte eine strenge Hierarchie oder, um es mit Bob Buckman zu sagen, „Command and control". Da er schnell begriff, dass es diese Politik dem Unternehmen erschwerte, auf die Veränderungen am Markt zu reagieren, verlegte Buckman in den frühen Achtzigerjahren das Hauptaugenmerk auf den Kunden. Natürlich blieb man bei der Produktinnovation, doch richtete sie sich nun am Kunden aus. Außerdem begann das Unternehmen, zahlreiche Verkäufer zu rekrutieren und zu schulen.[8]

In den späten Achtzigerjahren ahnte man bei Buckman, dass sich die strategischen Regeln im Markt veränderten. Diskontinuitäten wie Globalisierung, Deregulierung von bestimmten Kundenbranchen und die riesigen Märkte, die sich abzuzeichnen begannen, boten eine Menge neuer Möglichkeiten. Doch um auch in der expandierten Arena dem Wettbewerb gewachsen zu sein, musste sich die Firma praktisch neu erfinden. Buckman Laboratories begannen, ihre Wissenschaftler zu den Kunden zu schicken, um sich nach optimalen Verfahrensweisen umzusehen und die gewonnenen Erkenntnisse in die Forschung und Entwicklung einbringen zu können. Das war allerdings ein langsamer und schmerzvoller Prozess.

In den frühen Neunzigerjahren hatte dann Bob Buckman eine Erleuchtung. Er war zwei Wochen lang ans Bett gefesselt, da er sich bei einem Unfall die Wirbelsäule verletzt hatte. Diese Zeit nutzte er, um eine neue Unternehmensphilosophie zu formulieren – eine, die den einzelnen Mitarbeiter in den Mittelpunkt des Wissensaustauschs stellt und die Kunden an die Unternehmensspitze (wobei das Unternehmen als verkehrte Pyramide dargestellt ist). Buckman beschreibt den Moment der Erkenntnis als den Wendepunkt in der Geschichte des Unternehmens.

Er listete alle Qualitäten auf, die er im neuen Wissensumfeld für notwendig hielt. Es müsste:

- einfach in der Benutzung sein,
- durchgängig verfügbar sein (24 Stunden am Tag, 7 Tage die Woche),
- den direkten Austausch unter den Mitarbeitern erlauben,
- jedermann direkten Zugang zum Unternehmenswissen ermöglichen,

- jedem ermöglichen, jederzeit Wissen zum System beizutragen,
- Kommunikation in allen Sprachen erlauben,
- durch Fragen und Antworten im System kontinuierlich neues Wissen erwerben.

Buckmans Vision setzte einen kulturellen Wandel in Gang, der das Management auf den Kopf stellte und das Unternehmen von innen nach außen umkrempelte, was den Kundenbezug betraf. Ähnlich der Erleuchtung, die Bill Gates veranlasst hat, mit Microsoft auf die Macht des Internets zu setzen, steht auch Buckmans Intention für das, worum es bei Strategien eigentlich geht: die *kontinuierliche Suche und das Entdecken neuer Grundlagen für den Wettbewerbsvorteil.*

Dabei dürfen wir nicht außer Acht lassen, dass Buckmans Experiment des Wissensaustauschs bereits vor dem Internetboom begonnen hat. Und die Lehre aus der Geschichte? Technologie per se ist erst dann wichtig, wenn sie Managern oder Mitarbeitern bessere Möglichkeiten bietet, ihre Arbeit zu machen. Wesentlicher als die Technologien des Wissensaustauschs ist die soziale Verpflichtung, die ein Unternehmen für die Konzepte und die Unternehmenskultur eingeht, die diesen Austausch fördern.

Zu Beginn des Jahres 1992 betraute Buckman Victor Baillargeon, einen Chemiker in den Mittdreißigern, mit der Aufgabe, ein rudimentäres Wissensaustauschsystem zu entwickeln. Baillargeon hatte einige Zeit als Assistent von Buckman über Theorien zum Wissensaustausch geforscht. Er stellte sich ein leicht zugängliches Netzwerk vor, das mit einem einzigen Telefonanruf aktiviert werden kann. Als technologische Plattform wählte er CompuServe, weil es Zugriff auf öffentliche Netzwerkdienste bot und man sich dort private „schwarze Bretter" für den internen Bedarf anlegen konnte. Diese schwarzen Bretter sollten als „transparentes Forum" für den Wissensaustausch dienen. Jeder Verkäufer bekam ein IBM Thinkpad 720 mit Modem. Baillargeon führte K'Netix mit sieben technischen Foren ein und fungierte anfangs als Vermittler im internen Austausch.

Eingangs sprangen nur die einfacheren Mitarbeiter bei Buckman auf das Projekt an. Immerhin hatten sie dabei ja auch am meisten zu gewinnen. Jedes Mal, wenn über das Netzwerk eine Frage beantwortet oder ein Problem gelöst wurde, gewann der entsprechende Mitarbeiter neues Wissen, das er nutzen konnte, um seine Effizienz zu steigern.

Der Wissensaustausch griff wie ein Virus um sich, sodass es nicht lange dauerte, bis die Manager sich irgendwie ausgeschlossen fühlten. Sie hatten die Kontrolle über den Informationsfluss verloren und es passierte immer häufiger, dass ihre Mitarbeiter besser informiert waren als sie. Bob Buckman übte persönlich Druck auf seine Führungskräfte aus, sich mit dem neuen System anzufreunden. Er machte ihnen klar, dass sie sich nicht in ihrer Autorität bedroht fühlen, sondern sich vielmehr in der Rolle von Mentoren ihrer Mitarbeiter sehen sollten. Und er schaffte einen zusätzlichen Ansporn, indem er wöchentliche Statistiken darüber veröffentlichte, welche Mitglieder das Netzwerk genutzt hatten, und die anderen daran erinnerte, dass man von ihnen erwarte, es ebenfalls zu tun. 1994 spendierte er den 150 Mitarbeitern, die das Netzwerk am häufigsten konsultiert hatten, eine Reise nach Arizona. Die Belohnung der „besten Wissensaustauscher" war für alle Übrigen ein weiterer Anreiz.

Zudem machte Buckman seinen Leuten klar, dass sich eine Weigerung negativ auf ihre Karriere auswirken könnte. Er erklärte, seine Mitarbeiter würden dafür bezahlt, ihre Kunden zu vertreten und ihnen zu dienen. Das neue K'Netix-System machte die Beiträge aller transparent und wer etwas Intelligentes mitteilen wollte, hatte nun ein Forum dafür. Entsprechend war nun jedem Mitarbeiter klar, dass man bald herausfinden würde, wer sich nicht am Dialog beteiligt und damit seine Aufstiegschancen im Unternehmen gefährdet.

Natürlich mussten Buckman Laboratories Geld ausgeben, um ein Wissensumfeld aufzubauen und zu fördern. Kann man den Investitionsgewinn kalkulieren? Bob Buckman lehnt diese Frage kategorisch ab. Er sieht das Wissensnetzwerk als das zentrale Nervensystem der Firma. An die 4 Prozent des Umsatzes wurden für das Netzwerk ausgegeben, wobei sich ein messbarer Gewinn nur in einigen Bereichen kalkulieren lässt. So konnte die Reaktionszeit bei Kundenanfragen deutlich reduziert werden (von drei Wochen auf sechs Stunden). Andere Vorteile sind nicht in Zahlen messbar, etwa wenn Kunden sagen, sie hätten Buckman als Lieferanten gewählt, weil sie das Wissensnetzwerk überzeugt hat.

Aber genau genommen kann man für das Buckman-System keine Kosten-Nutzen-Rechnung aufstellen. Dennoch würden die meisten Mitarbeiter, Manager, Kunden und Lieferanten, die das Netzwerk kennen gelernt haben, nie mehr ohne es arbeiten wollen.

Der Wissensaustausch bei Buckman Laboratories hat sich mit der Zeit weiterentwickelt. Heute können die Manager technische Gespräche führen, die sich gezielt einem bestimmten Problem oder der Anfrage eines einzelnen Kunden widmen. Das Netzwerk fördert auch den internen Dialog, indem es Online-Diskussionen über Themen wie Vergütung anregt. Transparente Mitarbeiterdebatten über Themen wie dieses wären ohne eine Unternehmenskultur, in der Vertrauen festgeschrieben ist, gar nicht möglich. Dies ist wiederum ein weiterer Beleg dafür, wie wichtig die soziale Infrastruktur für den Aufbau eines Wissensumfelds ist.

Sich mit dem Wissensumfeld weiterentwickeln

Ist ein Wissensumfeld erst mal geschaffen, besteht die Herausforderung darin, kontinuierlich von ihm zu lernen, um seine Weiterentwicklung in die richtigen Bahnen zu lenken. Man kann wahrscheinlich davon ausgehen, dass sich Bob Buckman anfangs vor allem auf seine Intuition verlassen hatte. Heute arbeitet der neue CEO Steve Buckman gemeinsam mit der Wissensstrategin Melissa Rumizen daran, die Evolution des Wissensnetzwerks mit den Unternehmenszielen in Einklang zu bringen.

K'Netix bietet mittlerweile E-Mail, schwarze Bretter, virtuelle Konferenzräume, Bibliotheken und elektronische Foren. Letztere sind alle gleich strukturiert, mit „Wissenskatalysatoren" zur gemeinsamen Entwicklung neuen Wissens – zum Beispiel die vernetzten Gespräche und ihre Wahrnehmung aus der Mitarbeiterperspektive (ähnlich den Erfahrungspotenzialen aus der Verbraucherperspektive, wie in Kapitel 4 aufgezeigt). Die vernetzten Diskussionen werden nach Themen, Autoren und Datum sortiert und enthalten Fragen, Antworten sowie Beobachtungen aus der Praxis. Ein Forumspezialist und Themenexperten fungieren als Moderatoren, damit Integrität und Qualität gewahrt bleiben. Zu ihren Aufgaben zählen das Editieren, Zusammenfassen, Stichwörtergeben, Konsolidieren der Erkenntnisse und das Prüfen von Informationen, bevor sie an die vernetzten „Wissensbasen" weitergegeben werden, die durch externe Informationsquellen ergänzt werden.

Die Wissenbasen können unterschiedlichste Formen annehmen, angefangen vom relativ lose gebündelten Fachwissen mehrerer Mitarbeiter bis hin zu durchorganisierten und strukturierten Expertengruppen. Das System ist kundenzentriert, offen strukturiert, dynamisch, flexibel, vernetzt und entwickelt sich kontinuierlich weiter. Diese Weiterentwicklung ist sowohl organisch als auch gesteuert. Ermöglicht wird so ein kurzfristiger Wissensaustausch zwischen Einzelnen über räumliche und zeitliche Distanzen hinweg, wobei der zentrale Punkt ist, dass das System jedem Einzelnen erlaubt, seinen zeitlichen und räumlichen Kontext einzubringen, wenn er auf das kollektive Wissen und die gewonnenen Erkenntnisse der globalen Gemeinschaft zugreift. Buckman Laboratories unterhalten auch regionale Foren, die sich schon dadurch eigenständig entwickeln, weil sich die jeweilige Landessprache durchgesetzt hat (einschließlich europäischer, lateinamerikanischer und asiatischer Sprachen).

Dank K'Netix haben die Mitarbeiter bei Buckman unbegrenzten Zugriff auf Kompetenzen, Erfahrungen und Ressourcen aus über 100 Ländern auf der ganzen Welt. Die Mitarbeiter in vorderster Front können die Kunden bedienen, während spezialisierte Gruppen für sie nützliches Wissen ermitteln und kodifizieren. Buckmans IT-Gruppe kümmert sich um die technische Infrastruktur. Die soziale Infrastruktur wird von Personal aus den Wissensaustauschgruppen, Kollegen, Produktentwicklungsmanagern, Forschungsmitarbeitern und vielen anderen aufrechterhalten.

Was uns daran besonders gefällt, ist, dass die Leute im direkten Kundenkontakt gleichermaßen unterstützt werden wie die IT-Mitarbeiter. Viel zu oft sind solche Systeme benutzerfeindlich und jede Intuition lähmend, was den Mitarbeitern den Umgang damit vergrault. Im Wissensumfeld aber geht es nicht um Technologie als Selbstzweck, sondern um einen Prozess, der integraler Bestandteil der Unternehmenskultur ist. Sowohl die sozialen als auch die technischen Aspekte der Informationsinfrastruktur sind ausschlaggebend für ein wirksames Wissensumfeld.

Bei Buckman ist der Austausch von Wissen zu einer festen Einrichtung geworden und zunehmend wird auch der *Erwerb neuen Wissens* ermöglicht. Beides, Austausch und Erwerb von Wissen, bildet die Lebensgrundlage des Unternehmens. Man erwartet von den Mitarbeitern, regelmäßig die Nachrichtenforen zu lesen und eigene Beiträge anzubieten. Sich gegenseitig zuzustimmen wird zur Regel. Wie das Buckman-Beispiel zeigt, setzt der kooperative Austausch von Wissen einen Ideenreichtum frei, wie wir ihn zuvor nie erlebt haben. Und er geht wider die Tendenz, Fachwissen wie ein teures Geheimnis für sich zu behalten.

In gewisser Weise kann man sogar sagen, der kooperative Erwerb neuen Wissens wäre der Tod der „Experten", nicht aber des Expertenwissens. Bei Buckman verfügen die Mitarbeiter mittlerweile über Fertigkeiten und Fähigkeiten, die sich nicht in einen Lebenslauf schreiben oder in Daten fassen lassen. Um diese verborgenen Ressourcen zu nutzen, brauchen wir Wissensumfelder, die den transparenten Dialog und die Bildung von Themengemeinschaften fördern.

Ein globales Wissensumfeld schaffen:
Das BP-Beispiel

Wir wählten das Buckman-Beispiel, um das Konzept eines gut durchdachten Wissensumfelds zu illustrieren, das sich an der Interaktion zwischen Mitarbeitern und Kunden orientiert. Anhand von Buckman Laboratories konnten wir außerdem veranschaulichen, wie man das verborgene Wissen des gesamten Unternehmens nutzt. Aber kann ihr System auch in einem typischen multinationalen Unternehmen funktionieren? Wir glauben schon, vorausgesetzt wir bauen die richtigen Infrastrukturen auf, die jeden einzelnen Manager mit einem globalen Wissensumfeld ausstatten und ebenso die Interaktionen zwischen Managern und dem Erfahrungsnetzwerk ermöglichen.

Sehen wir uns beispielsweise British Petroleum (BP) an, ein großes, globales Unternehmen mit einem Wissens- und Expertise-Directory namens Connect. BP hat ein System geschaffen, in dem sich jeder Einzelne seine eigenen Websites und Netzverbindungen mit anderen aufbauen kann. Herausgekommen ist dabei eine Art „Gelbe Seiten" von Fachleuten und ihren jeweiligen Unternetzwerken, zum Beispiel dem Bohr-Lernnetzwerk, dem Raffinerie-Manager-Netzwerk, dem Umweltnetzwerk und dem Ingenieurnetzwerk. Anfangs war nur das technische Personal beteiligt, doch inzwischen sind über 20.000 Fachleute und mehr als 250 Unternetzwerke angebunden. Wichtig ist aber weniger, welche Tools das System zur Verfügung stellt, als vielmehr die Tatsache, dass *Einzelne als Fachleute im Mittelpunkt stehen.* Wie das aussieht, illustriert die Frage, die einer der Manager als mögliche Anfrage bei Connect nannte: „Wer kennt sich mit Tiefwasserbohrungen aus, spricht fließend Russisch und ist gerade im Südwesten Londons?"

Nehmen wir folgenden Fall: Zu einer bestimmten Zeit und an einem bestimmten Ort soll ein Ölvorkommen im Meer in großer Tiefe angebohrt werden. Solche Ereignisse aktivieren gleich mehrere Projektgruppen und erfordern daher die Teilnahme von Einzelnen mit spezifischem Wissen. Bei BP hat man Hilfsmittel wie „Peer Assist", die den Managern ermöglichen, etwas theoretisch durchzuspielen, *bevor* sie es in die Praxis umsetzen. Mit Peer Assist können Projektgruppen neue Herausforderungen angehen, indem sie auf das Wissen außerhalb des Teams zugreifen, mögliche Vorgehensweisen entwerfen und gezielte Anfragen formulieren. Das so gewonnene Wissen tauschen sie untereinander aus. Programme wie Peer Assist sind Beispiele für Wissenskatalysatoren, die selektiven Zugang zu Kompetenzen bieten.

Es gibt auch andere Tools, die das „Lernen *in der* Praxis" ermöglichen. Dazu gehört „after action review" (Einsatznachbesprechung), eine Technik der U.S. Army, mit der wichtige Ereignisse mittels Fragen rekapituliert werden. Was hätte geschehen sollen? Was ist geschehen? Welche Abweichungen ergeben sich? Gab es irgendwelche Anomalien? Was können wir aus ihnen lernen? Man stelle sich vor, Manager hätten Zugang zu den Antworten auf solche Fragen, im Idealfall sogar in Echtzeit!

Wie wir bereits in Kapitel 9 ausgeführt haben, müssen Manager in der Lage sein, Ereignisse je nach Bedarf in einzelne Sequenzen zu unterteilen oder zu raffen. Ebenso sollten sie Zusammenhänge zwischen verschiedenen Ereignissen erkennen. Dabei ist der wesentliche Punkt, dass *die Manager den Kontext bestimmen*, in dem sie diese Zusammenhänge prüfen. Lassen sich Muster erkennen? Gibt es Gemeinsamkeiten? Der Sinn dieser Fragen ist, im Kontext einer Situation schnell Hypothesen zu formulieren und zu testen. Das Konzept eines Wissensumfelds impliziert, dass wir erkennen, welche Ereignisse welche Reaktionen auslösen, aber auch, dass die Reaktionen von einem Manager zum anderen unterschiedlich ausfallen. Wie ein Manager ein Ereignis angeht, visualisiert, prüft und rekonstruiert, Hypothesen aufstellt, Entscheidungen trifft und weitere Vorgehensweisen plant, wird sich deutlich von dem unterscheiden, was sein Kollege in derselben Situation tut.

Das Wissensumfeld ist es, in dem *der Manager als Verbraucher mit dem Erfahrungsnetzwerk interagiert*, um Wert zu schaffen. Wie für die ko-kreative Erfahrung des Verbrauchers müssen auch für den Manager bestimmte Bedingungen erfüllt sein, damit er an der gemeinsamen Wertschöpfung teilhaben kann. In seinem Fall wären das die Einschätzung der Relation zwischen Preis und Erfahrung (zum Beispiel das Zusammenstellen eines Portfolios von Dienstleistungen für ein Projekt) und die Transaktionserfahrung (zum Beispiel mit anderen Firmen).

Das Wissensumfeld muss die vier DART-Bausteine der gemeinsamen Wertschöpfung enthalten. Bei BP etwa hat jedes Netzwerk seinen eigenen Leistungsvertrag (einschließlich Budget) zwischen dem Netzwerk und einem Vorgesetzten, der als Sponsor und Berater auftritt. Das Netzwerk ist für die Mitarbeiter und Vertragspartner, die Ingenieure, Wissenschaftler und Techniker offen. Alle Unternetzwerke sind transparent und jeder Facharbeiter kann Connect benutzen. Für die Produktivität ist es von enormem Nutzen, dass die Ingenieure vor Ort auf die seismischen und die Bohrdaten zugreifen können.

Transparenz macht es möglich, dass jederzeit auch heimlich neues Wissen erworben werden kann und die Beteiligten an einem Projekt in einen internen Dialog treten. BP zum Beispiel schuf ein „Highly Immersive Visualization Environment" (HIVE – Tiefenvisualisierung), das aus 15 3-D-Räumen besteht, in denen sich Tiefenbohrungen simulieren lassen. Dank ihnen können sie nun binnen Stunden entscheiden, ob und wann man an einer bestimmten Stelle bohren kann. Früher nahmen solche Entscheidungen Wochen in Anspruch. Die 3-D-Räume bieten den Geowissenschaftlern und Ingenieuren ein Umfeld, in dem sie beliebige virtuelle Bohrungen simulieren und diskutieren können. In einem Fall konnten sie im Dialog herausfinden, dass statt der vorgesehenen 20 Bohrungen 18 ausreichen würden, was eine Kostenersparnis von 60 Millionen Dollar bedeutete. Als sie die Ingenieure von den Bohrinseln hinzuholten, konnten sie mit ihnen gemeinsam die Kosten für die Oberflächenkonstruktion um weitere 30 Millionen reduzieren. Ebenso wurde das Netzwerk zur gemeinsamen Risikoermittlung genutzt, beispielsweise zum Austausch darüber, welche Routen in einer bestimmten Unterwasserregion weniger gefährlich und kostenintensiv sind als andere. Insgesamt wurden durch die Zusammenarbeit von Geologen, Geophysikern, Bohr- und Pipelineingenieuren die Kosten des Projekts um ganze 10 Prozent verringert.[10]

Interessant daran ist, dass die Infrastruktur und die vier DART-Bausteine halfen, ein existierendes System von informellen Unternehmensnetzwerken auf transparente und explizite Weise mit latentem Fachwissen zu vermitteln. Dadurch konnte gemeinsam Wissen und Wert geschaffen werden, und das schnell und effizient.

Im neuen Wettbewerbsfeld (wie in Abbildung 8-2 dargestellt) sind die Unternehmen gefordert, das Wissensumfeld auszudehnen, um auf eine größere Kompetenzbasis zugreifen zu können (zu der auch die Verbraucher gehören). Zugleich wird die Generierung neuen Wissens an der Interaktion zwischen Verbrauchern und Unternehmen orientiert.

Im nächsten Kapitel werden wir uns mit der Kooperation zum Zwecke der gemeinsamen Wertschöpfung im neuen Wettbewerbsfeld befassen. Doch zunächst sollten wir uns folgende Frage stellen: Wenn Wissensumfelder so wichtig für die gemeinsame Wertschöpfung sind, warum misst man ihnen dann keine höhere Priorität bei? In anderen Worten: Was hindert die Unternehmen daran, Wissensumfelder zu schaffen, insbesondere in großen Unternehmen?

Hindernisse für die Schaffung von Wissensumfeldern

In den meisten Unternehmen tun sich jede Menge soziale und technische Hindernisse auf, von denen das größte wohl die Unternehmensgeschichte sein dürfte.

Stellen wir uns beispielsweise vor, wie schwierig es ist, in großen globalen Unternehmen wie General Motors (GM) oder Ford internationale Verbindungen zu forcieren. Seit über 75 Jahren haben die Ford- und GM-Niederlassungen in Europa und Nordamerika vollkommen unabhängig nebeneinander existiert. Selbstständig und reich an Ressourcen wuchsen sie heran, sicherten sich ihre regionalen Märkte und lösten ihre Probleme. Manager betrachteten ihre Karrieren als regional gebundene und beschränkten ihre Loyalität entsprechend auf die regionale Niederlassung. In einem solchen Kontext lässt sich globale Strategie schwer vermitteln. 75 Jahre extremer Dezentralisierung (gepaart mit großer geographischer Distanz) haben einen Gencode geprägt, der nicht so leicht umzuprogrammieren ist.

In anderen Fällen haben Zukäufe und Fusionen zu zahlreichen Subkulturen innerhalb eines Unternehmens geführt. Die aufgekauften Firmen wollen ihre Kultur verteidigen und weigern sich, Informationen nach außen preiszugeben. Werden keine Anstrengungen unternommen, eine gemeinsame Kultur zu schaffen, dürften alle Versuche, ein Wissensumfeld aufzubauen, im Keim erstickt werden.

In wieder anderen Fällen ist das Problem der Mangel an den nötigen technischen Infrastrukturen, die den Managern Zugang zu und Austausch von Informationen und Fachwissen ermöglichen. Das mittlere Management sitzt häufig regelrecht in der Falle. Mangelhafte Kommunikationsinfrastrukturen stärken nur die Trennmauern innerhalb der Unternehmen.

Wir könnten noch eine ganze Liste von Problemen aufzählen, aber es reicht wohl, wenn wir sagen, dass jedes etablierte Unternehmen auf seine eigenen Hindernisse stoßen wird. Topmanager müssen sie erkennen und eliminieren, eines nach dem anderen, wie in dem Buckman-Beispiel, und sie müssen es global tun, wie das BP-Beispiel es vormacht.

Die Aufgabe des Managements

Die Herausforderung, mit der das Management konfrontiert ist, wenn ein effektives Wissensumfeld aufgebaut werden soll, beschreiben wir am besten, indem wir zum BP-Beispiel zurückkehren. BP ist ein dezentral organisierter Konzern, bei dem jede der über 120 Geschäftseinheiten von einem General Manager geleitet wird, der einmal im Jahr einen Performance-Vertrag unterzeichnet. Der Vertrag setzt bestimmte Ziele fest, sei es im Bereich Finanzen, Umwelt oder anderswo. Die General Manager arbeiten direkt mit einer kleinen Gruppe von Führungskräften zusammen, die mit dem CEO gemeinsam das Unternehmensportfolio kontrolliert. Als der Projektleiter Kent Greenes 1997 das virtuelle Netzwerk für den Wissensaustausch zwischen allen BP-Dependenzen einführte, geschah dies, weil BP erkannt hatte, dass ein globales Unternehmen mehr sein musste als eine Sammlung einzelner verstreuter Geschäftseinheiten. Entsprechend wurde der Konzern neu konzipiert als Portfolio von Kompetenzen.[11]

BP wie auch Buckman Laboratories gestalten ihre Unternehmen horizontal und dezentralisiert. Wie der CEO von BP, John Browne, erklärte, war die Neuordnung der Hierarchien nötig, damit die Strukturen offen für eine Kommunikation wurden, die nicht ausschließlich von oben nach unten stattfindet.

Ölförderung ist ein teures, kapitalintensives Geschäft. Es kostet Milliarden von Dollar, ein großes Ölfeld zu orten und nutzbar zu machen. Daher standen alle Projekte unter einem enormen Effizienzdruck. BP nutzte ein Intranet, um die Manager der zahlreichen Geschäftseinheiten miteinander zu vernetzen, damit sie gemeinsam Fragen beantworten und Informationen austauschen konnten, wie es auch die Buckman-Mitarbeiter tun. Wenn etwa ein BP-Geologe vor der norwegischen Küste eine bessere Methode entdeckt, durch Versetzen der Bohrköpfe die Ölvorkommen zu orten, gibt er seine Informationen via Intranet an die anderen weiter. Innerhalb eines Tages sieht ein BP-Ingenieur, der auf einer Bohranlage in Trinidad arbeitet, was der Geologe schreibt, erbittet per E-Mail weitere Details und übernimmt schließlich die Technik, was ihm fünf Tage Bohrungen erspart und ungefähr 600.000 Dollar. In diesem Beispiel führt der Wissensaustausch zur Kostenminderung durch Ablaufoptimierung.

In anderen Fällen konnte die Kapitaleffizienz verbessert werden, beispielsweise durch eine klügere Projektselektion und gezieltere Investition. Bei einem Projekt im Golf von Mexiko konnte BP sage und schreibe 45 Millionen Dollar sparen.[12]

Angenommen, BP plant ein neues Offshore-Projekt, für das das Unternehmen auf Fachwissen aus internen wie *externen* Quellen zugreifen muss. Um das zu können, brauchen sie ein stabiles, weit verzweigtes und jederzeit erweiterbares Netzwerk, das eigens für das eine Projekt geschaffen wird (nennen wir es *Infrastruktur auf Nachfrage*). Mit dem Verschmelzen von Telekommunikation, IT, den vernetzten Kommunikations- und neuerdings auch Web-Diensten haben Unternehmen die Möglichkeit, virtuelle, kooperative Netzwerke aufzubauen, die sich je nach Bedarf vergrößern oder verkleinern lassen.

Welchen Einfluss solche technischen, vernetzten Infrastrukturen auf den Wissensaustausch bei BP haben, konnten wir bereits sehen. Doch noch wichtiger ist die soziale Infrastruktur. Wie Chris Collison, damaliger „Wissensarchitekt" von BP, es treffend formulierte: „Das beste Wissensmedium ist das menschliche Gehirn und das beste Netzwerkprotokoll ist das Gespräch." In einem Unternehmen von der Größenordnung BPs, sagte Chris, hat man ein Potenzial von Millionen 10-Minuten-Gesprächen. Demzufolge sollte bei der IT-Infrastruktur das Verbindungenknüpfen im Vordergrund stehen, damit sich „stets neue Wege ergeben, das wertvollste Kapital BPs zu aktivieren: die jahrelangen Erfahrungen von einer Million Menschen".[13]

Neben dem Herstellen von Verbindungen muss die Infrastruktur eine gemeinsame Sprache sowie gemeinsame Abläufe und Protokolle für den Wissensaustausch bieten. Eventuell wird dazu die Entwicklung von *Mischwissen* erforderlich, damit intellektuelle Unterschiede ausgeglichen werden. Wie bringt man Leute, die als Software-Ingenieure ausgebildet sind, mit Chemikern zusammen? Wie können Mathematiker lernen, in einer Bank zu arbeiten? Die gemeinsame Weiterentwicklung setzt häufig voraus, dass mehrere intellektuelle

Disziplinen aufeinander abgestimmt werden. BP meistert diese Herausforderung, indem die Kooperation immer projektorientiert bleibt und so per se die Einbindung unterschiedlichster Kompetenzen verlangt, vom Experten für Öl- oder Gasförderung bis hin zu jenem für Raffinieren und Marketing.

Die Infrastruktur für ein Wissensumfeld aufbauen

Wir können nun die Schlüsselkomponenten für den Aufbau eines effektiven Wissensumfelds benennen. Zuerst einmal aber gilt es, dass einige grundlegende Erkenntnisse verinnerlicht werden, damit die *soziale* Infrastruktur für die gemeinsame Wissensschöpfung gegeben ist (die Liste lässt sich beliebig ergänzen):

- Im Zentrum des Prozesses stehen Individuen. Deshalb muss man damit anfangen, die Individuen und ihre Einzigartigkeit zu respektieren.
- Wir leben in einer Leistungsgesellschaft und nicht in einer Hierarchie. Der Schwerpunkt liegt also auf dem Entdecken und Mobilisieren von Fachwissen, unabhängig von der Stellenbeschreibung oder dem Titel.
- Wissen generiert sich aus der Praxis, nicht aus der Verwaltung oder aus kleinen, in sich geschlossenen Einheiten.
- Unternehmen müssen nach einem „Klettverschluss"-Management organisiert sein – einem schmerzlosen und kontinuierlichen Zusammenführen und Trennen von Talenten, das sich an Aufgaben und Fertigkeiten ausrichtet. Rigide Strukturen dürfen den Zugang zu Kompetenzen nicht behindern.
- Sinnvolle Beiträge können von überall her kommen, weshalb es keine internen Barrieren geben darf – weder horizontal noch vertikal.
- Die DART-Bausteine – Dialog, Zugang, Risikoeinschätzung und Transparenz – dienen als Basis der gemeinsamen Wissensschöpfung von Mitarbeitern/Managern und der gesamten Kompetenzbasis einschließlich der Kunden.

Für die *technische* Infrastruktur gilt:

- Informationen aus vielfältigen, heterogenen und historische Kontexte übergreifenden Daten – also aus allen Teilen, die eine etablierte Firma ausmachen – müssen jederzeit zugänglich sein.
- Vielfältige Datentypen – Audio, Video, Bilder, Texte, Statistiken – müssen ebenfalls jederzeit zugänglich sein.
- Die Navigation muss einfach genug sein, damit jeder mit den verfügbaren Daten umgehen kann und sie nicht von einem Analysten auswerten lassen muss.
- Die Datenschnittstellen sollten einfach und klar sein.
- Die Infrastruktur muss nicht nur die Erprobung von Hypothesen ermöglichen, sondern auch das Aufstellen von Hypothesen.
- Die Infrastruktur muss den Austausch von Informationen aus vielfältigen Quellen ebenso ermöglichen wie das Spinnen von Wissensfäden zwischen Managern.
- Es muss möglich sein, gespeicherte Daten zu aktivieren, neue Informationen hinzuzufügen und kontinuierlich zu neuen Erkenntnissen zu finden.

Wir werden nun die sieben Schichten beschreiben, aus denen die Infrastruktur eines Wissensumfelds bestehen sollte. Abbildung 10-2 zeigt zunächst eine Zusammenfassung.

Die sieben Schichten eines Wissensumfelds	
Schicht 7:	Gemeinsame Wertschöpfung Entwicklung neuer Vorgehensweisen
Schicht 6:	Entdeckung ermöglichen Unterschiedliche Erkenntnisse zusammenfassen
Schicht 5:	Aktionsteams mobilisieren Neue Initiativen anregen
Schicht 4:	Kompetenzquellen besser nutzen Erleichterung von Zugang, Sichtbarkeit und Dialog erleichtern
Schicht 3:	Informationen nutzen Kontextuelles Wissen extrahieren
Schicht 2:	Informationsaustausch Die besten Vorgehensweise innerhalb der Firma erkennen
Schicht 1:	Schulung und Entwicklung Eine Kompetenzbasis aufbauen

Abbildung 10-2

Schicht 1: Schulung und Entwicklung

Der strategische Wandel beginnt mit dem Anbieten neuer Fähigkeiten und neuer Perspektiven für das gesamte Unternehmen. Viele Firmen sehen hier zwar den Bedarf, scheuen jedoch davor zurück, angemessene Schulungen und Ausbildungen anzubieten, weil sie die traditionellen Fortbildungstechniken für zu teuer und zu zeitaufwendig halten. Zum Glück machen die Internet-Technologien schnellere und günstigere Lösungen möglich.

Ein Wissen etwa, wie es in den Buckman-Foren entsteht, lässt sich auch für Ausbildungszwecke nutzen. Stellen wir uns vor, in diesen Foren würden konkrete Probleme behandelt, die Teilnehmer könnten diese untereinander oder mit ihren Mentoren diskutieren und sogar innerhalb des Unternehmens an der praktischen Lösung mitarbeiten. Solche Programme können Praxis und Lernen vereinen.

Schicht 2: Informationsaustausch

Das unternehmerische Wissen in ein „Wissen, warum" zu verwandeln – das heißt in eine Theorie dessen, *warum* bestimmte Vorgehensweisen die besten sind – braucht Zeit. Manager müssen dieses „Wissen, warum" teilen. Deshalb geht ein effektiver Informationsaustausch weit über das Sammeln und Ordnen von Informationen hinaus. Das Ziel muss eine Synthese der Konzepte sein.

Schicht 3: Informationen nutzen

Die besten Vorgehensweisen zu kennen bedeutet noch lange nicht, sie auch praktizieren zu können. Manager sollten daher auch imstande sein, kontextuelles Wissen zu extrahieren, damit die besten Vorgehensweisen je nach Bedarf „rekontextualisiert" werden können. McDonald's muss begreifen, dass „Fleischextrakte" in Indien inakzeptabel sind. Disney muss wissen, dass die Franzosen ihre eigene Einstellung zur Arbeit haben. Und selbst innerhalb ein und desselben Landes kann der Wettbewerbskontext über die verschiedenen Branchen variieren. In Indien beispielsweise wird Shampoo in Einmalpackungen, in Briefchen, verkauft. Diese beliebte Verpackungsform macht das Shampoo auch für die ärmeren Leute erschwinglich. Dennoch werden dieselben Verbraucher kleine Verpackungseinheiten für bestimmte Öle, die sie zum Kochen benutzen, vollkommen unpassend finden. Mit anderen Worten: Es müssen Mechanismen her, durch die wir sowohl Einblick in regionale Gepflogenheiten als auch einen Überblick über das Gesamtbild gewinnen, um die besten Vorgehensweisen planen zu können.

Schicht 4: Bessere Nutzung von Kompetenzquellen

Das System muss die Manager aller Ebenen motivieren, auf Wissen zuzugreifen – nicht nur auf explizite Informationen (Text, Audio-,

Videodateien), sondern auch auf verborgenes Wissen (von Menschen). Woher weiß General Motors, was das Unternehmen weiß? Und woher weiß das Unternehmen, was es *nicht* weiß, aber über das erweiterte Netzwerk erfahren kann? Oder, noch genauer: Wie bekommt der GM-Ingenieur in Michigan Zugang zu dem Fiat-Ingenieur in Mailand oder dem Daewoo-Ingenieur in Südkorea, die besonderes Fachwissen über Getriebe besitzen? Ein effektives Wissensumfeld schafft Systeme, die einen solchen Zugang bieten, wie im BP-Beispiel.

Sichtbarkeit von Talenten ist ebenfalls unabdingbar. Die Hintergründe, Interessen und Leistungen der Einzelnen müssen den Praxisteams zugänglich sein. Daher sollten sich zum Beispiel alle Getriebe-Ingenieure von GM untereinander kennen und sich als ein Praxisteam sehen, das im aktiven Dialog steht.

Schicht 5: Das Mobilisieren von Aktionsteams

Sorgfältig ausgewählte Projekte und Initiativen können zu wertvollen Lernprogrammen werden und große Veränderungen in den Unternehmen bewegen. Doch das Selektieren und Mobilisieren von Aktionsteams setzt voraus, dass man den Talentpool, die Projektprioritäten sowie die Persönlichkeiten kennt.

Manager müssen auch experimentelle Projekte mit Enthusiasmus und Selbstdisziplin kontrollieren. Viel zu oft verschwenden Unternehmen wertvolle Ressourcen an Pilotprojekte und unterstützen unproduktive Initiativen zu lange, während sie andere, vielversprechendere vernachlässigen. James McNerney, der CEO von 3M, hat in diesem Bereich eine neue Methode eingeführt, indem er zunächst eine gründliche Datenprüfung für die Forschung und Entwicklung aufbaute. Anhand dieser Daten kann kontinuierlich neu entschieden werden, welche Projekte weiterverfolgt (oder ausgebaut) und welche gestoppt werden.

Intel experimentiert mit einem anderen interessanten Ansatz. Sie investieren einen Teil ihres 4-Milliarden-Dollar-Budgets für Forschung und Entwicklung in eine Reihe von „Laboreinheiten", die 20 bis 30 Leute umfassen und in direktem Kontakt zu den Universitäten stehen, die in der Erforschung neuer Technologien führend sind.[14] IBM plant mit seiner neuen „Emerging Business Group", Start-up-Firmen Zugang zu ihrer umfangreichen IT-Forschung zu geben und sie zu ermutigen, auf Basis der IBM-Software und Serviceplattformen neue Technologien zu entwickeln. In beiden Fällen wird ein gewaltiges Potenzial durch gegenseitigen Austausch und Lernen freigesetzt.

Schicht 6: Entdeckungen ermöglichen

Aktionsteams können zwar zahlreiche Projekte entwickeln, aber der neue Wettbewerb verlangt vor allem nach neuen Methoden, diverse Anregungen (auch solche von Verbrauchern) in kostengünstige Projekte einzubauen, wie wir es bei BP gesehen haben. Aus dem aktiven Dialog mit den Verbrauchern können neue Erkenntnisse erwachsen.

Schicht 7: Gemeinsame Wertschöpfung

Firmen, die eine echte gemeinsame Wertschöpfung anstreben, gehen weit über die Bildung von Aktionsteams oder die Entwicklung neuer Erkenntnisse hinaus. Sie schaffen die Voraussetzungen für ein konsistentes gemeinsames Handeln auf der Basis eines allseitigen Einverständnisses darüber, wie der Wettbewerb angegangen wird. Neben der Interaktion zwischen Unternehmen und Verbrauchern muss auch die Interaktion zwischen den Mitarbeitern und zwischen dem Manager und dem Erfahrungsnetzwerk gewährleistet sein. Die Bedingung ist, dass das Unternehmen die Heterogenität dieser Interaktionen erkennt und akzeptiert. Das Positive daran ist die unerschöpfliche Fülle kontextuellen Wissens, das sich über alle Bereiche hinweg generieren lässt. Trotzdem sollten implizite Normen und Protokolle eingerichtet werden, die den Informationsaustausch und die Entwicklung neuer Routinen regeln. In anderen Worten: Wir müssen die gesamte Qualität der Erfahrungen (EQM – „Experience Quality Management") im Auge behalten, die auf der Qualität der Interak-

tionen zwischen Mitarbeitern/Managern und dem Wissensumfeld beruht, sowie die Qualität der Interaktionen zwischen den Verbrauchern
und dem Erfahrungsumfeld (den EQM-Ansatz haben wir bereits in
Kapitel 6 vorgestellt). Unsere Aufmerksamkeit hat also dem Aufbau
einer Infrastruktur zu gelten, die die Managerseite der gemeinsamen
Wertschöpfung gleichermaßen unterstützt wie die Verbraucherseite.

In dieser obersten Schicht schließt der Prozess der gemeinsamen
Wertschöpfung die Entwicklung von Strategien mit ein. Strategie als
ein Entdeckungsprozess ist das Thema des nächsten Kapitels.

Kapitel 11

Strategie als Entdeckungsprozess

Wenngleich das Paradigma der gemeinsamen Wertschöpfung eine neue Interpretation von Strategie verlangt, haben wir uns bislang nicht weiter mit der Entwicklung und Bedeutung von Strategien befasst. Nun aber, da wir auf die wichtige Rolle des unteren Managements und die Notwendigkeit, ein managerzentriertes Wissensumfeld aufzubauen, eingegangen sind, können wir uns den Rahmenstrukturen für Strategien zuwenden.

Das traditionelle Verständnis von Strategien beruht auf der Grundannahme, dass Firmen industrielle Entwicklungen wie auch Kundenerwartungen mehr oder weniger autonom steuern, wobei sie lediglich durch das Verhalten der Konkurrenz beeinflusst werden. Das neue Paradigma jedoch erkennt, wie sehr die industrielle Entwicklung dem Verhalten der Verbraucher und Verbrauchergemeinschaften unterworfen ist. Wie wir bei Lego, Napster und anderen gesehen haben, üben die Verbrauchergemeinschaften großen Einfluss auf die strategischen Optionen aus. Denselben Einfluss können Firmen gewinnen, die das Erfahrungsnetzwerk aktiv mitgestalten.

In einer ko-kreativen Welt mögen die strategischen Richtungen (oder Absichten) von Firmen offensichtlich sein und dennoch bleibt Strategie ein Prozess des kontinuierlichen Experimentierens, Risikominderns, Zeitkomprimierens und Investitionsminimierens bei gleichzeitiger Maximierung der Marktwirkung. Strategie muss Innovation und Entdeckung sein. Keine Firma kann all das im Alleingang leisten.

Die gute Nachricht ist, dass uns dieser Entdeckungsprozess die Möglichkeit gibt, noch kreativer zu sein – vorausgesetzt, wir sind bereit, das traditionelle Strategieverständnis infrage zu stellen.

Ein neues Verständnis von Ressourcen

Zu den vornehmlichsten Aufgaben von Strategien gehören das Entdecken neuer Möglichkeiten und das Orten von Ressourcen. Traditionell begannen Strategieanalysen damit, dass die verfügbaren Ressourcen im Unternehmen ermittelt und auf die strategischen Ziele hin abgestimmt wurden. Seit den frühen Neunzigerjahren hat sich hier einiges verändert, denn seither gilt das Konzept der „Strategie als Strecke". Statt gleich zu Anfang nach einer größtmöglichen Passgenauigkeit von Ressourcen und Zielen zu suchen, ist die „Streckenidee", gewissermaßen das Modell der Start-ups zu übernehmen und absichtlich eine Disharmonie von Ressourcen und Zielen herbeizuführen. Diese sollte jedoch nicht erreicht werden, indem man die Ressourcen reduzierte, sondern indem man die Ziele höher steckte. Die bessere Ausnutzung von Ressourcen, einschließlich des Anhäufens intellektuellen Kapitals – die Schlüsselkompetenzen – war eine logische Erweiterung des neuen Strategiekonzepts. Infolgedessen veränderte sich die Strategieentwicklung in vielen Unternehmen.

Mitte der Neunzigerjahre fingen die führenden Strategen an, auch solche Ressourcen miteinzubeziehen, auf die man durch andere Zugriff hatte, zum Beispiel durch Venture-Partner und Lieferanten. Das Ziel war nun, einen Vorteil aus jenen Ressourcen zu ziehen, auf die das Netzwerk von Zulieferern und Partnern den Zugriff ermöglichte.

Die gemeinsame Wertschöpfung geht sogar noch weiter. Warum sollten sich die verfügbaren Ressourcen von Managern auf das beschränken, was innerhalb des Netzwerks aus Firma, Lieferanten und Partnern zugänglich ist? Warum sollten Manager nicht ebenso Zugriff auf das Wissen der Verbrauchergemeinschaften haben? Sich den Zugriff auf die Ressourcen im erweiterten Netzwerk (Lieferanten, Partner und Verbrauchergemeinschaften) zu sichern – einschließlich der Kompetenzen, des Wissens, der Infrastrukturen und der Investmentkapazitäten – kann der Idee der verfügbaren Ressourcen eine vollkommen neue Dimension verleihen.

Das Kontrollieren und Besitzen von Ressourcen weicht dem *Zugriff und Nutzen* durch einzigartige Methoden der Kooperation mit Verbrauchern und Zulieferern. Wie wir in Kapitel 6 gesehen haben, brauchen Li & Fung keinen der Knoten (Lieferanten) in ihrem erweiterten Netzwerk zu besitzen und können trotzdem das Aufspüren von Ressourcen darin maßgeblich beeinflussen. Der Anspruch einer Firma, die eine Knotenpunktstellung innehat, ist nämlich nicht, Ressourcen zu besitzen, sondern Einfluss darauf zu nehmen, wie Ressourcen aufgespürt werden. Dies tut sie, indem sie die intellektuelle Führungsposition innerhalb des Netzwerks einnimmt.

Der ko-kreative Prozess stellt auch die These infrage, es käme ausschließlich auf die Ziele der Firma an. Wie wir gesehen haben, ist jeder im Erfahrungsnetzwerk an der Wertschöpfung beteiligt und konkurriert zugleich mit jedem anderen, was die Gewinnung von Wert angeht. Hieraus ergibt sich eine konstante Spannung im Strategieentwicklungsprozess, insbesondere wenn die zahlreichen Einheiten und Individuen eines Netzwerks gemeinsam einer Strategie folgen müssen. Die zentrale Frage lautet daher: Wie viel Transparenz ist nötig, um eine sinnvolle Kooperation zu ermöglichen, und ab wann trägt Transparenz nur noch dazu bei, den aktiven Konkurrenzkampf um ökonomische Werte anzustacheln? Der Balanceakt zwischen Kooperation und Konkurrieren ist heikel, doch wir müssen ihn beherrschen.

Kooperation und Strategie

Jedes Erfahrungsnetzwerk bricht zusammen, wenn sich nicht alle aktiv um die Zusammenarbeit an der gemeinsamen Wertschöpfung bemühen. Doch Kooperation ist für die meisten Manager weder einfach noch natürlich. Daher müssen Strategen die Dynamik der Kooperation begreifen, deren Vorteile wie deren Grenzen.

Was *ist* Kooperation? Obwohl dieser Terminus viel und gern gebraucht wird, bleibt seine genaue Bedeutung oft unklar. Kooperation bezieht sich auf eine Vielzahl gemeinsamer Aktivitäten, vom periodischen Informationsaustausch bis hin zu Entwicklungs- und Marketingprojekten, die sich über mehrere Jahre erstrecken. Die Beispiele in diesem Buch veranschaulichen, wie viele unterschiedliche Formen von Kooperation es gibt, von Intuit bis Archipelago, von DoCoMo bis Zara, von Li & Fung bis Microsoft.

Es scheint ein stillschweigendes Einverständnis darüber zu herrschen, dass Kooperation notwendig und gut ist. Genauer gesagt: Firmen können ohne kooperative Agenda keinen ko-kreativen Wert schaffen. Eine solche Agenda zu entwickeln, setzt voraus, dass Manager fünf Fragen beantworten können:

1. Warum sollen wir kooperieren? Welche Wettbewerbsbedingungen machen Kooperation notwendig?

2. Was brauchen wir, um erfolgreich kooperieren zu können?

3. Wie unterscheiden sich verschiedene Kooperationsformen in ihren Methoden und Zielen?

4. Was sind die Kosten und der Nutzen der Kooperation? Wer trägt die Kosten? Wer genießt den Nutzen?

5. Welche Informationsinfrastrukturen brauchen wir für komplexe Kooperationsarrangements?

Fangen wir mit dem *Warum* an. Es gibt zahlreiche wirtschaftliche Fragen, deren Lösung heute ohne Kooperation nicht möglich ist.

Kürzere Produktionszyklen und Kostenreduzierung

Im neuen Wettbewerb können nur diejenigen bestehen, die schnell reagieren und effizient arbeiten. Kooperation kann den Unternehmen helfen, beides zu erreichen. Die Zusammenarbeit mit Lieferanten in einem transparenten Umfeld kann beispielsweise Reibungsverluste im System minimieren, da Informationen an die Stelle von Investitionen in Bestände treten.

Vergrößern und erweitern

In vielen großen, diversifizierten Firmen tun die autonomen Geschäftseinheiten zu wenig für ihr eigenes Wachstum. Sollten die einzelnen Abteilungen von General Motors eine gemeinsame Entwicklungsplattform haben? Wie groß ist die Verschwendung von Ressourcen aufgrund schleppender Entwicklung, wenn sie keine solche gemeinsame Plattform haben? Sollten Geldinstitute ihren Kreditkartenkunden einen Gesamtkontoauszug ausstellen, der außer der Kreditkartenabrechnung auch den Stand ihrer Sparkonten, Girokonten, Hypotheken, Autokredite und Lebensversicherungen aufführt? Wenn sie es nicht tun, wie viele Möglichkeiten der verschlankten Dienstleistung (wie auch des Marketings) verschenken sie dann? Kooperation innerhalb diversifizierter Firmen (unter den einzelnen Geschäftseinheiten) und außerhalb kann zu einer besseren Ausnutzung der Ressourcen führen und Verluste zu vermeiden helfen.

Zugang zu Wissen

Wenn Industrie und Technologie miteinander verschmelzen, wie es in der Digitalphotographie, der Gentherapie und vielen anderen Bereichen geschieht, müssen Manager lernen, altes Wissen mit neuem zu verquicken. Eine traditionelle Kosmetikfirma, die sich plötzlich auf Fachgebieten wie Genetik und Biochemie auskennen muss, kann dieses Wissen nur durch Kooperation erlangen.

Größeren Gewinn aus Investitionen ziehen

Die erforderlichen Ressourcen für den Wettbewerb, Talent und Kapital, gehen in manchen Bereichen weit über die einem einzelnen Unternehmen verfügbaren hinaus. Indem man das Talent und das Kapital von mehreren Firmen kooperativ verbindet, kann man aus seinen Investitionen größeren Nutzen ziehen, als ein einzelnes Unternehmen je erreichen könnte.

Die Methoden für den Wandel

Eine traditionelle Firma kann in einem Kooperationspartner ein Rollenmodell für den Wandel finden und von ihm Methoden erlernen, wie eine neue Unternehmenskultur geschaffen wird. Manager von großen etablierten Firmen beispielsweise können in der Zusammenarbeit mit kleineren Unternehmen wertvolle Lektionen in puncto Agilität und Schnelligkeit lernen.

Portioniertes Risiko

Wie man optimal an den neuen Wettbewerb herangeht, lässt sich oft nur schwer ermitteln. Häufig müssen mehrere Experimente unternommen werden, bevor eine neue Geschäftsmöglichkeit entdeckt wird. Solche Experimente fallen allerdings deutlich kostengünstiger aus, wenn man das Risiko portioniert, indem man sich gegen geringere Kosten den Zugang zum Wissen anderer sichert.

Wenngleich es viele gute Gründe für die Kooperation mit anderen gibt, gelingt es den meisten Unternehmen nicht, den größtmöglichen Nutzen aus der Kooperation zu ziehen. Warum?

Einer der Gründe ist, dass es für Unternehmen *nicht natürlich* ist, mit anderen zu kooperieren. Sie streben instinktiv nach Autonomie. Kooperation verlangt, dass zwei oder mehr Einheiten (in der Firma oder außerhalb) zusammenarbeiten. In den meisten Fällen übersteigen dabei die Kosten, die durch Reibungen entstehen, den offensichtlichen Nutzen. Zu diesen Kosten gehören Zeit und Energie der Manager, gemeinsam getragene Gebühren und Übertragungspreise, Probleme mit dem Setzen von Prioritäten und Einhalten von Lieferterminen, inkompatible IT-Systeme und Strategien sowie sonstige administrative „Kopfschmerzen". Diese Kosten der Kooperation entstehen sofort, wohingegen sich der Nutzen zunächst bestenfalls als potenziell abzeichnet.

Die Schwierigkeiten werden noch durch die allgemeine Praxis verschärft, Leistungen einzelner Geschäftseinheiten in kurzen Abständen zu prüfen und zu bewerten. Dies verstärkt nur die natürliche Tendenz von Managern, zuerst ihre eigenen Schäfchen ins Trockene zu bringen. Kooperation mag sich zwar langfristig in höherer Effizienz und entsprechend höheren Profiten auszahlen, doch kurzfristig sind diese Gewinne meist nicht erkennbar.

Um diese Hindernisse zu überwinden, muss der Kooperationsdruck hoch sein. Wal-Mart zum Beispiel verlangt bei der Zusammenarbeit mit großen Lieferanten wie 3M einen einzigen Kontaktpunkt. Diese Forderung war für 3M Motivation genug, seine Ressourcen und innerbetrieblichen Abläufe zu rekonfigurieren und ein Managementteam zu bilden, das sich abteilungsübergreifend um diesen Kunden kümmern konnte. Klare Vorgaben aus dem Topmanagement, gepaart mit Leistungsanreizen, können ebenfalls die interne Kooperation verbessern, wie beispielsweise General Electric seit Jahren beweist.

Kooperation als Ko-Kreation

Es gibt zahlreiche Kooperationsmodelle mit unterschiedlicher Intensität und unterschiedlichen Vorbedingungen. Einen Überblick dazu gibt Abbildung 11-1.

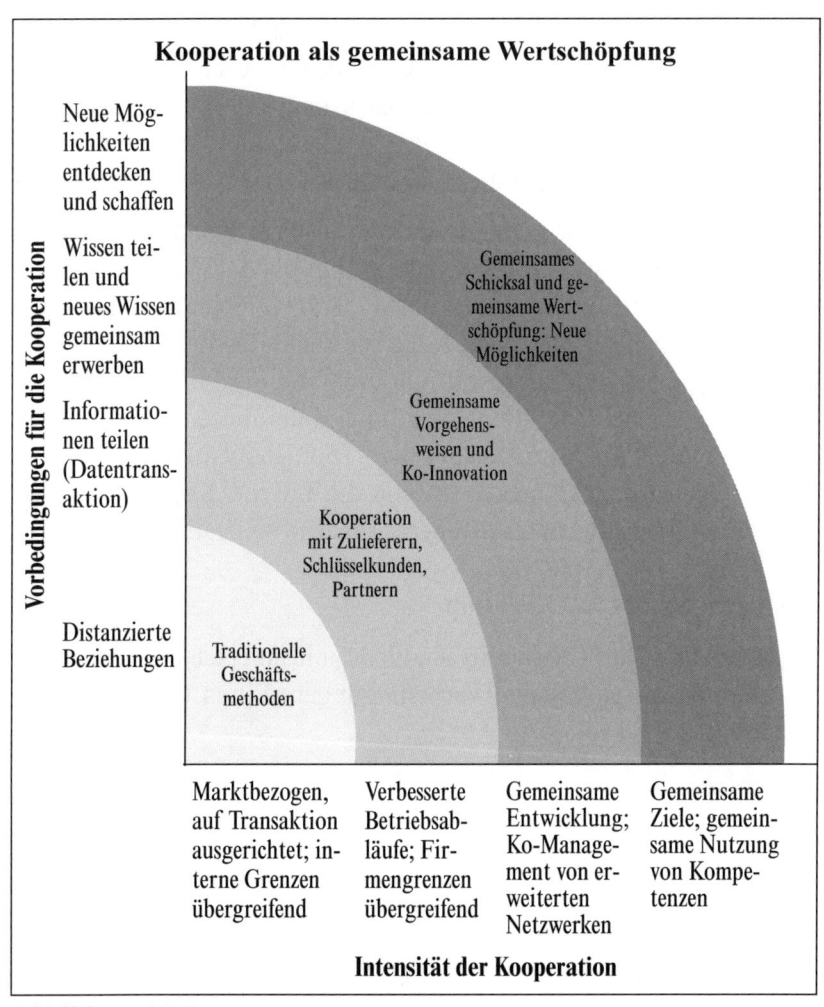

Abbildung 11-1

Diese graphische Darstellung kann uns helfen, die verschiedenen Formen von Kooperation einzuschätzen und zu ermitteln, welche wir für die gemeinsame Wertschöpfung im Wettbewerb von morgen brauchen.[1]

Fangen wir mit der distanzierten Beziehung zwischen Unternehmen an, die marktbezogen und auf Transaktion ausgerichtet sind. Die meisten Firmen haben inzwischen gelernt, dass die enge Zusammenarbeit mit Lieferanten und Schlüsselkunden in einem Netzwerk klare Vorteile mit sich bringt. Solche Kooperationen sparen Zeit und Geld, steigern die Umsätze, bieten bessere Marketingmöglichkeiten und sorgen für mehr Kundenzufriedenheit. Trotzdem können alle Früchte dieser Kooperation nur geerntet werden, wenn man Informationen austauscht. Nun sind Unternehmen meist nicht abgeneigt, normale Managementinformationen, grobe Umsatz- und Marketingdaten und Gewinnerwartungen preiszugeben, weigern sich jedoch, individuelle Kundendaten, Kostenschlüssel für Produkte und Dienstleistungen sowie Kapital- und sonstige Quellen weiterzugeben. Je mehr Informationen ausgetauscht werden, umso größer muss das Vertrauen sein. Außerdem brauchen Unternehmen einen besonderen Anreiz dafür, sich auf eine echte Zusammenarbeit und gemeinsame Weiterentwicklung einzulassen.

Gegenwärtig wird bei der Diskussion über den Wert der Kooperation vor allem über industrielle Prozesse gesprochen, an denen mehrere Parteien beteiligt sind und bei denen sowohl die Aufgaben als auch die Modalitäten der Zusammenarbeit klar geregelt sind. Mit wachsender Intensität der Kooperation werden allerdings auch die Aufgaben und Modalitäten komplexer, dafür steigt proportional aber auch die Möglichkeit zur gemeinsamen Wertschöpfung. Wenn sich eine Firma etwa dazu entschließt, sich mit ihren internen und externen Kooperationspartnern gemeinsam weiterzuentwickeln, wird das Management der gemeinsamen Aufgaben, Ziele und Ressourcen zusehends komplex. Das wiederum wirft die Frage nach der Verteilung der Ansprüche auf das intellektuelle Eigentum, der Risiken- und Nutzen sowie der Verantwortlichkeiten auf.

Um die kooperativen Kapazitäten einschätzen zu können, müssen Firmen ihre Erfahrungen mit unterschiedlichen Kooperationsformen evaluieren und prüfen, wo noch Verbesserungen der technischen und sozialen Infrastrukturen vonnöten sind. Tiefenstudien zur Kooperation und ko-kreativen Erfahrung können hier aufschlussreich sein. Nicht vergessen werden sollte, dass die Verbesserung der technischen Infrastruktur meist auch die Grundlage für die Verbesserung der sozialen ist. Unsere Zusammenfassung der unterschiedlichen Kooperationsmodalitäten legt folgende Schlussfolgerungen nahe:

- Das Verteilen klar definierter Betriebsabläufe auf mehrere Unternehmen ist die einfachste Form der Kooperation – allerdings setzt sie nur wenig von dem Wertschöpfungspotenzial frei, das eine echte Kooperation zu bieten hat.
- Die Kooperationsfähigkeiten der Managementteams variieren mit der Intensität der Zusammenarbeit.
- Firmen brauchen eine Vielzahl von Kooperationsarten, um im aufkommenden Wettbewerb mithalten zu können.
- Um in unterschiedlichen Kooperationsarten Wert zu schaffen, müssen sich die technischen und sozialen Infrastrukturen grundlegend verändern.

Die Risiken und die Kosten der Kooperation

Es bedarf wohl kaum der Erwähnung, dass Kooperation neben dem Nutzen auch Kosten und Risiken verursacht. Im Folgenden gehen wir auf einige Schlüsselfragen ein, über die Manager nachdenken müssen, wollen sie die der Kooperation inhärenten Risiken einschätzen.

Welche Informationen sollten ausgetauscht werden?

Wie wir bereits bemerkt haben, sind zwar viele Unternehmen bereit, ein kooperatives Netzwerk aufzubauen, glauben aber zugleich, sie sollten dabei so wenig Informationen wie möglich preisgeben. Die Furcht vor dem Informationsaustausch bezieht sich in erster Linie darauf, dass die Konkurrenz irgendwie an die Informationen gelangen könnte. Die typische Reaktion ist daher die, „chinesische Mauern" aufzubauen. Doch ehe man anfängt, sich zu verschanzen, sollte man sich fragen: Wie groß ist die Wahrscheinlichkeit, dass Informationen zur Konkurrenz durchdringen? In welchem Verhältnis steht das Risiko, das wir mit der Preisgabe von wichtigen Informationen eingehen, zu dem Nutzen, den uns ein transparentes Umfeld einbringen kann? Und sickern Informationen in einer vernetzten Gesellschaft nicht ohnehin durch? Sollen wir überhaupt versuchen, sie zurückzuhalten? Bedenken wir, dass eine gute Strategie in der ko-kreativen Welt kein Geheimnis ist, wenn wir sie als die Fähigkeit sehen, neue Vorgehensweisen zu entdecken und ihre Risiken zu mindern.

Schwankungen in der Versorgungskette – Wer zahlt den Preis?

Zunehmende Schwankungen in der Nachfrage nach Produkten und Dienstleistungen üben vermehrt Druck auf die Versorgungsketten aus. Sollte ich als Lieferant meine eigenen Korrekturen gemäß den Prognosen der Knotenpunktfirma vornehmen? Und wenn ich es tue – oder nicht tue – wer zahlt dann den Preis für möglicherweise auftretende Engpässe oder Überschüsse? Auch wenn der Informationsfluss funktioniert, muss es die Anpassung der Bestände noch lange nicht, vor allem dann nicht, wenn komplexe Produktkonfigurationen erforderlich sind. Eine Möglichkeit, mit dem Problem umzugehen, ist, die Arbeitsgänge zu bündeln, wodurch sich logistische Schwierigkeiten vermeiden und Kosten sparen lassen. Das wirft allerdings die Frage nach der Anfälligkeit von Beziehungen innerhalb einer globalen Versorgungskette auf.

Wer gewinnt durch die neue Effizienz?

Dass globale Versorgungsketten die Effizienz aller Beteiligten steigern, ist unbestritten. In vielen Fällen jedoch – zum Beispiel General Motors, General Electric oder Dell – ist die Firma, die als Knotenpunkt fungiert, in einer Position, die ihr überproportional mehr Gewinn aus der Kooperation sichert als den anderen. Kann das Risiken-Nutzen-Verhältnis also für die übrigen Beteiligten genauso attraktiv sein wie für denjenigen, der im Zentrum des Netzwerks steht? Wie verhält es sich, wenn der Markt eine schwache Phase durchmacht? Kurz: Wie sollte ein Arrangement aussehen, bei dem jeder einzelne Beteiligte eine faire Chance hat, den Wert zu nutzen, den er zu schaffen hilft?

Wer trägt die Last des Lernens?

Die meisten Zulieferer, die Teil von Versorgungsketten sind, müssen sich den IT-Systemanforderungen mehrerer Knotenpunktunternehmen anpassen. Selbst in einer einzigen großen Knotenpunktfirma, wie etwa General Motors, können die unterschiedlichen Einheiten verschiedene IT-Plattformen haben, was wiederum die technischen Anforderungen für die Zulieferer erhöht. Wie bewältigt ein Zulieferer die Kosten, die er für die Anpassung an die jeweiligen Systeme aufwenden muss? Müssen wir branchenweite Standards einführen oder offene Systeme, um die Kosten für die kleineren Unternehmen in der Versorgungskette zu reduzieren?

Wem gehört das intellektuelle Kapital, das durch Kooperation gemeinsam geschaffen wird?

Je weiter wir in der gemeinsamen Produkt- und Serviceentwicklung voranschreiten, umso drängender wird das Thema, wem das intellektuelle Kapital gehören soll, das aus den kooperativen Bemühungen hervorgeht. Jede kooperative Interaktion entwickelt ihre eigene Dynamik, bei der normalerweise auch verborgenes Wissen zutage tritt. Wie misst und bewertet man die Beiträge der einzelnen Firmen zu dem gemeinsam entwickelten Wissen? Selbst in einer einzigen Firma kann die Kooperation zwischen den Einheiten durch Uneinigkeiten in der Verteilung von Transferkosten ausgebremst werden. Man kann sich unschwer vorstellen, wie viel komplexer und intensiver diese Diskussionen werden, sind mehrere Firmen involviert.

Wer übernimmt die Kosten für die Schaffung von IT-Kompetenzen?

Die meisten etablierten Firmen verfügen über mehrere IT-Systeme. Wenn sie sich auf Kooperation einstellen, starten sie oft mit kosten-

und zeitintensiven „Datenreinigungsprojekten". Diese Programme mögen für den Aufbau einer Kooperationsinfrastruktur notwendig sein, sind aber häufig schlecht geplant und durchgeführt, weil die Manager keine klare Vorstellung davon haben, wie ihre gegenwärtigen Systeme arbeiten. Wie sollen die enormen Kosten der Entwicklung und Durchführung solcher Projekte verteilt werden?

Die neue Kompetenz für die Kooperation und den Wettbewerb

Je höher wir im Wertschöpfungskontinuum klettern, umso mehr wird unsere Fähigkeit zur Kooperation im Wesentlichen bedeuten, neue Kompetenz für den Wettbewerb auszubilden. Letztere bezieht sich auf Strategie insgesamt, also nicht nur auf einzelne Schritte, die wir unternehmen. Wie wir bereits gesehen haben, erfordert gemeinsame Wertschöpfung, dass wir uns konstant den Entwicklungen anpassen, die Verbraucher, Lieferanten und Unternehmen durchlaufen. Da Manager bestimmte Ereignisse weder voraussagen noch kontrollieren können, sind sie darauf angewiesen, Ereignisumfelder zu schaffen. Die Fähigkeit, gemeinsam Wert zu schaffen und zu extrahieren, ist daher eine strategische Maßnahme. Sie sollte zumindest folgende Elemente aufweisen:

– *Die Fähigkeit, neue Chancen so spannend zu präsentieren, dass die eigene Firma eine Knotenpunktfunktion übernimmt* – Eine Firma, die eine Knotenpunktposition einnimmt, braucht eine intellektuelle Agenda, die anderen Firmen Anreiz bietet, sich dem Netzwerk anzuschließen. Intellektuelle Führung ist daher eine Voraussetzung für den Aufbau eines Netzwerks, in dem alle Beteiligten Zugang zu Kompetenzen und Investmentkapazitäten haben.

– *Eine Infrastruktur, die das gesamte Netzwerk überspannt und selektiv einzelne Firmenkombinationen aktivieren kann* – Firmen können jederzeit vom passiven Zustand in den aktiven wechseln, abhängig vom Ko-Kreationsstatus des einzelnen Verbrauchers.

Deshalb besteht eine wesentliche Aufgabe des Managements darin, die Verbindung auch zu solchen Unternehmen aufrechtzuerhalten, die im Netzwerk nicht durchgängig aktiv sind. Die Fähigkeit, Kompetenzen selektiv zu aktivieren, ist für den Erfolg oder Misserfolg entscheidend.

– *Eine Informationsinfrastruktur innerhalb des Erfahrungsnetzwerks, die transparent ist und prompte Reaktionen ermöglicht* – Zugang zu kontextueller Information ist Voraussetzung für schnelle Reaktionen und Null-Latenz.

– *Ein Management, das den Beteiligten Zugang zu Kompetenzen ermöglicht und sie in die Lage versetzt, im Erfahrungsnetzwerk schnell zu einem Konsens zu finden* – Das Wissensumfeld muss Raum für „umsetzbare Erkenntnisse" bieten, sprich: Experimentieren, Planen, Konsolidieren, Produktionssteigerung und Weiterentwicklung.

Die Wettbewerbsfähigkeit wird sich auch danach bemessen, ob eine kontinuierliche Innovation ermöglicht wird. Innovation heißt nicht immer, große Durchbrüche zu erzielen. Vielmehr sollte sie in kleinen Veränderungen und Nuancierungen bestehen, die für die Verbraucher ständig neue ko-kreative Werte bieten. Steter Wandel kann allerdings nicht nur neue Möglichkeiten eröffnen, sondern auch zur Instabilität des Markts beitragen.

Wir halten Instabilität für etwas Positives – entgegen der Auffassung traditioneller Strategen.[2] Diese streben normalerweise nach Stabilität und festen Spielregeln, die einfach zu verstehen sind und durch die vorhandenen Ressourcen gestützt werden. Doch wie F. A. von Hayek schon vor fast 40 Jahren festgestellt hat, geht es im Wettbewerb um das Destabilisieren von Wirtschaftsstrukturen.[3] Sich ständig verändernde Spielregeln sorgen für Überraschungen. Und sind Ressourcen vorhanden, Erweiterungsmöglichkeiten gegeben und der gemeinsame Wertschöpfungsprozess in Gang, kommt der Strategie die Aufgabe der *kontinuierlichen Adaption* zu. Gefordert sind dann vor allem kürzere Reaktionszeiten als strategisches Mittel.

Nun werden sich manche Manager fragen: „Wenn wir uns konstant neu ausrichten und an Veränderungen anpassen müssen, was genau ist dann Strategie? Erwartet man nicht von uns, dass wir wissen, wohin wir wollen?"

Ja, das Management braucht eine klare Orientierung, doch diese sollte in eine breite Rahmenstruktur eingebettet sein, innerhalb der kleine Anpassungen immer wieder notwendig sein werden. Man muss sich das vorstellen, als würde man zu einer Fahrt nach Omaha in Nebraska aufbrechen und zunächst keine weiteren Vorgaben haben außer: „Wir müssen nach Norden, in Richtung Toronto fahren, nicht nach Süden, Richtung Miami." An jedem einzelnen Tag, den wir unterwegs sind, werden wir unsere Reisegeschwindigkeit an die Straßenbedingungen anpassen, werden zum Tanken und Essen anhalten, Umwege wählen, um Staus zu umgehen, und vielleicht sogar die Fahrt unterbrechen, weil wir uns spontan entschließen, noch eine Sehenswürdigkeit zu besuchen.

Natürlich würden all diese Dinge keinen Sinn machen, hätten wir keine klare Vorstellung davon, wohin wir wollen. Wir brauchen ein langfristiges Ziel, eine eindeutig formulierte Perspektive, die uns bei allen kontinuierlichen Anpassungen die Bodenhaftung erhält. Eine effektive Strategie braucht nämlich beides: Veränderung und Stabilität.

Die Rolle des Managers in der gemeinsamen Wertschöpfung

Mit dem ko-kreativen Umfeld, wie es sich gegenwärtig abzuzeichnen beginnt, fällt dem Topmanagement eine wichtige Rolle zu. Eine Unternehmensführung muss

- in die Entwicklung von Wettbewerbsfähigkeit innerhalb eines ereignisabhängigen Umfelds investieren,
- eine klare Zukunftsperspektive formulieren,

- ein neues Managementdenken und neue Managementkompetenzen fördern,
- zu interner Kooperation anhalten,
- das Wissensumfeld unterstützen und fördern.

Ohne das Engagement der Manager auf allen Ebenen ist eine gemeinsame Wertschöpfung allerdings nicht möglich. Das untere Management ist gefordert, die Rollen der einzelnen Beteiligten im Erfahrungsnetzwerk zu verstehen und prompt auf Nachfrageänderungen zu reagieren. Die Manager in den unteren Ebenen müssen

- sich über die Zielvorstellungen und strategischen Absichten des Unternehmens im Klaren sein,
- den Zusammenhang zwischen ihren spezifischen Aufgaben und den strategischen Absichten erkennen,
- kontinuierlich die Erfahrungen aller Mitglieder des Erfahrungsnetzwerks (Kunden, Lieferanten, Mitarbeiter etc.) abfragen,
- ihr Handeln konstant den Veränderungen anpassen.

Der Manager in vorderster Front ist sozusagen der Fahrer, der unseren Wagen Richtung Toronto lenkt. Genau genommen fällt jedem Mitarbeiter, der mit den Kunden in Kontakt steht – vom Callcenter-Angestellten bis hin zum Service-Mechaniker, vom Kassierer bis zum Produktentwickler –, dieselbe Verantwortung zu: dem Kunden eine spannende ko-kreative Erfahrung zu ermöglichen. *Ko-Kreation belebt das gesamte Unternehmen.* Entsprechend ist Strategie das Vermögen, das gesamte Unternehmen in die Prozesse einzubinden und sicherzustellen, dass alle Mitglieder dieselbe Vision verfolgen. Zugleich aber verlangt Strategie die Fähigkeit zum dezentralisierten und autonomen Handeln.

Ko-Kreation und das neue Strategieverständnis

In Tabelle 11-1 fassen wir die Unterschiede zwischen dem alten und dem neuen Strategieverständnis zusammen.

Der Wandel des Strategieverständnisses		
	Traditionelles, firmenzen-triertes Strategieverständnis	Neues, ko-kreatives Strategieverständnis
Ziel der Strategie	Die Firma in einem bestimmten Industriebereich positionieren	Neue Quellen der Wertschöpfung und neue Möglichkeiten entdecken
Das Verständnis von Ressourcen	Ressourcen sind feste, firmenbezogene Größen	Ressourcen sind erweiterbar und im erweiterten Netzwerk nach Bedarf abrufbar
Wichtige Ressourcen	Finanzieller und physischer Besitz	Talent und Wissen innerhalb des Netzwerks, Infrastrukturen, die den Dialog fördern
Perspektive	Suche nach Stabilität und Gleichgewicht	Mit Instabilitäten und Ungleichgewichtungen umgehen können
Verantwortliche für die Strategie	Das Topmanagement	Alle im Unternehmen, insbesondere das untere und mittlere Management
Strategie-entwicklung	Analytisch	Analytisch und unternehmensbezogen
Die Rolle des Topmanagements	Das Orten von Ressourcen	Zugang zu Kompetenzen ermöglichen sowie bessere Nutzung von Ressourcen
Zeitperspektive	Langfristig	Langfristig und kurzfristig
Umsetzung	Dichotomie zwischen Strategieformulierung und Strategieumsetzung	Kontinuierlicher Entdeckungsprozess, aktives Lernen und Adaptieren bei gegebenem Langzeitziel (strategische Absicht)

Tabelle 11-1

Die neue Rahmenstruktur für Strategie unterscheidet nicht zwischen der Formulierung und der Umsetzung. Zwischen Denken und Handeln gibt es keinen Bruch mehr. Management lässt sich nicht länger mit dem Dirigieren eines festen Orchesters nach einer vorgegebenen

Partitur vergleichen, sondern ist eher wie ein Jazz-Improvisation (wie es unser geschätzter Kollege Karl Weick so treffend ausdrückte).[4]

Mit den veränderten Begriffen von Strategie und Wertschöpfung ergeben sich neue Anforderungen an das Führen und Konkurrieren. Wir müssen die funktionalen Kapazitäten im Unternehmen auf die Frage hin überprüfen: Werden Funktionen und deren Management den Anforderungen gerecht, die ein ko-kreatives Strategieverständnis und die Konzentration auf die ko-kreative Erfahrung als Basis für Wert an uns stellen? Welche neuen Kapazitäten braucht das Unternehmen?

Dieser Prozess der Selbstprüfung und der Prüfung der funktionalen, infrastrukturellen und Führungskapazitäten, nach denen die gemeinsame Wertschöpfung verlangt, werden das Thema unseres abschließenden Kapitels sein.

Kapitel 12

Neue Möglichkeiten für die Zukunft schaffen

Wir haben dieses Buch damit begonnen, die Herausforderungen darzustellen, mit denen die gemeinsame Wertschöpfung das traditionelle Denken konfrontiert. Während sich die Paradigmen der Ko-Kreation mehr und mehr durchsetzen, wird praktisch jede traditionelle Funktion innerhalb der Unternehmen infrage gestellt. Jeder Manager muss sich zum Lernen verpflichten – und vor allem dazu, einige der Grundannahmen zu vergessen, auf die traditionelle Geschäftsmethoden aufbauen.

Die Beispiele in diesem Buch illustrieren, wie sich die Schlüsselfunktionen bereits verändern. Wir haben sie gewählt, damit die Leser lernen, anders zu sehen, zu denken und zu planen. Aber sie müssen auch anders *handeln*. Dieses Kapitel zeigt einige der elementaren Veränderungen auf, die auf die Unternehmen zukommen. Nur die Manager wissen, welche Eigenheiten ihre Firmen in diesem Wandlungsprozess hemmen werden. Also schlagen wir vor, dass sie dieses Kapitel nutzen, um ihre Managementagenda zu erstellen.

Produktdesign und -entwicklung

In der traditionellen Wertekette verließen sich Unternehmen im Umgang mit der Verbraucherheterogenität auf die Produktvielfalt. Sie fochten einen Krieg aus, der sich auf Qualität, Eignung, Finish oder Merkmale konzentrierte. Bei der gemeinsamen Wertschöpfung ändern sich die Voraussetzungen für die Produktentwicklung auf dramatische Weise. Die Herausforderung verschiebt sich vom Anbieten immer noch ausgefeilterer Merkmale hin zum Entwickeln einzigartiger Methoden, mit dem Verbraucher gemeinsam Wert zu schaffen.

Dafür müssen wir altes Unternehmerdenken über Bord werfen, was gewiss nicht leicht ist. Der ausgebildete Manager, ob er nun Ingenieur, Produktionsleiter, Buchhalter, Analyst oder Kundendienstmitarbeiter ist, kann nicht ohne weiteres wie ein Verbraucher denken und fühlen. Genau das muss er aber können. Mitarbeiter und Manager müssen ihr Geschäft aus der Warte der Verbraucher wahrnehmen, deren Wünsche, Träume und Ziele erkennen.

Erfahrungsdesign

Sehen wir das Produkt als ein Artefakt, um das sich Verbrauchererfahrungen ranken. Oder als eine sich entwickelnde Schnittstelle zwischen zwei Problemlösern, dem Verbraucher und der Firma. Ins Produktdesign müssen die Fertigkeiten *beider* Aspekte Einlass finden, damit die gemeinsame Produktgestaltung zu einer individualisierten Erfahrung werden kann. Diese öffnet dann den Raum für zukünftige Fertigkeiten und entscheidet darüber, ob sich zwischen Verbraucher und Firma Hindernisse auf- oder abbauen. Demzufolge muss ein Produktentwicklungsteam im direkten Kundenkontakt stehen, damit die Kundenerfahrungen ins Produktdesign einfließen.

Denken wir daran, wie die Architektin Maya Lin beim Entwurf des Vietnam Veterans Memorials in Washington eine chronologische Namensauflistung vorsah. Einige Leute sprachen sich dagegen und für die konventionellere alphabetische Liste aus, doch Lin wies darauf hin, dass dann Dutzende von Soldaten mit identischen Namen wie zum Beispiel „Smith" zusammenstünden. Stellen wir uns vor, wie es aussieht, wenn sechs oder acht „Robert Smiths" hintereinander stehen. Welche Gravierung steht denn für *meinen* Robert?

Eine chronologische Abfolge rückt zudem den Verlust in einen historischen Kontext, was das Monument umso bewegender erscheinen lässt. Doch leider konnten die Hinterbliebenen, die das Memorial besuchten, ihre Verstorbenen oft nicht ausmachen, da sie sich an das genaue Datum, an dem sie gefallen waren, nicht mehr erinnerten. Die

Familien reagierten traurig oder gar wütend. Mittlerweile hat man ein alphabetisches Register neben dem Denkmal angebracht, um das Problem zu lösen.[1]

Sehen wir uns im Vergleich dazu etwas an, womit viele Familien auf der ganzen Welt täglich Stunden verbringen: Fernsehen. Heute verfügen die meisten Haushalte über Dutzende, wenn nicht gar Hunderte von Kanälen. Dennoch haben die meisten nach wie vor Schwierigkeiten, etwas zu entdecken, was sie sich gern ansehen möchten. Neue interaktive Systeme wie TiVo und Satellitenfernsehen bieten alphabetische Register an, die etwas Wunderbares sind, wenn ich genau weiß, was ich suche, wie etwa den Namen einer Serie oder ein Genre. Doch warum gibt es selbst nach einem halben Jahrhundert, das das Medium inzwischen existiert, immer noch keine einfachen Methoden, durch die ich das Programm finden kann, das mir voraussichtlich gefällt?

Entwicklungsfähigkeit

Im Zeitalter der gemeinsamen Wertschöpfung müssen Unternehmen ihr Produktdesign nicht an endgültigen Lösungen orientieren, sondern an seiner *Entwicklungsfähigkeit*. Das Produktdesign muss Freiräume für zukünftige Modifikationen und Erweiterungen bieten, damit sich Produkte gleichermaßen an die veränderten Kundenbedürfnisse wie an die sich wandelnden Firmenkapazitäten anpassen lassen. So sollten Produkte, wo immer möglich, genug integrierte Intelligenz aufweisen, um die Nutzungsmuster einzelner Verbraucher zu erkennen und sich entsprechend weiterzuentwickeln – ungefähr so, wie sich besonders häufig aufgerufene Interfaces nach einer Weile von selbst auf dem Bildschirm aktivieren. Desgleichen sollten Produktfunktionen mit der wachsenden Kompetenz der Anwender mitwachsen können. Einige Videospiele tun das bereits, warum also können es Fernsehgeräte, Handys, Küchengeräte, Kameras oder Lampenfassungen nicht?

Preisgestaltung, Buchhaltung und Rechnungsstellung

Alle adaptiven, dynamischen und variablen Preisgestaltungsmethoden – wir können es auch *heterogene Preisgestaltung* nennen – orientieren den Preis an Erfahrungen und nicht an dem Wert, den Unternehmen den Produktmerkmalen oder ihrem Entwicklungsaufwand beimessen.

Nehmen wir Autoversicherungen. Telematic-Systeme wie OnStar versetzen die Versicherer in die Lage, nicht nur Machart und Modell eines Wagens zu ermitteln, sondern auch das bisherige Fahrverhalten des Besitzers, die Risikofaktoren der gefahrenen Strecken und sogar die Geschwindigkeit, mit der das Fahrzeug gerade irgendwo unterwegs ist. Eine Analyse dieser Daten würde es ihnen ermöglichen, ihre Prämien individuell zu gestalten. Progressive Insurance und andere Firmen experimentieren bereits mit Konzepten, bei denen die Prämie nach Fahrleistung errechnet wird.

Eine heterogene Preisgestaltung würde auch die Buchhaltung und Rechnungsstellung verändern. Traditionelle Buchhaltungssysteme, die von stabilen Geschäftsabläufen und festen Beständen ausgehen, untermauern die Annahme, eine maximale Ausnutzung der physischen Mittel würde automatisch zu einer höheren Profitabilität führen. Was solche Buchhaltungssysteme nicht widerspiegeln können, ist die Notwendigkeit der konstanten Rekonfiguration von Ressourcen (die eine Verschiebung der Budgetposten bewirkt), das Aufspüren weniger offensichtlichen Kapitals (einschließlich Talenten, die in keinen Bilanzen auftauchen) oder die Preisentwicklung, wie sie durch Auktionen vorgegeben wird (und die in keinem Zusammenhang zu den Produktionskosten steht). Im Tagesgeschäft können Manager das traditionelle Buchführungssystem nicht mehr gebrauchen, auch wenn sie gesetzlich immer noch dazu gezwungen sind. Was sie brauchen, sind neue Instrumente wie flexible Budgetierungsprogramme (anstelle einer strikten Unterteilung in administrative Kategorien), die auch externe Beiträge berücksichtigen und eine konstante Überwachung des Cashflows ermöglichen.

Zur heterogenen Preisgestaltung gehört auch die Mikro-Rechnungsstellung, die im neuen Erfahrungsumfeld zusehends zu einem unentbehrlichen Bestandteil der Infrastruktur wird. Telefonanbieter stellen seit langem Rechnungen aus, anhand deren sich jede Gesprächsminute genau nachvollziehen lässt. Auch andere Branchen sollten solche Systeme einführen, denn mit der Zunahme von Auktionen, personalisierten Produkten und Dienstleistungen wird die Rechnungsstellung immer komplexer.

Detailliertere Rechnungen liefern nicht nur mehr Informationen über die Verbraucher, sondern werden zu einem Bestandteil der Verbraucherschnittstelle, sprich: zu einem sozialen Instrument. Deshalb dürfen wir das Rechnungswesen nicht mehr als obskuren Hintergrundprozess ansehen, sondern müssen es als ein Mittel wahrnehmen, personalisierte Erfahrungen zu ermöglichen, aus denen wir ökonomischen Wert ziehen.

Management von Kanälen

In vielen etablierten Unternehmen ist die traditionelle Kanalstruktur eines der größten Hemmnisse für die personalisierte Erfahrung. So haben sich die Autohändler lange Zeit vehement gegen den Online-Verkauf von Autos gewehrt, wie ihn Ford und General Motors betreiben. Ähnlich widerspenstig gaben sich auch große Finanzdienstleister wie Merrill Lynch und Aetna gegenüber dem Online-Aktien- und -Versicherungshandel. Ebenso regte sich in der Reisebranche zunächst großer Widerstand gegen Internet-Angebote. Die Reaktionen sind verständlich und werden sich wohl nicht so bald abstellen.

Etablierte Unternehmen und traditionelle Kanälepartner, die in einem konventionellen Wertschöpfungsrahmen operieren, taten und tun sich schwer damit, ein kanäleübergreifendes Erfahrungsumfeld zu schaffen. Ohne diesen Multikanalansatz aber ist die Vielfalt der von den Verbrauchern frei gewählten Erfahrungen nicht zu bewerkstelligen. Infolgedessen war vorhersehbar, dass sich Newcomer wie Expedia.com und E*TRADE durchsetzen konnten, indem sie die neuen Möglichkeiten nutzten.

Die Kanälevielfalt sollte nicht nur als Kostensparfaktor gesehen werden, sondern als ein integraler Teil des Erfahrungsumfelds. Firmen müssen neue Informationskompetenzen entwickeln. Wie zum Beispiel kann eine Bank die einzelnen Kundenbewegungen mitverfolgen, wenn ihre Kunden ihre Geschäfte abwechselnd am Geldautomaten, am PC, per Telefon, E-Mail oder am Schalter vornehmen? Wenn die Interaktion auf verschiedenen Kanälen zu unterschiedlichen Erfahrungen führt, sollte die Bank sie dann trotzdem alle gleich behandeln oder die Gebühren und sonstigen Kosten den jeweiligen Kanälen anpassen? Sollten Banken versuchen, ihre Kunden vermehrt zur Nutzung günstigerer Kanäle zu bewegen, oder sich dem anpassen, was die Kunden vorziehen? Die wenigsten Unternehmen verfügen heute über die nötigen Infrastrukturen, um diese Fragen zu beantworten.

Marken und Markenmanagement

Denken wir an einige weltweit bekannte Marken: Sony, Honda, IBM, Hewlett-Packard, Dell, Disney, Nokia, General Electric, Toshiba und Virgin. Was haben all diese Marken gemein?

Sie alle stehen für Markennamen. Sony zum Beispiel ist der alles überspannende Unternehmensname, mit dem Produkte und Marken wie Walkman, PlayStation, Sony Music und Sony Trinitron assoziiert werden. Bei Sony sind die Hierarchien klar. Zum einen gibt es das Unternehmen (Sony), das Innovation und Qualität verspricht, und zum anderen gibt es die zahlreichen Marken, die unter seinen Schirm gehören (Walkman, PlayStation etc.) und für ganz bestimmte Produkte stehen. Inmitten der vielfältigen Produktauswahl für die Verbraucher und der großen Investitionsauswahl für die Kapitalgeber wird das Unternehmen zum festen Wertanker in einem Meer von Diskontinuitäten.

Wenn sich Unternehmen zunehmend zur Erfahrung hin orientieren, wie sieht dann der Wertanker aus?[2] Wir denken, er besteht in der konsistenten Qualität der ko-kreativen Erfahrungen über mehrere Kanäle und mehrere Ereignisse innerhalb des Erfahrungsumfelds. Die Erfahrung *ist* die Marke – nicht eine firmenzentrierte, einseitige Kommunikation, wie wir sie aus der Werbung, den Public Relations und der Image-Manipulation kennen.

Für das Markenmanagement bedeutet die Fokussierung auf individuelle Erfahrungen eine subjektive Erweiterung der Markendefinition, die das Unternehmen nicht direkt steuert. Demzufolge müssen Firmen zum Management von Erfahrungsumfeldern übergehen und mit den Verbrauchern und Verbrauchergemeinschaften zusammenarbeiten. Markenmanager müssen heute neue Erfahrungen ermöglichen und neue Interaktionspunkte schaffen, wobei sie den Kunden die Wahl der Kommunikationswege freistellen.

Marketing, Verkauf und Service

Die Regeln für den Kontakt zwischen Verbrauchern und Firmen ändern sich dramatisch, je mehr sich die neuen Paradigmen durchsetzen. In Tabelle 12-1 ist die sich entwickelnde Interaktion zwischen Unternehmen und Verbraucher dem neuen Wertschöpfungsverständnis gegenübergestellt.[3]

Gemäß dem traditionellen Verständnis sind die Verbraucher passive Zielgruppen für das Unternehmensangebot. Sie ähneln einem Beutetier, das von den Marketingjägern mit dem Fernglas ins Visier genommen wird. Ausdrücke wie „Kundenverwaltung" illustrieren aufs Trefflichste, dass Unternehmen Informationen über ihre Kunden als „verwaltbare Daten" betrachten und somit als von ihnen steuerbare.

Die Evolution und Wandlung der Interaktion zwischen Unternehmen und Verbrauchern

	Verbraucher als passives Publikum		Verbraucher als Mitgestaltende	
	Vorbestimmte Verbrauchergruppen überzeugen	Mit Verbrauchern verhandeln	Lebenslange Bindungen an Verbraucher	Gemeinsame Wertschöpfung mit den Verbrauchern
Zeitrahmen	1970er bis frühe 1980er	Späte 1980er bis frühe 1990er	1990er	Ab 2000
Die Rolle der Verbraucher und das Marktkonzept	Die Verbraucher stehen „außerhalb der Firma"; sie werden als passive Käufer mit einer vorbestimmten Konsumentenrolle gesehen. Verbraucher sind Zielgruppe des Firmenangebots.			Verbraucher sind Teil des erweiterten Kompetenznetzwerks; sie schaffen den Wert mit. Sie sind Verbündete, Ko-Entwickler und Konkurrenten. Der Markt ist das Forum für die ko-kreative Erfahrung.
Der Verbraucher aus Managersicht	„Der Verbraucher" ist ein statistischer Durchschnitt; die Käufergruppen sind von der Firma vorbestimmt.	„Der Verbraucher" geht aus einer individuellen Transaktionsstatistik hervor, die sich auf alles zwischen Datensammlungen bis zu persönlichen Gesprächsnotizen stützt.	„Der Verbraucher" ist eine Person, deren Vertrauen und Verbundenheit man sich erarbeitet.	„Der Verbraucher" ist nicht nur eine Person, deren Individualität respektiert werden muss, sondern auch ein Mitglied in einer Themengemeinschaft und ein Teil des sozialen und kulturellen Gefüges.

	Verbraucher als passives Publikum			Verbraucher als Mitgestaltende
	Vorbestimmte Verbrauchergruppen überzeugen	**Mit Verbrauchern verhandeln**	**Lebenslange Bindungen an Verbraucher**	**Gemeinsame Wertschöpfung mit den Verbrauchern**
Zeitrahmen	1970er bis frühe 1980er	Späte 1980er bis frühe 1990er	1990er	Ab 2000
Die Interaktion zwischen Unternehmen und Verbrauchern sowie die Entwicklung von Produkten und Dienstleistungen	Traditionelle Marktforschung und Umfragen. Präkonfigurierte Produkte werden gefertigt, ohne dass ein Feedback abgefragt wird.	Wandel vom reinen Verkauf zur Beratung via Callcenter und Kundenserviceprogrammen. Probleme werden mit Kunden gemeinsam identifiziert und Produkte wie Services auf Basis des Feedbacks verändert. Diagonalverkäufe und Bündelung von präkonfigurierten Produkten und Services.	Der Verbraucher wird beobachtet, und das Angebot seinem Verhalten angepasst. Lösungsvorschläge von Anwendern fließen in die Produktentwicklung ein. Individualisierung auf Basis präkonfigurierter Merkmalmenüs.	Verbraucher sind an der Wertschöpfung beteiligt. Dialog, Zugang, Risikoeinschätzung und Transparenz sind die Bausteine des kokreativen Wertschöpfungsprozesses. Produkte und Dienstleistungen sind Teil eines Erfahrungsumfelds, in dem die individuellen Verbraucher ihre Erfahrungen mitgestalten. Erfahrungsumfelder bieten Erweiterungsmöglichkeiten. Unternehmen und führende Verbraucher gestalten die Erwartungen und Marktakzeptanz von Erfahrungsumfeldern gemeinsam.
Kommunikationsfluss und -ziel	Zugang zu vorbestimmten Zielgruppen bekommen; die Firma greift auf den Verbraucher zu, nicht umgekehrt.	Marketing auf Basis von Datenbanken, auf die die nur die Firma Zugriff hat; Kommunikation.	Marketing auf Basis von Beziehungen: Zugangsangebot und Kommunikation.	Aktiver Dialog mit den Verbrauchern (und den Themengemeinschaften) mit dem Ziel der gemeinsamen Gestaltung individueller Erwartungen und dem ko-kreativen Aufbau personalisierter Erfahrungen. Kommunikationsnetzwerke, die allen zugänglich sind.

Tabelle 12-1

Marktforschung, Zielgruppenanalysen, Statistikmodelle, Video-Ethno-graphien und andere Techniken wurden sämtlichst zu dem Zweck entwickelt, die Verbraucher besser zu verstehen, Trends zu erken-nen, Verbraucherwünsche und -vorlieben festzustellen und die rela-tive Stärke der Konkurrenz zu ermitteln. Zusätzlich haben Unter-nehmen die Verbraucher in Segmente geordnet, wodurch sie sich er-hofften, besser auf Verbraucherbedürfnisse eingehen zu können. In-nerhalb dieses Rahmens ist die ultimative Verbrauchersegmentie-rung das 1:1-Marketing, das weithin als die Garantie für Wettbe-werbsvorteile ausgelobt wird.

Doch während die Debatte über die Angemessenheit unserer Mar-ketingmethoden in vollem Schwange ist, stellt kaum jemand die Tatsache infrage, dass der Verbraucher nach wie vor als „Beute" an-gesehen wird. Was aber geschieht, wenn die Verbraucher den Spieß umdrehen? Was, wenn die Verbraucher anfangen, systematisch Er-kundigungen über Firmen, Produkte, Dienstleistungen und potenzi-elle Erfahrungen einzuziehen? Wird es dann ausreichen, dass Unter-nehmen die Verbraucherbedürfnisse „erahnen und vorwegnehmen"? Müssen Manager Marktentwicklungen voraussehen können – nicht nur erkennen? Müssen sie lernen, Erwartungen und Erfahrungen zu antizipieren und zu kontrollieren und sie im Markt als Forum ge-meinsam mit dem Verbraucher zu gestalten?

Die Verbraucher stellen das industrielle Wertesystem derzeit auf den Prüfstein. Die Zeiten, in denen Unternehmen Produkte an einen pas-siven Konsumenten verkauften, sind vorbei. Die aktiven Verbraucher engagieren sich in Gemeinschaften und haben Zugang zu Informa-tionssystemen, die mindestens so gut – wenn nicht noch besser – sind als diejenigen, über die die Unternehmen verfügen. Die Verbraucher entscheiden, mit welchen Unternehmen sie zusammenarbeiten wollen, und machen ihre Wahl dabei von den Werten abhängig, die sie mit ihnen gemeinsam schaffen können. Die Jäger werden zu Gejagten.

Im neuen Markt-als-Forum sind die direkten Beziehungen zu Ver-brauchern und Verbrauchergemeinschaften ausschlaggebend. Nur sie machen es den Unternehmen möglich, Marktschwankungen beizeiten erkennen und mitvollziehen zu können. Firmen müssen im Dialog so viel wie möglich über ihre Kunden lernen. Die Informationsinfrastrukturen müssen auf die Verbraucher abgestimmt sein und sie in allen Aspekten als aktive Teilnehmer einbinden, einschließlich der Suche nach Informationen, der Konfiguration von Produkten und Dienstleistungen, der Entwicklung und der Anwendung. Gemeinsame Wertschöpfung ist mehr als bloß gemeinsames Marketing oder das Engagieren von Verbrauchern als Hilfsverkäufer. Es geht darum, Methoden zu entwickeln, die zu einem stillschweigenden Einvernehmen in puncto ko-kreative Erfahrungen führen, damit die Unternehmen Erwartungen und Erfahrungen mit ihren Kunden zusammen gestalten können.

Das Management der Kundenbeziehungen

In den letzten Jahren hat sich die Informationstechnologie vornehmlich auf automatisiertes Marketing, automatisierten Verkauf und automatisierten Service konzentriert und eine so genannte Customer-Relationship-Management-Software (CRM) entwickelt. Dabei lag der Schwerpunkt auf der Kostenreduzierung, der Verschlankung von Prozessen, der Verkürzung von Lieferzeiten und der Effizienzsteigerung.

Das muss sich ändern. Wir brauchen eine neue CRM-Kompetenz, die sich an Fragen wie den folgenden orientiert:[4]

- Wie können wir Systeme entwerfen, die die Kundenperspektive einfangen?
- Wie können wir eine Plattform für den fortlaufenden, aktiven und vielseitigen Dialog zwischen dem Unternehmen und seinen Verbrauchergemeinschaften aufbauen?
- Wir können wir effektiv mit den kompetenten Kunden kommunizieren, damit sie den Wert erkennen, den sie mit unserem Unternehmen schaffen und mehren können?

- Wie können wir ein System entwickeln, das die Fragen der Kunden in ihrer Sprache – nicht im Fachjargon – versteht und beantwortet?
- Wie kann unser System einer breiten Basis heterogener Verbraucher gerecht werden?
- Wie können wir einen Kundendienst aufbauen, der die heterogenen Kompetenzen der Verbraucher erkennt und belohnt?

In den zukünftigen Kundenbeziehungen werden effiziente Transaktionen und erfahrungszentrierte Beziehungsflexibilität ko-existieren müssen. Das John-Deere-Beispiel zeigt, wie das geht. Das erweiterte Deere-Netzwerk und seine Erfahrungsinfrastruktur leisten mehr, als der Firma nur Anhaltspunkte für die Weiterentwicklung des Services zu geben. Sie verändern die gesamte Beziehung der Kunden zu Deere. Der traditionelle Verkauf von landwirtschaftlichem Gerät drehte sich nämlich ausschließlich um das Produkt: „Kauf mir diese Maschinenkombi ab und wir machen dir einen guten Preis." Heute hat der Farmer Daten über seinen speziellen Bedarf zur Hand, mittels deren er gemeinsam mit Deere Ideen entwickeln kann, wie seine Produktivität gesteigert, seine Arbeit erleichtert und sein Gewinn vergrößert werden kann. Gegenseitige Transparenz ist für beide von Nutzen, für den Verbraucher und das Unternehmen.

Auch der Kundenservice verändert sich. Man spricht nicht mehr gleich vom höchsten Standard, nur weil Probleme prompt gelöst werden können. Ferndiagnostik und -reparatur, oft sogar ohne direkte Kundenintervention, haben neue Maßstäbe gesetzt. So ist es heute in vielen Branchen, von John-Deere-Landwirtschaftsmaschinen bis zu Medtronics-Defibrillatoren, von Otis-Aufzügen bis GE-Flugzeugmotoren bereits gang und gäbe, Probleme zu beheben, bevor sie sich für den Kunden bemerkbar machen. Eine neue, robuste IT-Infrastruktur macht es möglich.

Die übrigen Unternehmen werden daher die vorrangige Aufgabe haben, ebenfalls solche Infrastrukturen aufzubauen.

Das Management von Produktion, Logistik und Versorgungskette

Der Trend zum Rekonfigurieren und Rekontextualisieren des gesamten Herstellungs-, Liefer- und Logistiksystems mit Blick auf die Interaktion mit dem Verbraucher greift bereits. Honda zum Beispiel hat in die flexible globale Produktion investiert. Jede Honda-Fabrik kann diverse Modelle fertigen und mit geringem Aufwand von einem Modell auf das nächste umstellen, weil sie software-gesteuerte Roboter benutzen, die ihnen ein kosten- und zeitintensives Umrüsten der Fertigungsanlagen ersparen. Unterdes hat der Konkurrent Toyota „den Code geknackt" und kann binnen einer Woche ein übers Internet bestelltes Auto samt Spezialzubehör liefern.

Wenn das Ziel ist, heterogene ko-kreative Erfahrungen zu ermöglichen und diese mit dem Kunden gemeinsam zu gestalten, werden sich natürlich auch die Versorgungsketten ändern. Wie schaffen wir ein Zuliefersystem, das die Produktion auf Bestellung, das Variieren der Mengen, das konstante Ändern der Konfigurationen, das selektive Aktivieren von Kompetenzen und das Schaffen einzigartigen Werts bei niedrigen Kosten erlaubt? Wie kommen wir von der firmenzentrierten Versorgungskette zum verbraucherzentrierten Erfahrungsnetzwerk? Das ist die große Herausforderung, der sich alle Unternehmen stellen müssen.

Das Erfahrungsumfeld sollte mit einer ereigniszentrierten Perspektive gestaltet werden, sodass der Verbraucher die Möglichkeit hat, Erfahrungen nach Bedarf zu initiieren. Entsprechend muss die Logistik eng mit dem Erfahrungsumfeld verknüpft sein. Das physische Produkt und der Informationsfluss müssen ereigniszentriert und innerhalb des Unternehmens allzeit sichtbar sein. Wir müssen erkennen, dass die Infrastrukturen für das Management von Herstellung, Logistik und Versorgungskette sowohl eine technische als auch eine soziale Seite haben. Den Firmen fällt die Aufgabe zu, technische und soziale Potenziale in die Infrastruktur einzubauen, die dem Erfahrungsnetzwerk zugrunde liegt (über die Infrastrukturen für das Erfahrungsnetzwerk haben wir bereits ausführlich in Kapitel 6 gesprochen).

Hier sei nur noch einmal so viel gesagt, dass die großen neuen Märkte wie Brasilien, China und Indien bereits kostengünstig Logistikinfrastrukturen bieten: Hauslieferungen per Fahrrad, Ochsenkarren, Kamel, Esel und dergleichen. Was dort gebraucht wird, ist eine effiziente Verbindung von Telekommunikation und Internet mit den vorhandenen Rahmenstrukturen in Logistik und Service, die personalisierte ko-kreative Erfahrungen ermöglicht.

Informationstechnologie

Keine der funktionellen Voraussetzungen für die modernen Unternehmen lässt sich ohne eine *flexible* Informationsinfrastruktur erfüllen.

Nehmen wir Cisco. Das innovative vernetzte IT-System der Firma ist einmalig reaktionsschnell, sodass sie praktisch an jedem Tag zu jeder Zeit einen Jahresabschluss machen könnten. Dennoch haben Fehler im selben System wesentlich zu dem 2-Milliarden-Dollar-Bestandsdebakel von 2001 beigetragen.[5]

Ciscos Versorgungskette bestand aus wenigen Vertragsunternehmen (einschließlich Celstica, Flextronics und Solectron), die die Bestellungen direkt an die Kunden auslieferten. Diese Vertragspartner wiederum waren auf eine Vielzahl von Komponenten- und Chipherstellern angewiesen (wie etwa JDS Uniphase, Corning, Intel und Philips Electronics), die ihrerseits auf eine noch größere Zahl globaler Lieferanten zurückgreifen mussten.

Cisco hatte sich große Vorräte von seltenen Komponenten gesichert, weil ihr Verkauf einen Nachfrageboom prophezeite. Was sie nicht bemerkten, war, dass viele ihrer Kunden gleichzeitig bei der Konkurrenz bestellten und vorhatten, denjenigen zu bezahlen, der als Erster lieferte. Da sie um dieselben Aufträge wetteiferten, bunkerten nun alle die seltenen Komponenten. Ciscos System hat nicht gemeldet, dass die vermehrte Nachfrage auf überlappende Bestellungen zurückzuführen war.

Cisco begann ein ambitioniertes Multimillionen-Dollar-Projekt namens eHub (das noch vor dem Debakel startete), dessen Ziel sein sollte, die Schlacht um seltene Komponenten zu vermeiden, indem sie in Echtzeit mit einem anderen System, Partner Interface Process (PIP), arbeiteten, das eine bisher nie da gewesene Transparenz von Mehrfachaufträgen bot. Ciscos Herstellungszyklus fing nun damit an, dass PIP eine Nachfrageprognose an den Vertragshersteller und den Komponentenhersteller auf der nächsten Stufe schickte. Cisco hofft, bald schon den gesamten Produktionsprozess automatisiert zu haben, sodass die Online-Transaktionen der Kunden zeitgleich in die Cisco-Finanzdaten eingehen und an die Lieferanten weitergegeben werden.

Bei Cisco ist man sich darüber im Klaren, dass sie Schwankungen in der Nachfrage ebenso hinnehmen müssen wie Produktionsrückläufe durch den neuerdings mächtigeren Kunden. Wie sie müssen alle Unternehmen ihre IT-Systeme und den gesamten Herstellungsprozess sowie die Logistik flexibel gestalten. Das ist die Grundvoraussetzung für den Wettbewerb.

Wettbewerbsfähigkeit und Wandel in den führenden Industrien

Das Management sieht die Informationsinfrastrukturen als Hindernisse beim Aufbau neuen strategischen Kapitals.

	1 Niedrig	2	3 Mittelmäßig	4	5 Sehr hoch
Ausmaß der Veränderungen in der Industrie					(X)
Ausmaß der Veränderungen in der Strategie				X	
Qualität der Infrastruktur im Bezug auf Wandlungsfähigkeit			X		
Dringlichkeit von Änderungen im Unternehmen insgesamt		X			
Kooperationsbereitschaft im Unternehmen		X			

Abbildung 12-1

In den vergangenen vier Jahren konnte einer von uns bei der Arbeit mit über 500 Topmanagern großer Unternehmen beobachten, wie die Firmen auf die Veränderungen in ihrem Umfeld reagierten. Die überwiegende Mehrheit der Manager wies darauf hin, dass die Infrastrukturen in ihren Unternehmen den notwendigen Veränderungen weit hinterherhinkten und so die Reaktionsfähigkeit hemmten (siehe Abbildung 12-1).[6]

Basierend auf Gesprächen mit Hunderten von Führungskräften und unserer These vom neuen erfahrungszentrierten, ko-kreativen Wettbewerb haben wir einige Schlüsselvoraussetzungen erarbeitet, die eine flexible IT-Infrastruktur erfüllen sollte.

Orientierung am Ereignis

Ein Ereignis – ob ein Maschinenausfall, eine Kundenanfrage oder eine Veränderung in den Beständen – ist ein Auslöser für eine Erfahrung. Das heißt, dass sich unsere IT-Systeme an Ereignissen orientieren müssen, die *verbraucherrelevant* und *vom Management zu beeinflussen* sind. Sie müssen Fragen zulassen und eine Navigation bieten, die es jedem Manager ermöglicht, die von ihm gewünschten Informationen auf kürzestem Weg zu finden, ohne dass er sich durch zahlreiche Menüs und Anwendungen arbeiten muss.

Kontextuelle Navigation

Ein bloßer Datenhaufen bringt noch keine Erkenntnisse, sondern ist ungefähr so hilfreich als würde man Eisbergsalat, Tomaten, Gurken und Salatdressing auf den Tisch stellen und erwarten, dass sich der Salat automatisch mischt. Wir brauchen eine kontextuelle Sortierung für Daten aus zahlreichen Quellen, von verschiedenem Typus und aus unterschiedlichen Kanälen, die sich alle über geeignete Schnittstellen (ob wir sie nun als Armaturenbrett, Cockpit oder anderes bezeichnen wollen) zusammenfügen lassen. Das System sollte eine ereignis- und erfahrungsbasierte Interaktion mit Daten erlauben, damit Erkenntnisse gewonnen werden, mit denen die Manager etwas *anfangen* können.

Transparenz in alle Richtungen

Die rapide Ausbreitung von integrierter Intelligenz verlangt nach einem Netzwerk, das kontinuierlich Informationen aus der Interaktion zwischen Unternehmen und Verbrauchern sammelt, die den Managern eine Handlungsorientierung geben, damit Firma und Verbraucher zusammenarbeiten können.

Einheitliche Sicht

Um eine einheitliche Sicht zu ermöglichen, müssen IT-Systeme Daten aus dem Erfahrungsnetzwerk zwischen Anwendung, Prozessen und Datenquellen zusammenstellen. Solche Systeme müssen also ereigniszentriert sein und den Raum-Zeit-Kontext erfassen können. Die Informationen müssen über alle Stufen gleich registriert werden und je nach Ereignis, auf das sie sich beziehen, zugänglich sein. Ein Autounfall beispielsweise setzt viele Prozesse gleichzeitig in Gang, die wiederum auf Daten von vielen verschiedenen Quellen zurückgreifen: Polizei, Versicherungsgesellschaft, Bordcomputer, Krankenhäuser, Kfz-Werkstätten und so fort. Der gemeinsame Nenner ist das Ereignis, eben der Unfall. Ein Manager braucht Zugang zu allen relevanten Informationen in einheitlicher Form, einschließlich des Zugriffs auf Daten aus anderen Unfällen, um eventuelle Muster erkennen zu können.

Förderung von Hypothesen und Entwicklung neuer Vorgehensweisen

Die neuen Informationsinfrastrukturen müssen nicht nur die bestmöglichen Vorgehensweisen innerhalb gegebener Betriebsabläufe unterstützen, sie müssen zugleich permanente Anregung zum Entdecken, Entwickeln und Erproben neuer Methoden bieten. Dazu sollten Möglichkeiten geschaffen werden, methodische Abläufe kurzfristig zu verändern, sofern dies keine größeren Auswirkungen auf die Nutzung der vorhandenen Ressourcen hat. Darüber hinaus sollten Manager motiviert werden, Hypothesen aufzustellen und Schwachstellen sowie Abweichungen in den ihnen zur Verfügung stehenden Daten zu identifizieren. Und auf je mehr Daten aus den unterschiedlichsten Quellen die Manager zugreifen, umso eher können sie sie nutzen, um nicht nur Trends auszumachen, sondern auch um sinnvolle Entscheidungen zu treffen. Hätte zum Beispiel Firestone entsprechend Zugriff auf die Daten von Ford gehabt (wie etwa die Inanspruchnahme von Garantieleistungen oder Kundenbeschwerden über mangelhafte Reifen) und umgekehrt, wären die Manager beider Unternehmen wohl imstande gewesen, den Ärger weit früher zu erkennen.

Anwendungen als Portfolio

Im IT-Bereich werden wir wahrscheinlich immer mit Altlasten leben müssen. Es ist schlicht nicht möglich, jedes Mal mit einer Tabula rasa zu beginnen, wenn wir unsere Systeme verbessern oder erweitern – und schließlich arbeiten einige unserer antiquierten Anwendungen ja auch noch ganz prima. Wie die gemeinsame Forschung mit unserem Kollegen M. S. Krishnan nahe legt, sollten wir deshalb unsere Anwendungen als eine Art Portfolio betrachten, auf das wir aufbauen können. Dazu benötigen wir so etwas wie ein Spielprotokoll, mit dem wir jede Anwendung auf folgende Punkte hin überprüfen: Welche Rolle spielt diese Anwendung? Ist sie zentral oder nur unterstützend? Sind die betrieblichen Abläufe stabil oder in Bewegung? Wie sehr oder wie wenig muss die Anwendung verändert werden? Um was für Daten geht es? Wie steht es mit der Informationsqualität? Geht es uns um Anpassung oder Adaption?

Die Antworten auf solche und ähnliche Fragen werden uns helfen zu entscheiden, welche Systeme verändert, welche grundüberholt und welche ganz und gar ersetzt werden sollten.

Platz für Heterogenität in der Interaktion

Zahlreiche Interaktionen zwischen Unternehmen und Verbrauchern erfordern den Dialog und die einfache Rekonfiguration von Ressourcen. Firmen müssen in der Interaktion Raum für Heterogenität schaffen, während sie zugleich die Prozesse, die im Untergrund ablaufen, rigide kontrollieren. Jeder Baustein also (ob in den Produkten oder in den Prozessen) muss auf einem Six-Sigma-Level arbeiten und dabei eine kontinuierliche Rekonfiguration zulassen.

Ausgewogenheit von Innovation und Effizienz

Eine flexible Infrastruktur wird die Fähigkeit zum Wandel (via Experimentieren, Innovation und Flexibilität) und die Effizienz (via Förderung von Standardisierung wie in den Prozessen, die im Untergrund ablaufen) gleichermaßen fördern. Wie wir bereits besprochen haben, kann Erfahrungsinnovation zugleich auch eine höhere Effizienz beinhalten, wenn wir umsichtig in die Erfahrungspotenziale investieren und uns für die Integration von Erfahrungen (nicht von Technologien) einsetzen.

IT wahr machen: Das GE-Medical-Beispiel

Von allen Konzeptspezifikationen für eine moderne Informationsinfrastruktur, die wir gerade aufgelistet haben, ist die wichtigste, den Manager im direkten Kunden- und Mitarbeiterkontakt in den Mittelpunkt zu rücken. Wir müssen weg davon, IT als ein Hilfsmittel anzusehen, und dahin kommen, es als einen wesentlichen Bestandteil des erfahrungszentrierten Unternehmens zu begreifen. Innovative, kontextuelle Kapazitäten in der Informationsinfrastruktur können Unternehmen helfen, mit ihren Kunden neue Erfahrungspotenziale zu schaffen. Mit anderen Worten: Unternehmen können die Innovation der Managererfahrungen mit der Innovation der Verbrauchererfahrungen vernetzen.

Nehmen wir zum Beispiel GE Medical, die herausfanden, wie man das Internet nutzt, um mit den Produkten zusätzliche Datendienste anzubieten. Die Anwendung, die dabei herauskam, nennt sich iCenter und verfolgt Patientendaten aus Magnetresonanzspektroskopen und anderen GE-Geräten, die es dann dem Radiologen (in diesem Fall der Verbraucher) übermittelt. GE analysiert die Daten auch und gleicht sie mit denen anderer Radiologien ab, um die Effizienz der Radiologiestationen zu prüfen, die ihre Geräte benutzen.

GE setzt sogar die hier gelernten Lektionen auf andere Bereiche um. So hat inzwischen das GE Power System ebenfalls eine iCenter-Anwendung, die es den Kunden ermöglicht, die Leistungen ihrer Turbinen mit denen ähnlicher Kapazität zu vergleichen.

Einige wichtige Anregungen für Manager, die die Kapazität ihrer IT-Infrastrukturen gern überprüfen würden, haben wir in Abbildung 12-2 zusammengefasst.

Die IT-Infrastruktur ist deshalb so wichtig, weil sie den Managern die Realität und damit die Erfahrungen der Kunden vermittelt. Das gegenwärtige Verhältnis zwischen Managern und Kunden müssen wir uns wie das zwischen einer Landkarte und dem tatsächlichen Terrain vorstellen. Je genauer die Karte das Terrain abbildet, umso einfacher wird es für den Reisenden, seinen Weg zu finden. Und je komplexer das Terrain, umso detaillierter und genauer muss die Karte sein. Fügen wir nun noch die Anforderungen von in Echtzeit stattfindenden Geschäften hinzu, muss die Karte mit den laufenden Veränderungen Schritt halten.

Die meisten Informationssysteme zwingen Manager, alte Karten zu benutzen, da sie historische Datenanalysemethoden verwenden. Oder sie liefern ihnen unangemessene Karten, die nur funktionieren, wenn man einen vorbestimmten Maßstab auf sie anwendet, wobei Maßstab für die vorgesehenen Analysefunktionen steht. Solche Systeme machen es schwer, Wege auszuprobieren und den richtigen zu finden. Manager müssen nach Informationssystemen verlangen, die ihnen Experimente und Innovation erlauben.

Abbildung 12-2

Manager müssen sich neue Denkmuster aneignen. Der CIO eines großen Finanzdienstleistungsunternehmens bemerkte kürzlich: „Wir haben unsere Manager darauf trainiert, innerhalb der Grenzen zu denken, die unsere gegenwärtige Informationsinfrastruktur uns setzt." Dieses Problem ist in vielen Branchen heimisch. So nehmen es beispielsweise die Mitarbeiter eines großen Automobilherstellers einfach hin, dass ihr Informationssystem ihre Fragen nicht prompt beantworten kann, die da lauten: „Welche Modelle bleiben hinter den Umsatzzielen in bestimmten globalen Märkten zurück – und warum?" Manager müssen daher lernen, unabhängig vom gegebenen Informationssystem zu denken, und trotzdem die Fragen aufwerfen, die sie stellen wollen.

Ein erfahrungszentriertes Unternehmen werden: Die Herausforderungen ans Management

Will man ein traditionelles Unternehmen für die Zukunft rüsten, wird sich eine Grundüberholung der Unternehmensstrukturen und des Führungssystems kaum umgehen lassen. Genau genommen kann keine Abteilung des Unternehmens davon ausgehen, sie bliebe von den notwendigen Veränderungen unberührt. Wenn Geschäftsmodelle überprüft und neue Möglichkeiten erwogen werden, sind Unternehmen gezwungen, ihre Ressourcen immer wieder aufs Neue zu rekonfigurieren: ihre Leute, die Maschinen, die Infrastruktur und das Kapital.

Wir würden die Leser an dieser Stelle gern auffordern, die ihrer Meinung nach wichtigsten Managementfähigkeiten zu skizzieren, die im neuen Wettbewerbsumfeld gefragt sein werden. Um ihnen den Einstieg zu erleichtern, haben wir schon mal ein paar davon zusammengetragen.

Das Management von Kooperation

Manager auf allen Ebenen müssen in der Kunst der Kooperation und des dynamischen Verhandelns für die Wertschöpfung geschult werden. Eine der größten Stärken, die die Unternehmen der Zukunft werden beweisen können, wird sein, Wissen zu erwerben, zu fördern und anzuwenden. Von den Managern wird vor allem interkulturelle und interpersonelle Kompetenz verlangt werden.

Das Management des Übergangs

Manager müssen lernen, beim Übergang zum neuen Wettbewerb die Pfade für die Kunden wie für die Technologien zu ebnen. Der Produktwandel muss mit der Entwicklung der Kunden Schritt halten, wenn nicht gar sie vorwegnehmen. Die Benutzer tragbarer Computer zum Beispiel haben ihr Hauptaugenmerk schon seit einiger Zeit auf Produktmerkmale wie Akkuzeiten, Kompaktheit und Gewicht verlegt, während die meisten Hersteller nach wie vor auf Prozessorengeschwindigkeit und Speicherkapazitäten setzen. Erst in jüngster Zeit wurden Produktkonzepte entwickelt, die den Kundenerfahrungen gerechter werden.

Das Management des Managementdenkens

Beim Übergang zum ko-kreativen Wettbewerb wird das Denken der Manager wahrscheinlich zum mächtigsten Instrument der Unternehmen. Gefordert ist ein Denken, das Veränderungen begrüßt, global orientiert ist und die „Bedeutung des Moments" erkennt. Manager sollten sich darüber im Klaren sein, dass die Voraussetzungen, die ihre Unternehmen zukünftig erfüllen müssen, jeden Einzelnen, die Firma und das Erfahrungsnetzwerk betreffen. Es geht hier nicht nur um das intellektuelle Erfassen dessen, was auf die Unternehmen zukommt, sondern darum, die emotionellen Traumata nachzuvollziehen, die sich für jene Mitarbeiter und Teams ergeben werden, die bislang unter gänzlich anderen Bedingungen gearbeitet haben. Der Übergangsprozess wird die Sozialisation der Leute beeinflussen. Entsprechend besteht die Herausforderung darin, die Manager aus ihrer „Wohlfühlzone" zu vertreiben und offen für neue Möglichkeiten zu machen.

Das Management von Kompetenzen

Im Wettbewerb der Zukunft werden vor allem zweierlei Kompetenzen gefordert sein. Zum einen wird man von Managern erwarten, dass sie sich mit den Verbrauchern wie auch den Technologien auseinander setzen, wobei sie sich ihr Wissen gleichermaßen persönlich erarbeiten wie auch aus „Fernanalysen" ihrer Mitarbeiterteams beziehen. Zum anderen werden sie imstande sein müssen, auch solche Aufgaben zu bewältigen, die interpersonelle und interkulturelle Kompetenz, Teamfähigkeit und Lernbereitschaft verlangen. Im neuen Wettbewerb müssen Manager in persönliche Führungsstile investieren.

Das Management von Werten und Überzeugungen

Je dramatischer und schneller sich Geschäftsbeziehungen und -modelle verändern, umso mehr sehnen sich die Einzelnen nach Stabilität. Werte und Überzeugungen können Unternehmen diese Stabilität geben. Zwar haben viele Firmen Wertsysteme formuliert, doch den wenigsten gelang es, sie konsequent umzusetzen. So ist etwa der vielerorts hochgehaltene Wert der Chancengleichheit nichts als eine leere Hülle, solange Einzelne im System immer noch Vorurteile (offen oder versteckt) gegen andere haben, was Alter, Geschlecht, ethnische Zugehörigkeit und zunehmend auch den intellektuellen Hintergrund betrifft. Das intellektuelle Erbe eines großen Chemieunternehmens zum Beispiel ist naturgemäß von Chemikern geschaffen worden – aber wie tolerant ist dieses System, wenn es um die Integration von Genetikern geht?

Das Management von Teams

Selbstverständlich kann kein einzelner Mensch alle Aufgaben bewältigen, die die neue Wertschöpfung mit sich bringt. Andererseits ist das Management von Teams eine komplexe Herausforderung. Die Verantwortlichkeiten müssen klar verteilt sein, selbst wenn es den Teammanagern freigestellt ist, die Zusammensetzung der Teams und der Aufgaben bei Bedarf kurzfristig zu ändern. Unsere Leistungsbewertungssysteme müssen die neue Wettbewerbsrealität reflektieren. Manager müssen Leistungen am Projektmanagement messen, statt sich auf traditionelle Quartals- oder Jahresberichte zu stützen.

Das Management von Reaktionszeiten

Der Wettbewerbsvorteil wird sich zunehmend über die Reaktionszeiten definieren, deren Optimierung an mehreren Faktoren hängt – Verstärken schwacher Signale, Einschätzen ihrer Konsequenzen und zügiges Rekonfigurieren von Ressourcen. Es geht nicht darum, schneller zu laufen als die Konkurrenz, sondern schneller – und klüger – zu denken.

Das interne Führungsdilemma

Ein erfahrungsorientiertes Unternehmen zu werden setzt einen Führungsstil voraus, der die gemeinsame Wertschöpfung auf allen Ebenen möglich macht. Die meisten Diskussionen über Führungsstile kreisen um die Beziehungen zwischen dem externen Verwaltungsrat und dem Topmanagement des Unternehmens. Wir wollen uns allerdings auf die interne Führung konzentrieren – die Beziehung zwischen dem Topmanagement und den geographischen und funktionellen Unternehmensgruppen. Die Qualität der internen Führung ist entscheidend für die Art und Intensität der unabhängigen Prüfungen, die der externe Verwaltungsrat durchführen muss. Vor allem aber bestimmt die interne Führung die Kooperation zwischen den verschiedenen Geschäftseinheiten bei der gemeinsamen Wertschöpfung.

Bisherige Forschungen über interne Führungsstile in amerikanischen Unternehmen haben sich vorrangig mit den Beziehungen der folgenden Gruppen beschäftigt:

- Unternehmenszentrale und Geschäftseinheiten (Worauf basieren die Beziehungen zwischen den Geschäftseinheiten und der Muttergesellschaft? Sollte die Unternehmenszentrale als operative Einheit fungieren, als eine Holdinggesellschaft oder als eine Mischung aus beidem?)
- Unternehmenszentrale und regionale Einheiten (Sollte die Unternehmenszentrale regionale Strategien vorgeben – etwa für Europa, Südostasien oder Lateinamerika?)
- Geschäftseinheiten und geographische Einheiten (Sollten die Geschäftseinheiten globale Weisungsbefugnis haben? Inwieweit sind die geographischen Einheiten den Geschäftseinheiten Rechenschaft schuldig und umgekehrt?)
- Interne funktionelle und externe und regionale Gruppen (Wie sichert das Unternehmen langfristig funktionelle Qualität über mehrere Funktionsebenen hinweg? Welche Kontrollen sind nötig?)

Bei der Beurteilung von Führungsstilen herrschen drei verschiedene Ansätze vor. Der erste konzentriert sich auf die Unternehmensstrukturen sowie die Macht- und Autoritätsverhältnisse im Hinblick auf die Nutzung von Ressourcen. Der zweite Ansatz rückt die Beziehungen zwischen den einzelnen Managementebenen in den Mittelpunkt. Und der dritte befasst sich mit der Notwendigkeit von Unternehmenswerten, -kulturen, -systemen und festen Abläufen. Auf all diese Ansätze werden wir hier nicht näher eingehen, sondern einen neuen wählen, der unserer Sicht der gemeinsamen Wertschöpfung angemessener ist.

Unserer Auffassung nach wird das interne Führungsdilemma zunehmend um folgende fünf Probleme kreisen: die wachsende Komplexität des Managements von Netzwerkbeziehungen, die unterschiedlichen Kooperationsmodi, die raschen Veränderungen im Wettbewerbsumfeld, die Notwendigkeit von Null-Latenz und Dezentralisierung sowie die neue Balance zwischen Flexibilität und Verantwortlichkeit. Sehen wir uns diese fünf Punkte etwas genauer an.

Die wachsende Komplexität der Netzwerke

Unternehmen müssen heute mit einer größeren Anzahl von Zulieferern, Partnern, Verbrauchern und Verbrauchergemeinschaften denn je umgehen können. Einige Verbraucher gehören gut organisierten und einflussreichen Gemeinschaften an (wie etwa Wal-Mart). Andere organisieren sich in Themengemeinschaften (wie die Kunden von Harley-Davidson oder Marlboro). Häufig müssen die Firmen auch mit privaten Organisationen kooperieren (Umwelt- oder Menschenrechtsorganisationen). Und die Bedürfnisse, Interessen und Ziele all dieser Gruppen ändern sich laufend.

Das Problem ist, dass es einfach *zu viele bewegliche Teile* gibt und keine festen Beziehungsstrukturen, an denen man sich orientieren kann. Von Managern zu erwarten, in einer solchen Welt nach rigiden Unternehmensvorgaben zu arbeiten, ist ungefähr so sinnvoll, als würde man von den Mitgliedern einer Jazzband verlangen, ihre Improvisationen in Noten niederzuschreiben, bevor sie sie spielen – oder als wollte man von einem traditionellen südindischen Musiker vorher genau wissen, wie lange er wohl spielen wird. Die einzige ehrliche Antwort darauf wäre: „Kommt drauf an." Die Stimmung des Musikers, die begleitenden Instrumentalisten und das Publikum – sie alle beeinflussen den Verlauf der Vorstellung. Wir müssen uns darüber im Klaren sein, dass die Ergebnisse nicht vorhersehbar sind, sehr wohl aber die Fertigkeiten, die ins Spiel kommen.

Bei der gemeinsamen Wertschöpfung verhält es sich genauso. Da sich die Entwicklung der Beziehungen weder vorhersagen noch kontrollieren lässt, können wir uns nicht mehr auf vorbestimmte, strukturelle Lösungen verlassen.

Die Notwendigkeit einer Kooperationsagenda

Wie wir bereits im vorangegangenen Kapitel ausgeführt haben, variieren die Kooperationsmodi bei der gemeinsamen Wertschöpfung, von distanzierten Vertragspartnerschaften über gemeinsame Informationssysteme bis hin zu internen Partnerschaften bei der Nutzung von Ressourcen. Folglich müssen Manager auf allen Ebenen lernen, wie und wann sie kooperieren und wie und wann sie konkurrieren sollten. Welche Informationen geben wir weiter? Welche halten wir zurück? Wer kontrolliert die Ergebnisse unserer gemeinsamen Bemühungen? Diese und andere Fragen werden Manager von Fall zu Fall neu beantworten müssen.

Wir können die Unternehmenseinheiten nicht für jedes Kooperationsprojekt neu strukturieren. Vielmehr müssen wir die Fähigkeit des selektiven Kombinierens und Unterteilens kultivieren – denken wir an die Klettverschluss-Metapher. Wir brauchen „Klettverschluss-Unternehmen", die Ressourcen selektiv kombinieren und aufgliedern können, denn das ist eine der Grundvoraussetzungen für die Rekonfiguration von Ressourcen. Es ist nicht einfach, die Eigeninteressen

mit den gemeinsamen Interessen zu vermitteln, individuelle Aner-
kennung mit gemeinsamem Erfolg oder den Wunsch nach Eigen-
ständigkeit mit der Teamarbeit. Manager müssen bereit sein, auf die
beruhigende Gewissheit klarer Strukturvorgaben zu verzichten und
dauerhaft mit schwierigen und oft mehrdeutigen Beziehungen umgehen zu lernen. Was Unternehmen für die funktionsfähige Kooperation aber sehr wohl brauchen, ist eine klare gemeinsame Agenda.

Mit dem rapiden Wandel der Wettbewerbslandschaft umgehen

Viele Firmen arbeiten mit dem Ziel, ihre globalen Geschäftsabläufe
zu standardisieren. Ihre Führungskräfte sagen: „Sobald wir die Abläufe standardisiert haben, können wir genau sehen, wer was macht."

Da mag etwas Wahres dran sein, doch die Behauptung steht für einen nach innen gerichteten und effizienzbasierten Standpunkt. Angesichts einer Wettbewerbslandschaft, die sich im steten Fluss befindet, erscheint die Standardisierung von betrieblichen Abläufen
eher kontraproduktiv. Wir müssen imstande sein, unsere Abläufe
kontinuierlich zu prüfen und nach Bedarf zu modifizieren. In einigen Fällen ist eine Standardisierung durchaus wünschenswert – sie
darf jedoch nicht zum Selbstzweck werden und ist gewiss nicht die
einzige Lösung für alle Unternehmen.

Die Sichtbarkeit von Ressourcen im Verein mit der Flexibilität der
betrieblichen Abläufe sollte den Managern bei der Sicherung der Erfahrungsqualität helfen, indem sie ihnen freistellt, je nach Kontext
auf unterschiedliche Ressourcen zuzugreifen. Das Ziel ist ein echtes
„Klettverschluss-Unternehmen", dessen Mitarbeiter Ressourcen reibungslos und unkompliziert rekonfigurieren können.

Null-Latenz und Dezentralisierung

Vor zehn Jahren arbeitete einer von uns mit dem Leiter eines großen
Unternehmens zusammen. Damals entdeckte er, dass das Unternehmen über Warenbestände aus vier Monaten Produktionszeit verfüg-

te. Auf seine Frage hin, warum so viel Kapital in Bestände gebunden wurde, erhielt er die Antwort: „Verstehen Sie denn nicht? Wir sind kundenorientiert. Wir müssen unsere Bestände so groß halten, damit wir die Kunden kurzfristig beliefern können." Das klang eindrucksvoll, aber gerade mal 60 Prozent aller Bestellaufträge konnten tatsächlich mit einer Lieferung vollständig ausgeführt werden. Die Herstellungsbetriebe produzierten also Bestände, die im Hinblick auf die Kundenbedürfnisse wenig Relevanz hatten.

Heute führt das Unternehmen nur noch Bestände aus fünf Produktionstagen und der Servicelevel liegt bei 98 Prozent. Sie haben gelernt, die Kundenbedürfnisse zu verstehen und prompt zu befriedigen – und zwar nicht, indem sie ihre Lager bis unter die Lampenschnur füllen, sondern indem sie schnell und flexibel reagieren. Nach dem ko-kreativen Paradigma ist Bestand keine Alternative zur Reaktionsschnelligkeit.

Zudem verlangt die Null-Latenz – die Fähigkeit, das Umfeld ständig zu beobachten und schnell zu reagieren – nach einem dezentralisierten Managementverständnis. Die Manager an der Frontlinie brauchen Instrumente, die ihnen helfen zu verstehen, was um sie herum vorgeht, und relevante, angemessene Entscheidungen zu treffen. Kommandohierarchien sind nicht länger akzeptabel.

Die Balance zwischen Flexibilität und Verantwortung

Seit den Tagen des Zeit- und Bewegungsanalysten Frederick Winslow Taylor hat sich einiges getan. Einer von uns erinnert sich an die Zusammenarbeit mit einem Industrietechniker, dessen Job darin bestand, die Stückpreise in einer Produktionsstätte festzulegen. Die Arbeit war klar definiert und repetitiv; die Produktspezifikationen waren ebenfalls klar; die Managementaufgabe war also nicht schwierig.

Inzwischen haben sich die Dinge geändert. Flexibilität, Teamarbeit, kontinuierliche Problemlösung, die dauernde Suche nach der Optimierung von Prozessen und die Kooperation mit den Zulieferern sind die Norm. Dennoch ist ein wesentliches Element des alten Systems mit festen Abläufen nach wie vor notwendig: die Verantwortung für die Leistung. Der Preis für Flexibilität, Kooperation und Teamwork darf nicht darin bestehen, Verantwortung abzuschaffen.

Sich auf klar definierte Unternehmensvorgaben (bezüglich Verantwortlichkeiten und Leistungsbemessung) zu verlassen ist einfach, aber die abstrakten Kosten, die dadurch entstehen, dass man den Überblick über das Unvorhersehbare behält, können enorm sein. Ein Manager sagte uns: „Niemand wird gefeuert, weil er eine Chance verpasst hat, sehr wohl aber, wenn er das Budget überzieht." Nach dem neuen Paradigma jedoch ist beides gleich wichtig.

Führungskapazitäten aufbauen: Ein System von Protokollen und Disziplinen schaffen

Die interne Unternehmensführung verließ sich traditionell auf strukturelle Lösungen. Klare Grenzen, strikte Verantwortungszuweisung und gut geplante, vordefinierte Prozesse waren die vorrangigen Instrumente. Neuerdings gewinnen auch die Restrukturierung betrieblicher Abläufe und die Unternehmenskultur/-werte als Mittel zur internen Funktionsverbesserung zusehends an Aufmerksamkeit. Wie aber sieht, mit Blick auf die Zukunft der gemeinsamen Wertschöpfung, die richtige Mischung von Führungsinstrumenten für die neuen Unternehmen aus?

Strukturelle Lösungen sind nach wie vor wichtig. So wie ein großes Bürogebäude nicht stehen kann, wenn es über keinen stabilen Stahlrahmen verfügt, kann auch kein großes Unternehmen ohne ein Minimum an Bürokratie funktionieren (so sehr wir diesen Terminus auch hassen). Und klar definierte Betriebsabläufe sind nicht minder wichtig. Doch je mehr diese Abläufe in das Informationssystem des Unternehmens integriert werden, umso schwerer wird es sein, sie zu ändern. Sie können die notwendige Flexibilität sogar regelrecht behindern.

Allmählich beginnt sich ein neuer Ansatz für die Organisation von Tätigkeiten durchzusetzen, der auf Protokollen und Disziplinen neben den Strukturen und Abläufen basiert. Was das bedeutet, lässt sich am Beispiel Linux veranschaulichen, jenem offenen Betriebssystem, das gegen Windows antritt. Wie für Windows werden auch für Linux ständig neue Merkmale und Anwendungen entwickelt. Doch im Gegensatz zu Windows wird Linux von unabhängigen Programmierern und Nutzern mitgestaltet, und das in einem System, das von keiner zentralen Autorität kontrolliert wird. Wie kommt es, dass die fortlaufende Weiterentwicklung von Linux nicht im Chaos mündet?[7]

Die Antwort ist, dass sich jeder an der Entwicklung von neuen Merkmalen beteiligen kann, dabei aber bestimmten festen Regeln und Protokollen folgen muss. Der Software-Code muss transparent und der gesamten Gemeinschaft frei zugänglich sein. Eine Expertengruppe stellt die Integrität des Systems sicher. Die Linux-Gemeinde nimmt die Beiträge Einzelner erst auf, nachdem diese Gruppe sie geprüft und befürwortet hat. Diese einfachen Protokolle führen dazu, dass die Linux-Gemeinde ihre Arbeit selbst überwacht und deren Verlässlichkeit garantiert.

Sehen wir uns nun ein extrem dezentralisiertes Netzwerk wie das Internet an. Es wächst organisch und bietet jede Menge Freiraum für Flexibilität und Experimentieren. Es ist kulturenübergreifend. Es ermöglicht die Kooperation unter Fremden. Im Web tauchen ständig neue Gemeinschaften auf und verschwinden wieder. Jeder, der ein paar einfache, klar formulierte soziale und technische Protokolle und Standards wie TCP/IP und HTML befolgt, kann das Internet nutzen.

Deshalb kann auch niemand voraussagen, was im Netz passieren wird. Bisher gibt es alles, von der Zusammenarbeit an komplexen Aufgaben (wie dem wissenschaftlichen Durchbruch, den die Los-Alamos-Website erlebte) bis hin zur Verbreitung von Pornographie und zur Unterstützung von Terrorismus.[8] Was geschähe, würden wir dieses System auch in der Unternehmensführung übernehmen?

Führung mittels Protokollen: Das eBay-Beispiel

Pierre Omidyar wollte, „dass die Einzelnen wieder die Macht über den Markt haben, nicht nur die großen Unternehmen." Also gründete er eBay, um den Tauschhandel – das Kaufen und Verkaufen – zu verändern, und schuf die offene Auktion. 2001 vermittelte eBay über 170 Millionen Transaktionen von Waren aus über 18.000 Kategorien im Gesamtwert von 9,3 Milliarden Dollar und nahm dabei über 749 Millionen Dollar ein. 2002 verdienten sie an ihren Kommissionen von bis zu 5,25 Prozent 1,5 Milliarden Dollar.[9] eBay hatte erfolgreich eine Plattform für den Aufbau einer globalen ökonomischen Demokratie geschaffen. Im Gegensatz zum traditionellen Tauschgeschäft unterscheidet eBay nicht nach Käufern und Verkäufern, sondern nur nach den Rollen des Moments. Ich kann meinen antiken Stuhl verkaufen und gleichzeitig eine Digitalkamera kaufen.

Im Anfangsstadium konzentrierte sich eBay vor allem auf drei Elemente des Tauschhandels: Wahl der Produkte und Services, Preis-Leistungs-Vorteil durch Auktion und einfache Transaktion dank benutzerfreundlicher Tools und klarer Regeln. Als immer mehr Leute mitmachten, bildete sich allerdings eine Gemeinschaft, die allmählich ihre eigenen Regeln entwickelte. Käufer und Verkäufer begannen, die Transaktionen in einem „Feedback-Forum" zu benoten. Die sich entwickelnden Regeln ermöglichten eine einzigartige Kundenerfahrung.

In den frühen Tagen war eBay einfach ein Markt für normale Leute, die Krimskrams verkauften. Inzwischen nutzen sogar große Häuser wie IBM, Sears und Disney eBay zum Verkauf ihrer Waren. Auf eBays Unternehmensmarktplatz, der 2003 eröffnete, wurden bereits Waren im Wert von über 1 Milliarde Dollar verkauft. Autos im Gesamtwert von über 3 Milliarden Dollar wurden über eBay gehandelt und es ist ein 4,9-Millionen-Dollar-Gulfstream-Jet im Angebot.

Unter CEO Meg Whitman hat eBay die vier DART-Bausteine der Ko-Kreation in seinen Führungsstil aufgekommen. Jede Woche tauschen die eBay-Nutzer geschätzte 200.000 Nachrichten untereinander aus, in denen sie sich gegenseitig Tipps geben, über Probleme berichten und Verbesserungsvorschläge für die Website machen. Es handelt sich hierbei um einen offenen Dialog zwischen eBay-Kunden und Mitarbeitern, der eigens dazu gedacht ist, Informationszugang und -transparenz zu gewähren. Die Kunden können beispielsweise Erkundigungen über bisherige Transaktionen bestimmter Verkäufer oder Käufer einziehen. Was die Risikoeinschätzung betrifft, so ist eBays Betrugsrate gemessen an der Zahl der Transaktionen und der Beteiligten ausgesprochen gering, wobei sich eBay vor allem darauf verlässt, dass sich die Nutzer an den Verhaltenskodex halten. eBay hat auch gleich zu Beginn sichergestellt, dass niemand gefährliche Waren wie Feuerwaffen auf der Website anbietet.

Wie also sehen die Grundelemente eines solchen Führungssystems aus, das auf Protokollen und Disziplinen basiert?

Eine gemeinsame Führungsagenda

Wenn die Mitarbeiter nicht verstehen, wohin das Unternehmen strebt, können sie ihre Rolle und ihre Beiträge nicht definieren. Sie brauchen eine gemeinsame Agenda, die ihnen die Rahmenstrukturen für Innovation und Kreativität vorgibt, damit sie, wenn wichtige Entscheidungen anstehen, nur eine Frage zu klären haben: „Bringt uns dieses Vorgehen näher an unser Ziel?"

Regeln für Interdependenzen und Kooperation unter Managern

Eine Geschäftseinheit beschließt beispielsweise, mit einem Universitätsprofessor gemeinsam an einem Technologieproblem zu arbeiten; eine andere wählt ihren eigenen unabhängigen Zuliefervertrag mit Microsoft oder Wal-Mart. Welches der beiden Engagements ist akzeptabel? Unternehmen müssen Minimalregeln für die Beziehungen innerhalb des Netzwerks aufstellen. Wie eBay können auch Firmen damit beginnen, dass sie das implizite Wissen ihrer Mitarbeiter nutzen und einfache Regeln entwerfen, die sie laufend erneuern oder revidieren, je nach Ereignis. Dieser Ansatz dient dem Schutz intellektuellen Eigentums und erlaubt den Managern, unabhängig zu handeln.

Gemeinsame Werte und Überzeugungen

Ohne ein klar definiertes und konsistent praktiziertes Wertesystem kann kein großes System überleben. Werte sind die emotionellen Anker, die den Einzelnen in Zeiten drastischen Wandels Halt geben. Eine Verletzung dieser Werte kann das Vertrauen der Kunden, Manager, Investoren, Gesetzgeber und Regulatoren nachhaltig schädigen. Denken wir nur an Enron.

Eine gemeinsame Sicht der Marktentwicklung

Es ist vollkommen legitim, wenn Manager schwache Signale unterschiedlich interpretieren. Ein Manager im kalifornischen Silicon Valley sieht die Marktentwicklung anders als ein Manager in Hamburg. Ein Technikspezialist wird Diskontinuitäten anders beurteilen als ein Marketingexperte oder Finanzmanager. Unternehmen können diese Vielfalt der Sichtweisen nur nutzen, wenn alle Mitarbeiter die Marktentwicklung nach denselben Rahmenstrukturen bewerten.

Design- und Entwicklungsprotokolle

Kooperation ohne klare, standardisierte Systeme für das Design und die Entwicklung ist unmöglich. Wir wissen von einem großen Unternehmen, das fünf verschiedene E-Mail-Systeme und zahlreiche CAD-Systeme einsetzte. Die Topmanager sprachen unentwegt von Kooperation und mehr globaler Reichweite, während die Leute im Betrieb darüber nur lachen konnten. Von Kooperation konnte angesichts des Systemwirrwarrs gar keine Rede sein.

Foren für das Setzen von Prioritäten

In einem dezentralisierten, globalen Unternehmen lassen sich Prioritäten nicht mehr von oben diktieren. Daher braucht es Foren, in denen Prioritäten diskutiert und gesetzt werden können. Spezialgruppen, Gemeinschaften von Praktikern aus dem gesamten Unternehmen und andere Ad-hoc-Kombinationen von Wissen können sicherstellen, dass die Prioritäten hinlänglich diskutiert wurden. Das Kriterium für die Aufnahme in solche Gruppen sollte Verdienst sein, nicht die Position innerhalb der Hierarchie.

Eine gemeinsame Sprache

In jedem großen Unternehmen ist ein gemeinsames Vokabular wichtig, um klare Definitionen zu ermöglichen. Viele Buchhaltungs- und Finanzgruppen praktizieren diese Disziplin bereits, während die Personalfachleute und Strategieanalysten nach wie vor für eine vage und schwammige Sprache berühmt sind. Die Begriffe „Performance" und „Verantwortlichkeit" beispielsweise werden oft wie Oberbegriffe benutzt und verlieren dadurch jede Bedeutung. Standardisierte Begriffe für die Schlüsselaspekte der betrieblichen Abläufe können Missverständnissen und Fehlern vorbeugen.

Nicht-Verhandelbares

Werden Protokolle und Disziplinen eingeführt, müssen die Manager, in Rücksprache mit ihren Teams, einige „nicht verhandelbare" Dinge festsetzen.

Ohne klare Regeln gibt es auch keine Befugnisse. So führt Kooperation zum Beispiel unweigerlich zu Debatten über Transferpreise. Das Problem lässt sich derzeit noch nicht lösen, da es unseres Wissens keine Systeme gibt, die sich beider Seiten eines Handels erfreuen. Der Ansatz kann recht simpel sein: „Nimm die marktüblichen Preise, wann immer es geht. Und wenn die Marktpreise sich nicht errechnen lassen, wird die Betriebsleitung den Preis festlegen." Der Punkt hier ist, dass die internen Debatten beendet werden und man sich produktiveren Tätigkeiten zuwenden kann.

Die Liste ließe sich natürlich noch erweitern, aber die Botschaft ist auch so schon klar: Die Wichtigkeit von Protokollen und Disziplinen beim Management eines erweiterten Netzwerks kann gar nicht überschätzt werden.

Eine neue Theorie für Unternehmensführung entwickeln

Strukturelle Mechanismen und betriebliche Abläufe sorgen für die Stabilität, die jedes Unternehmen braucht. Aber sie bieten nicht die Flexibilität, die der Manager haben muss, um Gelegenheiten wahrzunehmen, die sich im dezentralisierten Umfeld ergeben. Daher gehen wir davon aus, dass sich in den Unternehmensführungen drei Elemente durchsetzen werden: formelle Strukturen, betriebliche Abläufe und das Management von Disziplinen und Protokollen. In Abbildung 12-3 haben wir diese Rahmenstruktur dargestellt.

Die gemeinsame Wertschöpfung wird die internen Führungsprozesse verändern, und zwar so dramatisch, dass wahrscheinlich eine neue Führungstheorie notwendig wird. Sehen wir uns einige der wichtigsten Bausteine für eine solche Theorie an.

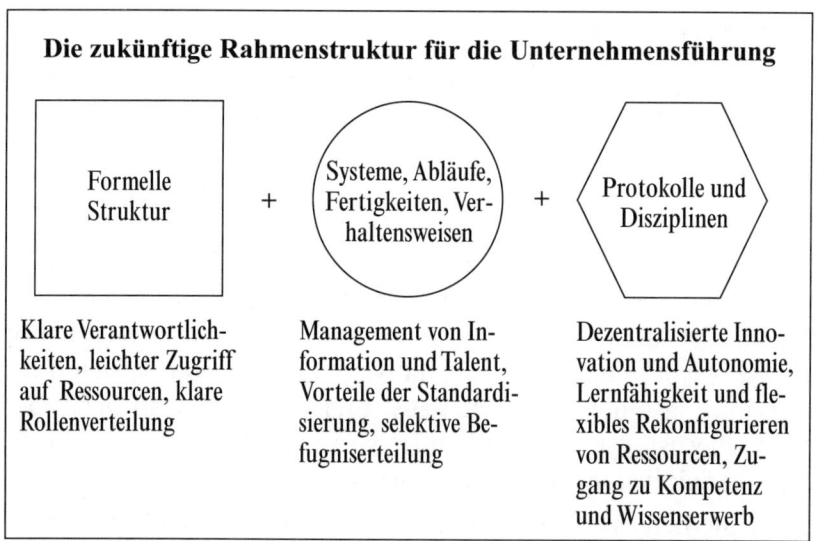

Abbildung 12-3

Gemäß der traditionellen Theorie der Unternehmensführung ist die Firma die Analyseeinheit. Ihre gesetzlichen Grenzen entscheiden über ihre Ressourcen. Die Rolle der Firma ist es, Wert zu schaffen und beim Tausch mit dem Verbraucher etwas von diesem Wert für sich zu behalten, wobei der Preis die Handelsbasis bildet.

Spieler im Bereich der gemeinsamen Wertschöpfung stellen diese Grundannahmen infrage. Das Netzwerk aus Zulieferern, Partnern und Verbrauchern wird die Firma als Analyseeinheit wahrscheinlich ersetzen. Nicht mehr die gesetzlichen Grenzen der Firma entscheiden darüber, auf welche Ressourcen sie zugreifen kann, sondern das gesamte Netzwerk. Kunden helfen, Wert zu schaffen, und auch, etwas davon für sich zu behalten.

Vorbestimmte Rollen

In der traditionellen Theorie sind die Rollen von Firma, Verbrauchern und Konkurrenz klar definiert und vorbestimmt. Das ändert sich nun. Die Verbraucherrolle in der gemeinsamen Wertschöpfung macht sie zum Teil des Unternehmens. Manchmal sind die Verbraucher passiv, manchmal aktiv ko-kreativ und manchmal konkurrieren sie mit Firmen um den Wert. Traditionelle vorbestimmte Rollen weichen den „Momentrollen".

Strategische und betriebsbedingte Grenzen

Strategische und betriebsbedingte, nicht gesetzliche Grenzen bestimmen heute die Firma. Die Firma in der Knotenpunktposition eines erweiterten Netzwerks ist eine Betriebs- und Strategieeinheit, die der konstanten Reevaluierung und Redefinierung unterworfen ist. Sie kann einen Zulieferer ablehnen oder ein Zulieferer verlässt das Netzwerk. Diese Beziehungen sind flexibel und entwickeln sich weiter. Das kann einen großen Einfluss darauf haben, wie wir über Geschäftsberichte denken. Buchhaltungsregeln zum Beispiel basieren auf dem, was die Firma legal „besitzt". Doch die Firma kann auch

Ressourcen nutzen, die sie nicht besitzt. Wie berechnen wir die wirtschaftliche Effizienz eines Netzwerks und nicht nur die Effizienz der Knotenpunktfirma? Wir müssen Regeln entwerfen, wie der Zugang zu Ressourcen zu bewerten ist, die der Firma, die sie nutzt, nur teilweise oder gar nicht gehören.

Die Definition von Eigeninteresse

Sollten Firmen in jeder Transaktion ihre Eigeninteressen (wie sie traditionell definiert werden) in den Vordergrund stellen oder sich stattdessen auf den Nutzen konzentrieren, den sie aus mehreren Transaktionen über einen längeren Zeitraum ziehen können? Ist es das Ziel der Firma, das gegenwärtige Spiel zu gewinnen – oder einfach, die Chance zu bekommen, beim nächsten Spiel wieder dabei zu sein? Denken wir beispielsweise an einen Manager, der Waren und Dienstleistungen bei einem Zulieferer kauft. Sollte er versuchen, den niedrigsten Preis für den einen Einkauf herauszuschlagen, oder lieber den Gesamtwert für die Firma maximieren, indem er mit dem Zulieferer ein solides Umfeld aufbaut, das ihm eine langfristige Zusammenarbeit und Zugang zu Kompetenzen und Ressourcen sichert?

Die Definition des Investors

Die traditionelle Theorie unterscheidet den Investor vom Teilhaber. In der sich entwickelnden neuen Theorie verschmelzen die Rollen. Ist der Mitarbeiter, der Firmenaktien besitzt, ein Investor? Investiert der Verbraucher, der bei der Entwicklung neuer Anwendungen für Lego Mindstorms hilft, in das Unternehmen und seinen Erfolg? Wie steht es mit dem Zulieferer, der sein Wissen mit der Firma teilt? Was ist mit den Verbrauchergemeinschaften, die für die Verbreitung der Marke sorgen? Wir brauchen eine weiter gefasste Definition des Investors. Beschränken wir sie weiterhin auf denjenigen, der Kapital bereitstellt, dann vernachlässigen wir dabei das komplexe Mosaik von Rollen, das sich nach dem neuen Paradigma auftut.

Die Veränderungen, die sich durch die neue Führungstheorie ergeben, sind in Tabelle 12-2 zusammengefasst.

Der Einzelne: Der Mittelpunkt aller Dinge

Die neuen Realitäten der gemeinsamen Wertschöpfung fordern uns zum Umdenken auf. Es ist eine viel versprechende Zeit, die die unbegrenzten Möglichkeiten der gemeinsamen Wertschöpfung reflektiert. Doch wenn wir im Wettbewerb um diese Möglichkeiten erfolgreich sein wollen, müssen wir neue Denk- und Handlungsweisen entwickeln. Darum ging es in unserem Buch.

Die wohl wichtigste Veränderung, die Unternehmen und Manager mitvollziehen müssen, ist, zu erkennen, dass *der Einzelne im Mittelpunkt steht*. Es ist unerheblich, ob wir als Verbraucher, Mitarbeiter, Investor oder Zulieferer auftreten. Wir müssen uns immer der zentralen Stellung des Individuums bewusst sein. Wir ändern nicht bloß unsere Sichtweise von der firmenzentrierten Wertschöpfung zur verbraucherzentrierten gemeinsamen Wertschöpfung, obwohl dieser Wandel schon radikal genug ist. Wir bewegen uns zugleich von einer unternehmensorientierten Sicht des Einzelnen hin zu einer *individuellen Sicht des Unternehmens*. Diese Veränderungen werden die Zukunft auf eine Weise beeinflussen, die heute noch niemand vorauszusehen vermag.

Die Transformation der Unternehmensführung		
	Traditionelle Unternehmenstheorie	**Sich abzeichnende Realität**
Analyseeinheit	Die Firma	Das Netzwerk
Wertbasis	Produkte und Dienstleistungen	Ko-kreative Erfahrungen
Infrastruktur	Physischer und finanzieller Besitz	Zugang zu Ressourcen – Wissen und Netzwerk
Grenzen	Gesetzliche Grenzen	Strategische und betriebsbedingte Grenzen
Art der Grenzen	Fest	Sich entwickelnd
Sinn und Art der Interaktion	Auf Transaktion basierend; Maximierung der Eigeninteressen; das Ziel ist es, effizient an einem bekannten Spiel teilzunehmen	Eine Reihe von Transaktionen und ko-kreativen Erfahrungen; Maximierung der gemeinsamen Interessen und der Eigeninteressen; das Ziel ist es, das Spiel sich weiterentwickeln zu lassen
Definition des Investors	Vorbestimmte Teilhaberrolle	Alle Beteiligten

Tabelle 12-2

Und diese Einflüsse werden sich weit über die Grenzen der Wirtschaft hinaus bemerkbar machen. Ob in der Regierung, der Erziehung und Bildung, dem Gesundheitswesen, der Kunst, der Wissenschaft oder der Religion, der heutige Trend zur individuellen Sicht der Institutionen lässt sich nicht aufhalten. Irgendwann wird sie uns vielleicht eine neue Grundlage für die soziale Legitimisierung aller großen Institutionen in unserer Gesellschaft geben. In der Wirtschaftswelt wird sie uns letztlich zu einem System „von Menschen, durch Menschen, für Menschen" (um es in Abraham Lincolns Worten auszudrücken) führen. Und sie gibt Anlass zu der Hoffnung, dass sich dank ihr eines Tages eine echte demokratische, globale

Gesellschaft gebildet haben wird, in der die Rechte, Bedürfnisse und Werte der Menschen Vorrang haben – und nicht die Forderungen der Institutionen.

Wir sehen eine Welt der gemeinsamen Wertschöpfung am Horizont heraufziehen und hoffen, dass Sie sie aktiv mitgestalten werden. Willkommen in der Zukunft des Wettbewerbs. Wir alle haben die Chance, diese Zukunft mitzugestalten.

Leseempfehlungen

Wir haben in diesem Buch versucht darzustellen, wie die Zukunft des Wettbewerbs aussehen wird. Im Internet-Zeitalter des vernetzten Überflusses können die Leser natürlich auch auf eigene Faust erforschen, was kommen wird. Deshalb haben wir im Folgenden einige Titel aufgeführt, die wir als ausgesprochen hilfreich empfanden. Selbstverständlich gibt es noch unzählige andere wichtige Bücher zu dem Thema, daher sollte die Liste nur als eine Anregung gesehen werden. Wir jedenfalls haben von diesen und vielen anderen Arbeiten sehr profitiert.

Castells, Manuel: *Der Aufstieg der Netzwerkgesellschaft*, Utb 2003

Collins, Jim: *Der Weg zu den Besten*, Dtv 2003

Davis, Stan / Meyer, Christopher: *Das Prinzip Risiko*, Econ 2001

Ghoshal, Sumantra / Bartlett, Christopher A.: *Der Einzelne zählt*, Hoffmann & Campe 2000

Grove, Andrew S.: *Nur die Paranoiden überleben. Strategische Wendepunkte vorzeitig erkennen*, Campus Fachbuch 1997

Hamel, Gary / Prahalad, C. K.: *Wettlauf um die Zukunft*, Ueberreuter Wirtschaft 1997

Hamel, Gary: *Das revolutionäre Unternehmen*, Econ 2001

Handy, Charles: *Im Bauch der Organisation*, Campus Verlag 1993

Hayek, F. A.: *Gesammelte Werke* (4 Bd.), Mohr Siebeck 1968

Kelley, Tom: *Das IDEO Innovationsbuch*, Econ 2002

Kelly, Kevin: *NetEconomy*, Econ 2001

Kottler, Philip: *Marketing-Management*, Schäffer-Poeschel Verlag 2001

Mintzberg, Henry: *Die Strategische Planung*, Hanser Fachbuch 1995

Naisbitt, John: *High Tech, High Touch*, Signum 1999

Negroponte, Nicholas: *Total digital*, Goldmann 1997

Nonaka, Ikujiro / Takeuchi, Hirotaki: *Die Organisation des Wissens*, Campus Fachbuch 1997

Peppers, Don / Rogers, Martha: *Strategien für ein individuelles Kundenmarketing*, Droemer Knaur 1996

Peters, Tom: *Auf der Suche nach Spitzenleistungen*, Moderne Industrie 1993

Porter, Michael E.: *Wettbewerbsstrategien*, Campus Fachbuch 1999

Sawhney, Mohanbir / Zabin, Jeff: *Das Unternehmen der Zukunft*, Campus Verlag 2002

Schumpeter, Joseph A.: *Kapitalismus, Sozialismus und Demokratie*, UTB Stuttgart 2000

Senge, Peter: *Die fünfte Disziplin*, Klett-Cotta 2001

Shapiro, Carl / Varian, Hal R.: *Online zum Erfolg*, Langen/Müller 1999

Slywotzky, Adrian J. / Morrison, David J.: *Get Digital!*, Moderne Industrie 2001

Stewart, Thomas A.: *Der vierte Produktionsfaktor*, Hanser Fachbuch 1998

Tapscott, Don / Ticoll, David / Lowy, Alex: *Digital Capital. Von den erfolgreichsten Geschäftsmodellen profitieren*, Campus Fachbuch 2001

Anmerkungen

Kapitel 1

[1] C. K. Prahalad und Venkatram Ramaswamy, „The Co-Creation Connection", *Strategy and Business,* Zweites Quartal, 2002.
Siehe auch:
John Hagel III und Arthur G. Armstrong, *Net Gain: Expanding Markets Through Virtual Communities,* Harvard Business School Press, Boston, 1997 (auf Deutsch 1997 unter dem Titel „Net Gain: Profit im Netz" im Dr. Th. Gabler Verlag erschienen);
Howard Rheingold, *The Virtual Community: Homesteading on the Electronic Frontier,* MIT Press, Cambridge, MA, 2000.

[2] Stephen D. Moore, „Blood Test: News about Leukemia Unexpectedly Puts Novartis on the Spot." *Wall Street Journal,* 6. Juni 2000;
Laura Landro, „Health Web Sites Usher in New Era of Patient Aktivism." *Asian Wall Street Journal,* 12. November 2002.

[3] http://www.medtronic.com/newsroom/media_kit_CareLink.htm;
Andy Carlson, „Strong Medicine" *Context,* Juni 2002,
http://www.contextmag.com/archives/200206/Catalyst2.asp.

[4] Ait Kambil, G. Bruce Friesen und Arul Sundaram, „Co-creation: A New Source of Value" *Outlook Journal,* Juni 1999;
Diana La Salle und Terry A. Britton, *Priceless: Turning Ordinary Products into Extraordinary Experiences.* Harvard Business School Press, Boston, 2002;
Don Peppers und Martha Rogers, *The One to One Future: Building Relationships One Customer at a Time,* Doubleday, New York, 1993 (auf Deutsch 1996 unter dem Titel „Strategien für individuelles Kundenmarketing" bei Droemer Knaur erschienen);
B. Joseph Pine II und James H. Gilmore, *The Experience Economy: Work Is Theater und Every Business a Stage,* Harvard Business School Press, Boston, 1999;
Rafael Ramirez, „Value Co-Production: Intellectual Origins and Implications for Practice and Research", *Strategic Management Journal* 20, (1999): 49-65;
Patricia B. Seybold (mit Ronni T. Marshak), *Customers.com: How to Create a Profitable Business Strategy for the Internet and Beyond.* Times Books, New York, 1998;
Bernd H. Schmitt, *Experiential Marketing: How to Get Customers to Sense, Feel, Think, Act, and Relate to Your Company and Brands.* Free Press, New York, 1999

Stefan Thomke und Eric von Hippel, „Customers as Innovators: A New Way to Create Value", *Harvard Business Review*, April 2002.

Kapitel 2

1   Christopher Caggiano, „Cruising for Profits", *Inc. Magazine*, Web Awards 2000, 15. November 2000, „Inc./Cisco: Growing with Technology Awards" Siehe auch:
Douglas McWhirter, „Sailing into e-Commerce", *eCRM*, Dezember 1999; http://www.sumersethouseboats.com;
http://www.cisco.com/warp/public/cc/general/growing/full/sumer_cp.htm.

2   PR Newswire Association, „Sumerset Custom Houseboats' Innovative Dry Stack Exhaust Design to Be Featured on CBS Program '48 Hours', 5. September 2001.

3   Brian Wacker, „The Great Debate: Callaway vs. the USGA", *Golf Digest*, http://www.golfdigest.com/feature/index.ssf?/equipment/
the_grea_aIb45kec.html.

4   ebd.

5   ebd.

6   Steve Lohr, „Some IBM Software Tools to Be Put in Public Domain." *New York Times*, 5. November 2001.

7   http://www.innocentive.com.

8   Chris Baker, „Taiwan Semiconductor", *Wired*, Juli 2002.

9   Gretchen Hyman, „Gateway Finds Good Use for Showroom PCs." 10. Dezember 2002.
http://siliconvalley.internet.com/news/print.php/1554991.

10 Steve Lohr, „The New Leader of IBM Explains Its Strategic Course." *New York Times*, 31. Oktober 2002;
Spencer E. Ante, „Big Blue's Tech on Tap." *Business Week,* 27. August 2001.

11 http://www.carsharing.net/;
http://www1.mobility.ch/e/index.htm.

12 C. K. Prahalad und Stuart L. Hart, „The Fortune at the Bottom of the Pyramid." *Strategy and Business,* 1. Quartal 2002;
Siehe auch:
Manjeet Kriplani und Pete Engardio, „Small Is Profitable." *Business Week*, 26. August 2002;
http://www.businessweek.com:/print/magazine/content/02-34/b3796.

13 Walter Kirn, „The 60-Second Book", *Time Magazine*, 2. August 1999;
http://www.lightningsource.com.

14 Gina Kolata, „Race to Fill Void in Menopause Drug Market", *New York Times*, 1. September 2002;

Siehe auch:

Jane E. Brody, „Sorting Through the Confusion over Estrogen", *New York Times,* 3. September 2002.

15 Sasha Nemecek, „Does the World Need GM Foods?" *Scientific American,* 18. April 2001;

„Villain or Hero, Monsanto Moving GM Food Forward", 28. März 2001, http://www.planetark.org/dailynewsstory.cfm/newsid/10281/newsDate/28-Mar-2001/story.htm.

16 „Poison Plants?", *Scientific American,* 5. Juli 1999.

17 Erika Jonietz, „Population Inc.: Q&A with Kari Stefansson", *Technology Review,* April 2001;

Siehe auch:

Nicholas Wade, „A Genomic Treasure Hunt May Be Striking Gold", *New York Times,* 18. Juni 2002.

18 Denise Grady, „U.S. Lets Drug Tied to Deaths Back to Market", *New York Times,* 8. Juni 2002.

19 http://www.instinet.com;

„No Such Thing as a Free Trade", *Economist,* 7. Dezember 2000;

Dan Colarusso, „Going One-up on Electronic Traders?", *New York Times,* 23. Juni 2002.

20 Nicholas Wade, *Life Script: How the Human Genome Discoveries Will Transform Medicine and Enhance Your Health.* Simon and Schuster, New York, 2001 (auf Deutsch 2001 unter dem Titel „Das Genomprojekt und die Neue Medizin" im Siedler-Verlag erschienen);

Aled M. Edwards, Cheryl H. Arrowsmith und Bertrand des Pallieres, „Proteomics: New Tools for a New Era", *Modern Drug Discovery,* September 2000;

Rebeccy Zacks, „Medicine's New Millenium: Q&A with Mark Levin", Technology Review, Dezember 2001.

21 „Firestone and Ford Place Blame", 19. Dezember 2000, http://www.cbsnews.com/stories/2000/12/06/national/main255111.shtml;

http://www.citizen.org/autosafety/firestone/;

Gordon Fairclough, „Philip Morris Tells Smokers ‚Light' Cigarettes Aren't Safer", *Wall Street Journal,* 20. November 2002.

Kapitel 3

1 John Alderman, *MP3, and the New Pioneers of Music,* Perseus Publishing, Cambridge, MA, 2001;

Siehe auch:

Clay Shirky, „Where Napster Is Taking the Publishing World", *Harvard Business Review,* Februar 2001.

2   Ronald Grover und Heather Green, „Hollywood Heist", *Business Week*, 14. Juli 2003.

3   Devin Leonard, „Apple: Songs in the Key of Steve", *Fortune*, 28. April 2003.

4   Neil Strauss, „A New Industry Threat: CDs Made from Webcasts", *New York Times*, 12. Dezember 2001.

5   C. K. Prahalad und Richard A. Bettis, „The Dominant Logic: A New Linkage between Diversity and Performance", *Strategic Management Journal 7*, Nr. 6 (1986), S. 485-501.

6   C. K. Prahalad und Venkatram Ramaswamy, „The Value Creation Dilemma", Working Paper, University of Michigan Business School, Ann Arbor, Oktober 2001;
C. K. Prahalad und Venkatram Ramaswamy, „The Co-Creation Connection", *Strategy and Business*, zweites Quartal 2002.

7   Loren Fox, „Turn Your Company Outside In", *Business 2.0*, Juli 2003.

8   Lindsay Chappel, „BMW Gives Z3 Buyers More Time to Change Order", *Autoweek*, 16. April 2002.

9   Peter Wayner, „The Packaging of Video on Demand", *New York Times*, 23. September 2002;
Christopher Null, „How Netflix Is Fixing Hollywood", *Business 2.0*, Juli 2003.

10   Rajesh Atluru, Kevin Wasserstein und Thomas J. Kosnik, „Palm Computing: The Pilot Organizer", Case 9-599-040, Harvard Business School, Boston, 1998, http://www.hsbp.harvard.edu.

11   „Cipla Launches New AIDS Drug", *The Hindu*, 7. August 2001.

12   William McDonough, „How Much Can We Give for All We Get?", Mai 2003.
http://www.mbdc.com/features/feature_may2003.htm;
Harriet Rubin, „The Perfect Vision Dr. V.", *Fast Company*, Februar 2001.

Kapitel 4

1   http://www.lego.com.

2   Mark Pesce, *The Playful World: How Technology Is Transforming Our Imagination*, Ballantine Books, New York, 2000.

3   Paul Keegan, „Lego: Intellectual Property Is Not a Toy", *Business 2.0*, Oktober 2001, http://www.business2.com/subscribers/articles/mag/0,1640,16981,00.htm.

4   Paul Keegan, „Go Forth and Hack", *Business 2.0*, November 2001, http://www.business2.com/articles/mag/0,1640,17435,FF.html.

5   http://www.techonologyreview.com;
http://www.economist.com/forums/;
Paul Saffo, „Untangling the Future", *Business 2.0*, Juni 2002;

„Red Herring 100:No Limits", *Red Herring*, Sonderausgabe Juni 2002; Charlie Schmidt, „Beyond the Bar Code", *Technology Review*, März 2001; „No Hiding Place für Anyone", *Economist*, 20. September 2001; Michael Lewis, „Boom Box", *New York Times*, 12. August 2000; Peter Lewis, „Sony Re-dreams Its Future", *Fortune*, 25. November 2002; Richard Shim, „Sony's Ando: PCs to Function Like a Brain", ZDNet, 5. Dezember 2002, http://zdnet.com.com/2100-1105-976269.html.

6   Steve Lohr, „A Computing Chameleon in a Little Black Box", *New York Times*, 7. Februar 2002.

7   Siehe z.B.: Tom Kelley, *The Art of Innovation*, Doubleday, New York, 2001; Leonard Berry, Lewis P. Carbone und Stephan H. Haeckel, „Managing the Total Customer Experience", *Design Management Journal*, Frühjahr 2002, S. 85-89;
Carol Moore, „The New Heart of Your Brand: Transforming Business Through Customer Experience", *Design Management Journal*, Winter 2002; Nathan Shedroff, *Experience Design*, Pearson Education, Indianapolis, 2001;
http://cooltown.com/cooltownhome/index.asp.

8   Jeanette Brown, „PRADA Gets Personal", *Business Week*, 18. März 2002; http://www.ideo.com.

9   Marion Buchenau und Jane Fulton Suri, „Experience Prototyping", *ACM Symposium on Designing Interactive Systems*, 2000.

10   „E-nabling the Store Next Door", *Business World*, Januar 2003.

11   „Digital Ink Meets Electronic Paper", *Economist*, 7. Dezember 2000; David Cameron, „Flexible Displays Gain Momentum", *Technology Review*, Januar 2002.

12   Stacy Lawrence, „Child's Play", *Red Herring*, 17. Oktober 2002.

13   Thomas Mucha, „The Payoff for Trying Harder", *Business 2.0*, Juli 2002.

14   „The Beast of Complexity", *Economist*, 12. April 2001.

15   Jonathan Rauch, „The New Old Economy: Oil, Computers, and the Reinvention of the Earth", *The Atlantic Monthly*, Januar 2001.

16   Bill Breen, „Stock Futures", *Fast Company*, Juni 2002.

17   http://energycommerce.house.gov/107/hearings/12192001Hearing458/OHara778.htm.

18   C. K. Prahalad und Venkatram Ramaswamy, „The New Frontier of Experience Innovation", *Sloan Management Review*, Sommer 2003, S. 12-18.

Kapitel 5

1   http://www.intel.com/pressroom/archive/releases/CO092498.htm;
Nina Teicholz, „Touring the Museum with a Small PC to Serve as a Guide", *New York Times*, 6. Mai 1999;

C. K. Prahalad und Venkatram Ramaswamy, „The Market as a Forum", Working Paper, University of Michigan Business School, Ann Arbor, August 1999.

2   Daniel Billsus, Clifford A. Brunk, Craig Evans, Brian Gladish und Michael Pazzani, „The Adaptive Web: Adaptive Web Interfaces for Ubiquitous Web Access", *Communications of the ACM*, Mai 2002.

3   Robert Pool, „If It Ain't Broke, Fix It", *Technology Review*, September 2001;
http://www.geae.com.

4   Frank Deford, „Faux Football", National Public Radio, „Morning Education", 9. Oktober 2002;
http://www.npr.org/ramfiles/me/20021009.me.14.ram.

5   Howard Schultz (mit Dori Jone Yang), *Pour Your Heart into It: How Starbucks Built a Company One Cup at a Time*, Hyperion, New York, 1997 (auf Deutsch unter dem Titel „Die Erfolgsstory Starbucks" 2003 bei Signum erschienen);
Scott Bedbury (mit Stephen Fenichell), *A Brand New World,* Viking Press, New York, 2002.

6   Dean Takahashi, „Games Get Serious", *Red Herring*, Dezember 2000;
http://www.sonyonline.com.

7   http://www.microsoft.com/resources/spot/default1.mspx.

8   Susan Fournier, Silvia Sensiper, James MacAlexander und John Schouten, „Building Brand Community on the Harley-Davidson Posse Ride", Multimedia Case 9-501-009, Harvard Business School, Boston, 2000, http://harvardbusinessonline.hbsp.harvard.edu/b02/en/common/item_detail.jhtml?id=501009.

9   Kerimcan Ozcan, *Consumer-to-Consumer Interactions: Word-of-Mouth Theory, Consumer Experience, and Network Dynamics,* unveröfftl. Dissertation, University of Michigan Business School, 2003.

10   Fara Warner, „Detroit Muscle", *Fast Company*, Juni 2002.

11   Carey Goldberg, „Auditing Classes at MIT, on the Web and for Free", *New York Times*, 4. April 2001.

12   B. Joseph Pine II und James H. Gilmore, „Welcome to the Experience Economy", *Harvard Business Review*, Juli-August 1998.

13   Stefan Thomke und Eric von Hippel, „Customers as Innovators: A New Way to Create Value", *Harvard Business Review*, April 2002.

Kapitel 6

1   Thane Peterson, „Gazing into the Future with Deere's Top Ag Man", *Business Week*, 17. April 2003;

„Technology Brings Dealers, Customers Closer Together", *Seattle Daily Journal of Commerce*, Online Edition, 23. März 200;
Robert W. Lane, „Farming the Future", *Context*, August-September 2001.

2   C. K. Prahalad, Venkatram Ramaswamy und M. S. Krishnan, „Consumer Centricity", *Information Week*, April 2000.

3   Penelope Ody, „Survey on Supply Chain Management", *Financial Times*, 5. Oktober 2000;
„Customer Fulfillment Networks: Beyond Supply Chains",
http://www.digital4sight.com.

4   Victoria Griffith, „Welcome to Tesco: Your 'Global' Superstore", *Strategy and Business*, Ausgabe 26, erstes Quartal 2002;
„Surfin' USA", *Economist*, 28. Juni 2001.

5   „Why Japanese Are Mad for i-mode", *Business Week*, asiatische Ausgabe, 17. Januar 2000;
http://nttdocomo.com.

6   Evan I. Schwartz, „Digital Cash Payoff", *Technology Review*, Dezember 2001;
Troy Wolveton, „Citibank to Make Web Payment Service Free", CNET News.com, 15. November 2001;
http://news.com.com/2100-1017-275930.html;
Sean Donahue, „Pay Ya Later", *Business 2.0,* Mai 2001.

7   Justin A. Colledge, Jason Hicks, James B. Robb und Dilip Wagle, „Power by the Minute", *The McKinsey Quarterly 1*, 2002.

8   Matthew Harper, „FDA Panel Backs Astra Zeneca's Cancer Drug", For-bes.com, 24. September 2002, http://www.forbes.com/2002/09/0924azn.html.

9   Heather Kleinman, „Interview with Don Donovan, Fragrance Designer", Reflect.com, März 2001, http://cosmeticconnection.com/reflectinter-view.html;
Meredith Levinson, „Getting to Know You", *CIO Magazine*, 15. Februar 2002;
Takeuchi Lisa Cullen, „Have It Your Way", *Time Magazine*, 23. Dezember 2002.

10   http://rei.com;
Lawrence M. Fisher, „REI Climbs Online: A Clicks and Mortar Chronicle", *Strategy and Business*, erstes Quartal 2000.

11   http://www.cemex.com;
„The Cemex Way", *Economist*, 14. Juni 2001.

12   „Spain's Retail Success Story", BBC News Online, 23. Mai 2001;
http://news.bbc.co.uk/2/hi/business/1346473.stm;
Michael Pich und L. Van der Heyden, „Marks and Spencer and Zara: Process Competition in the Textile Apparel Industry", INSEAD Case 602-010-1, Februar 2002.

13 Joan Magretta, „Fast, Global, and Entrepreneurial: Supply Chain Management, Hong Kong Style: An Interview with Victor Fung", *Harvard Business Review*, September-Oktober 1998;
Andrew Tanzer, „Stitches in Time", Forbes.com, 6. September 1999, http://www.forbes.com/global/1999/0906/0217038a.html;
Joan Lee-Young, „Furiously Fast Fashions", *Industry Standard*, 11. Juni 2001.

14 Erick Schonfeld, „The Total Package", *Business 2.0*, Mai 2001; http:www.ups.com.

15 Sam Jaffe, „CheckFree May Be Ready for a Healthy Bounce", *Business Week*, 5. Dezember 2000.

16 Sam Jaffe, „Flextronics Breaks the Mold", *Business Week*, 30. Juli 2001.

17 C. K. Prahalad und M. S. Krishnan, „The New Meaning of Quality in the Information Age", *Harvard Business Review*, September-Oktober 1999.

Kapitel 7

1 C. K. Prahalad and Venkatram Ramaswamy, „The Value Creation Dilemma", Working paper, University of Michigan Business School, Ann Arbor, Oktober 2001.

2 C. K. Prahalad und Venkatram Ramaswamy, „The Market as a Forum", Working paper, University of Michigan Business School, Ann Arbor, August 1999.

3 Malcolm Gladwell, *The Tipping Point: How Little Things Can Make a Big Difference*, Little, Brown, Boston 2000 (in der deutschen Übersetzung unter dem Titel „Tipping Point" 2002 bei Goldmann erschienen);
Christopher Locke, David Weinberger und Doc Searls, *The Cluetrain Manifesto: The End of Business as Usual,* Perseus Publishing, Cambridge, MA, 2001;
Duncan J. Watts, *Six Degrees: The Science of a Connected Age*, W. W. Norton, New York, 2002.

4 Ely Dahan, „A Bull Market in Market Research", *Strategy and Business*, zweites Quartal 2002.

5 Marc Weingarten, „Get Your Buzz to Breed Like Hobbits", *Business 2.0*, Januar 2002.

6 Prahalad und Ramaswamy, „The Market as a Forum", s.o.

7 David Aaker, *Building Strong Brands*, The Free Press, New York, 1996;
Kevin Lane Keller, *Strategic Brand Management*, Prentice Hall, Upper Saddle River, NJ, 2002.

8 Jean-Noel Kapferer, *Re-Inventing the Brand,* Kogan Page, London, 2001.

Kapitel 8

1 C. K. Prahalad und Venkatram Ramaswamy, „Co-opting Customer Competenz", *Harvard Business Review*, Januar-Februar 2000.

2 Mohan Sawhney und Emanuela Prandelli, „Communities of Creation: Managing Distributed Innovation in Turbulent Markets", *Californian Management Review*, Sommer 2000.
3 James Glanz, „Web Archive Opens a New Realm of Research", *New York Times*, 1. Mai 2001.
4 Geoff Keighley, „Game Development a La Mod", *Business 2.0*, Oktober 2002.
5 N'Gai Croal, „Sims Family Values", http.//www.msnbc.com/news/835533.asp, 25. November 2002.
6 Prahalad und Ramaswamy, „Co-opting Customer Competence", s.o.
7 Louis V. Gerstner Jr., *Who Says Elephants Can't Dance? Inside IBM's Historic Turnaround*, HarperBusiness, New York, 2002.
8 David Rocks, „Reinventing Herman Miller", *BusinessWeek* Online, 3. April 2000, http://www.businessweeek.com/@@vkDZGocQWJbPPhIA/2000/00_14/b3675047.htm.

Kapitel 9

1 C. K. Prahalad, Venkatram Ramaswamy und M. S. Krishnan, „Manager as Consumer", Working paper, University of Michigan Business School, Ann Arbor, August 2002.
2 Lisa Guernsey, „Hard Hat, Lunch Bucket, Keyboard", *New York Times*, 14. Dezember 2000.
3 C. K. Prahalad, M. S. Krishnan und Venkatram Ramaswamy, „The Essence of Business Agility", *Optimize*, September 2002.
4 Rick Whiting, „Museums Exhibit Sharing Tendencies", *Information Week*, 11. Mai 2002.
5 Missy Sullivan, „High Octane Hog", Forbes.com, 10. September 2002, http://www.forbes.com/best/2001/0910/008.html.
6 Ted Friedman und Jim Sinur, „Business Activity Monitoring: The Data Perspective", Gartner G2 Research Report, 20. Februar 2002;
Mark Hellinger und Scott Fingerhut, „Business Activity Monitoring: EAI Meets Data Warehousing", *EAI Journal*, Juli 2002;
Howard Smith und Peter Fingar, *Business Process Management: The Third Wave*, Meghan-Kiffer Press, New York, 2003.

Kapitel 10

1 C. K. Prahalad und Venkatram Ramaswamy, „Managing in an Era of Discontinuities: The Challenge of Organizational Transformation", Working paper, University of Michigan Business School, eingereicht beim International Consortium for Executive Development Research Forum, Juni 2001.

2 http://www.buckman.com;
   http://www.knowledge-nurture.com;
   „Balancing Act – What Do You Know? Getting Employees to Share Their
   Knowledge Isn't as Simple as Installing New Software: Just Ask Buckman
   Labs", Special Report on Technology, *Wall Street Journal*, 21.Juni 1999.
3 Glen Rifkin, „Buckman Labs Is Nothing but Net", *Fast Company*, Juni
   1996.
4 Marcia Stepanek, „Spread the Knowhow", *Business Week,* 23. Oktober
   2000.
5 Thomas Davenport und Laurence Prusak, *Working Knowledge*, Harvard
   Business School Press, Boston, 2000;
   Nonaka Ikujiro und Toshihiro Hishiguchi, *Knowledge Emergence: Social,
   Technical, and Evolutionary Dimensions of Knowledge Creation*, Oxford
   University Press, New York, 2000;
   Georg von Krogh, Nonaka Ikujiro und Kazuo Ichijo, *Enabling Knowledge
   Creation: How to Unlock the Mystery of Tacit Knowledge and Release
   Power of Innovation*, Oxford University Press, New York, 2000;
   M. Polanyi, *Personal Knowledge: Towards a Post-Critical Philosophy*,
   Routledge, Chicago, 1962;
   M. Polanyi, *The Tacit Dimension*, Doubleday, New York, 1966;
   John Seely Brown und Paul Duguid, „Organizational Learning and Com-
   munities of Practice: Toward a Unified View of Working, Learning, and In-
   novation", *Organization Science 2*, (1991) S. 40-57;
   Etienne Wenger, *Communities of Practice: Learning, Meaning and Identity*,
   Cambridge University Press, Cambridge, U.K., 1999;
   Michael Zack, „Managing Codified Knowledge", *Sloan Management Review*, Sommer 1999.
6 http://www.archimuse.com.
7 „Of High Priests and Pragmatists", *Economist*, 21. Juni 2001.
8 Melissa Rumizen, „How Buckman Laboratories' Shared Knowledge Spar-
   ked a Chain Reaction", *The Journal for Quality and Participation*, Juli-
   August 1998.
10 David C. Barrow, „Sharing Know-How at BP Amoco", *Research Technology Management*, Mai-Juni 2001.
11 Steven E. Prokesch, „Unleashing the Power of Learning: An Interview
   with British Petroleum's John Browne", *Harvard Business Review*, September-Oktober 1997.
12 William Echikson, „When Oil Gets Connected", *Business Week,* 3. Dezember 2001.
13 Chris Collison, „Connecting the New Organization", *Knowledge Management Review* 7, März-April 1999.
14 Robert Buderi, „Intel Re-vamps R&D", *Technology Review*, Oktober 2001.

Kapitel 11

[1] C. K. Prahalad und Venkatram Ramaswamy, „The Collaboration Continuum", *Optimize*, November 2001.

[2] Shona L. Brown und Kathleen M. Eisenhardt, *Competing on the Edge: Strategy as Structured Chaos*, Harvard Business School Press, Boston, 1998.

[3] Friedrich A. von Hayek, „Competition as a Discovery Procedure", in: *New Studies in Philosophy, Politics, Economics, and the History of Ideas*, University of Chicago Press, Chicago, 1968.

[4] Karl E. Weick, „Improvisation as a Mindset for Organizational Analysis", *Organizational Science 9*, Nr. 5 (1998), S. 543-555.

Kapitel 12

[1] Nathan Shedroff, *Experience Design*, Pearson Education, Indianapolis, 2001.

[2] Carol Moore, „The New Heart of Your Brand: Transforming Business Through Customer Experience", *Design Management Journal*, Winter 2002.

[3] C. K. Prahalad und Venkatram Ramaswamy, „Co-opting Customer Competence", *Harvard Business Review*, Januar-Februar 2000.

[4] C. K. Prahalad, Venkatram Ramaswamy und M. S. Krishnan, „Consumer Centricity", *Information Week*, April 2000.

[5] Paul Kaihla, „Inside Cicso's $2 Billion Blunder", *Business 2.0*, März 2002.

[6] C. K. Prahalad und M. S. Krishnan, „The Dynamic Synchronization of Strategy and Information Technology", *Sloan Management Review*, Sommer 2002.

[7] http:/www.linux.org.

[8] Simpson L. Garfinkel, „The Web's Unelected Government", *Technology Review*, November-Dezember 1998;
Tim-Berners Lee und Mark Fischetti, *Weaving the Web: The Original Design and Ultimate Destiny of the World Wide Web*, Harper, San Francisco, 2000 (auf Deutsch unter dem Titel „Der Web-Report" 2000 bei Econ erschienen);
Lawrence Lessig, *The Future of Ideas: The Fate of Commons in a Connected World*, Random House, New York, 2001 (auf Deutsch unter dem Titel „Code und andere Gesetze des Cyerspace" 2001 im Berlin Verlag erschienen).

[9] Robert Hoff, „eBay: The People's Company", *Business Week*, Dezember 2001,
http://www.businessweek.com/@@Ep*L84cQ5bPPhIA/magazine/content/01_49/b3760601.htm;
Penelope Patsuris, „The eBay Economy", Forbes.com, April 2003,
http://www.forbes.com/2003/04/16/cx_pp_0416ebaylander.html.

Stichwortverzeichnis